D1867407

Netzwerkmanagement

Mit Kooperation zum Unternehmenserfolg

Thomas Becker · Ingo Dammer
Jürgen Howaldt · Stephan Killich
Achim Loose (Hrsg.)

Netzwerkmanagement

Mit Kooperation zum Unternehmenserfolg

Mit 26 Abbildungen

Springer

Dr. Thomas Becker, M.A.
Becker Training & Beratung
Buchenweg 19
48683 Ahaus
thomas.becker@becker-digital.de
www.becker-digital.de

Dr.-Ing. Stephan Killich
Institut für Arbeitswissenschaft
der RWTH Aachen
Bergdriesch 27
52062 Aachen
s.killich@iaw.rwth-aachen.de
www.iaw.rwth-aachen.de

Dr. Ingo Dammer
kamm Consult –
Dammer & Partner
Im MediaPark 6
50670 Köln
kammconsult@komed.de
www.kammconsult.de

Dr. rer. oec. Achim Loose
KOKON Consult
Hebbelstraße 12b
50968 Köln
loose@kokonconsult.de
www.kokonconsult.de

PD Dr. Jürgen Howaldt
Landesinstitut
Sozialforschungsstelle Dortmund
Evinger Platz 17
44339 Dortmund
howaldt@sfs-dortmund.de
www.sfs-dortmund.de

Ausgeschieden aus der HSB
05/3117
BIBLIOTHEK

Bibliografische Information Der Deutschen Bibliothek
Die Deutsche Bibliothek verzeichnet diese Publikation in der Deutschen Nationalbibliografie; detaillierte bibliografische Daten sind im Internet über <http://dnb.ddb.de> abrufbar.

ISBN 3-540-20976-X Springer Berlin Heidelberg New York

Dieses Werk ist urheberrechtlich geschützt. Die dadurch begründeten Rechte, insbesondere die der Übersetzung, des Nachdrucks, des Vortrags, der Entnahme von Abbildungen und Tabellen, der Funksendung, der Mikroverfilmung oder der Vervielfältigung auf anderen Wegen und der Speicherung in Datenverarbeitungsanlagen, bleiben, auch bei nur auszugsweiser Verwertung, vorbehalten. Eine Vervielfältigung dieses Werkes oder von Teilen dieses Werkes ist auch im Einzelfall nur in den Grenzen der gesetzlichen Bestimmungen des Urheberrechtsgesetzes der Bundesrepublik Deutschland vom 9. September 1965 in der jeweils geltenden Fassung zulässig. Sie ist grundsätzlich vergütungspflichtig. Zuwiderhandlungen unterliegen den Strafbestimmungen des Urheberrechtsgesetzes.

Springer ist ein Unternehmen von Springer Science+Business Media

springer.de

© Springer-Verlag Berlin Heidelberg 2005
Printed in Germany

Die Wiedergabe von Gebrauchsnamen, Handelsnamen, Warenbezeichnungen usw. in diesem Werk berechtigt auch ohne besondere Kennzeichnung nicht zu der Annahme, dass solche Namen im Sinne der Warenzeichen- und Markenschutz-Gesetzgebung als frei zu betrachten wären und daher von jedermann benutzt werden dürften.

Einbandgestaltung: design & production GmbH, Heidelberg

SPIN 10986561 43/3130-5 4 3 2 1 0 – Gedruckt auf säurefreiem Papier

Geleitwort

Die Märkte der Welt sind ständig in Bewegung, denn die Bedingungen verändern sich in rasantem Tempo. Auch in Zukunft wird uns diese Entwicklung stark fordern. Wer sich in der Welt des intensiven Wettbewerbs und technischen Wandels behaupten will, muss sich permanent Kompetenz- und Konzeptvorsprünge erarbeiten.

Viele Betriebe bewegen sich immer noch hart am Abgrund und alle stehen hinsichtlich der allgemeinen wirtschaftlichen Entwicklung unter Druck und auf dünnem Eis. Niemand kann sich behaglich zurücklehnen, trotz aller klugen und richtigen Sprüche über Innovation und Qualität bleiben Preise und Kostenniveau für fast jedes Unternehmen im Wettbewerb kriegsentscheidend.

In diesem Umfeld können sich nur solche Unternehmen behaupten, die sich schnell und fortlaufend anpassen – ihre Märkte und Zielgruppen, ihre Produkte, ihre Arbeitsweisen erneuern und dabei die Möglichkeiten einer Zusammenarbeit mit potenziellen Partnerbetrieben zielstrebig ausloten und bewerten.

Mittelständler müssen sich immer gegen die Großen ihrer Branche behaupten. Isoliertes Vorgehen ohne nach links und rechts zu schauen und Partner mit ins Boot zu nehmen, hat schon oft geradewegs in die Versenkung geführt hat. Dabei bieten sich genug Themenfelder an, um in Kooperationen mit Gleichgesinnten die Herausforderungen und Hürden des Marktes zu meistern.

Die Beteiligung an Netzwerken wird gerade für kleine und mittlere Unternehmen immer wichtiger. Netzwerke bieten ihren Partnern ein hochflexibles Geflecht von Kooperationsbeziehungen. Sie eröffnen gute Chancen, die eigenen Geschäftsziele mit Hilfe strategischer Allianzen gut gewappnet anzugehen. Benötigte Ressourcen können zusammen getragen, bei der Suche nach neuen Lösungen Ideen außerhalb des eigenen Erfahrungsspektrums einbezogen werden.

Man muss das Rad nicht jedes Mal neu erfinden, auch in der Synthese unterschiedlicher Wissensbestände mehrerer Unternehmen kann die Ziellinie des eigenen Betriebes erfolgreich durchlaufen werden.

Netzwerke sind dann überlebensfähig, wenn es gelingt Konkurrenz und Zusammenarbeit miteinander zu vereinbaren und Stabilität sowie Kontinuität durch gegenseitiges Vertrauen zu gewährleisten. Erfolgreiche Kooperationen benötigen mehr als guten Willen. Sie setzen sorgfältige Planung, engagierte Promotoren, qualifizierten Umgang mit verbundtauglichen Arbeitsformen und ein kompetentes Netzwerkmanagement voraus.

Netzwerke müssen wachsen, sie müssen gehegt und gepflegt werden. Sie erfordern als Netzwerkmanager Menschen mit Bodenhaftung und Stallgeruch, die sich nicht durch die Interessen unterschiedlicher Betriebe verwirren lassen, sondern integrieren und koordinieren können und die Klaviatur des Netzwerkmanagements beherrschen. Netzwerkmanager alleine können keine Verbünde aufbauen. Andere regionale Akteure wie die Verbände, die Bil-

dungswerke der Wirtschaft, Berater, Trainer oder die Wissenschaft und Wirtschaftsförderung sollten sinnvolle Unterstützung leisten.
Aber letztlich sind wir es als Unternehmer, die entscheiden müssen, ob wir zu Kooperationen bereit sind!
Unser Unternehmen hat schon vor Jahren den in diesem Band vorgestellten regionalen Qualifizierungs- und Personalentwicklungsverbund MACH 1 Weiterbildung und MACH 2 Personalentwicklung mitbegründet und profitiert von den gemeinsamen einzel- und überbetrieblichen Aktivitäten auf dem breiten Feld der beruflichen Weiterbildung - mit sehr guter Resonanz bei unseren Mitarbeitern.
Synergieeffekte aus den gemeinsamen Aktivitäten und dem ständigen Erfahrungsaustausch sind eine hervorragende Basis für das entscheidende Quäntchen Überlegenheit. Nur wenn wir unsere Kenntnisse in der ständigen Reflexion mit anderen systematisch entwickeln und pflegen, können wir neue Impulse aufnehmen und den nötigen Fortschritt in Gang bringen. Dies gilt im übrigen auch für „Netzwerke an sich". Netzwerke unterschiedlicher Couleur und Modernisierungsvision können und sollten voneinander lernen, um die entstandene Kooperationslandschaft weiter zum Wachsen zu bringen.
Die Herausgeber und Autoren dieses Bandes haben sich im Kompetenzzentrum Netzwerkmanagement zusammen geschlossen. Ihre Praxiserfahrungen und Konzepte lesen sich spannend und aufschlussreich zugleich – für kooperationsbereite Unternehmen ebenso wie für Netzwerkmanager können sie das taugliche Düngemittel für die notwendigen Reifeprozesse in neu entstehenden Netzwerken sein.

Martin Kannegiesser

Unternehmer und Präsident des Arbeitgeberverbandes Gesamtmetall

Inhaltsverzeichnis

Teil 1:

Bausteine erfolgreicher Kooperation

Netzwerke – praktikabel und zukunftsfähig

Thomas Becker, Ingo Dammer, Jürgen Howaldt, Stephan Killich, Achim Loose

1 Eine Einführung

Den Netzwerken gehört die Zukunft!

Das jedenfalls behaupten zahlreiche Experten aus Wirtschaft, Wissenschaft und Politik. Das Spektrum möglicher Verbundaktivitäten ist breit. Dabei sind in den letzten Jahren z. T. mit Unterstützung durch öffentliche Mittel vielfältige Netzwerke und Kooperationsverbünde entstanden, die sich nicht nur mit der direkten Kooperation von Unternehmen, sondern auch mit der Bündelung regionaler und überregionaler Weiterbildungs- und Beratungstätigkeiten sowie mit der Zusammenarbeit von Akteuren der Arbeitsmarkt- und Strukturentwicklung beschäftigen oder gar Mischformen aus all diesen Aktivitäten hervorgebracht haben.

Die Diskussion um Netzwerke als eine spezifische Koordinierungsform menschlichen Handelns jenseits von Markt und Hierarchie hat inzwischen nahezu alle gesellschaftlichen Teilbereiche erreicht. Zwischen Netzwerk als neuem Mythos einerseits und Netzwerken als „zentralem Begriff einer anderen Moderne“ (sfs 1998, Howaldt u.a. 2001) andererseits changieren dabei die Einschätzungen. Renommierte Autoren wie der Soziologe Manuel Castells gehen inzwischen sogar so weit, die Gesellschaft des heraufziehenden 21. Jahrhunderts als „network society“ zu bezeichnen, in der sich alle relevanten Prozesse in Wirtschaft und Gesellschaft um die Organisationsform Netzwerk gruppieren (Castells 2000).

Gleichzeitig aber ist Literatur, die das Phänomen „Netzwerke“ unter praktischen Gesichtspunkten behandelt, noch dünn gesät und nicht immer leicht zu finden. Worin besteht die konkrete Bedeutung von Netzwerken im Rahmen von betrieblichen und regionalen Innovationsprozessen, wo sind die Grenzen ihrer Leistungsfähigkeit und worin liegen ihre spezifischen Erfolgsfaktoren? Welche Netzwerktypen sind eigentlich in den letzten Jahren entstanden, für welche Ziele eignen sie sich und wie werden sie gemanagt und organisiert? Mit diesen Fragen beschäftigen sich die Beiträge des vorliegenden Bandes; sie arbeiten dabei erstmals *aus der Praxis* stammende Erfahrungen *für die Praxis* systematisch auf.

„Wo die Großen fusionieren, müssen die Kleinen kooperieren.“

Diese Einsicht setzt sich bei Entscheidungsträgern in Unternehmen und Institutionen zunehmend durch. Sie formuliert präzise den Kern dessen, was für die kleinen und mittelgroßen Unternehmen als „Globalisierung“ bzw. als deren Folgen wirksam wird. Die bestehen nämlich weniger in einer tatsächlichen Erweiterung der Absatzmärkte mit der Tendenz ‚weltweit‘, wie es der Begriff „Globalisierung“ nahe legt, sondern vielmehr in zunehmender Komplexität und Verdichtung der für die kleinen und mittleren Unternehmen relevanten Marktstrukturen sowie in zunehmender Beschleunigung der Marktprozesse.

Manche Konzepte, die als erste zur Bewältigung dieser Entwicklung eingesetzt wurden, sind mittlerweile in vielen Hinsichten an ihre Grenzen gestoßen: Kostensenkung und Verschlankung der Unternehmensstrukturen gefährden ab einem gewissen Punkt Leistungsfähigkeit und Elastizität des Unternehmens, zu weit getriebene Spezialisierung wird zu einem Wettbewerbsnachteil, wenn die Kunden wieder stärker nach komplexen, aber weiterhin passgenauen Leistungen Ausschau halten.

Netzwerke und Kooperationen sind, richtig gehandhabt, praktische Instrumente für den Mittelstand, den Anforderungen der so verstandenen Globalisierung nachkommen zu können. Sie erlauben es, notwendig werdende Entwicklungen mitzuvollziehen, für die die Kraft des einzelnen Unternehmens sehr oft nicht ausreicht, ohne auf der anderen Seite die Eigenständigkeit aufgeben zu müssen, die viele der kleinen und mittleren Unternehmen erst zu ihren spezifischen Leistungen befähigt.

Und nicht nur das. Netzwerke, Kooperationen und Verbünde mittelständischer Unternehmen sind noch in einem weiteren wichtigen Aspekt analog zu den Fusionen der großen Konzerne zu betrachten: Auch sie fungieren als strategische Mittel, um die aktiven *Gestaltungsmöglichkeiten* der Beteiligten hinsichtlich ihrer Märkte zu vergrößern. Dies ist eine psychologisch nicht zu unterschätzende Leistung von Netzwerken und Kooperationen, gerade in Hinblick auf einen Mittelstand, der sich in den letzten Jahren, was Marktentwicklungen betraf, zunehmend als mit dem Rücken zur Wand stehend und eher als Spielball der Mächte denn als aktiver Marktteilnehmer erlebte.

In diesem Rahmen gewinnt die Arbeit in Netzwerken und Kooperationsverbünden für kleine und mittelgroße Unternehmen zunehmend an Bedeutung. Viele Beispiele zeigen, dass die Arbeit in Netzwerken immer mehr zu einem wichtigen positiven Wettbewerbsfaktor wird, sozusagen zu erfolgreicher ‚Globalisierung vor Ort‘. Einige Beiträge in diesem Band illustrieren das anschaulich.

Was Netzwerke leisten können

Am Anfang steht in der Regel die Frage, welche Vorteile solche Netzwerke dem eigenen Unternehmen, der eigenen Institution konkret bringen. Die Leistungsfähigkeit von Netzwerken hat viele Facetten. Die flexiblen Kooperationsbeziehungen ermöglichen es den Partnern beispielsweise:

- die eigenen Geschäftsziele mit Hilfe strategischer Allianzen erfolgreicher anzugehen;
- Unterstützung durch erfahrene Partner für eigene Innovationsprozesse sicherzustellen;
- benötigte Kompetenzen und Ressourcen zusammenzuführen, für die beteiligten Unternehmen nutzbar zu machen und dadurch Kosten zu sparen;
- Ideen und Anregungen von jenseits des eigenen ‚Tellerrands' zu bekommen;
- Leistungen zu erbringen, die die Wettbewerbsfähigkeit am Markt entscheidend erhöhen, aber von keinem Partner aus eigener Kraft erbracht werden können.

Anforderungen an Netzwerkarbeit

Andererseits fällt erfolgreiche Netzwerkarbeit nicht vom Himmel. Zahlreiche kooperationsspezifische Aspekte müssen berücksichtigt werden, mit denen die Partner im betrieblichen Alltag zuvor keine Erfahrungen machen konnten. So müssen

- zunächst die geeigneten Partner gefunden,
- unterschiedliche Interessen und Erwartungshaltungen unter einen Hut gebracht,
- geeignete Arbeitsformen entwickelt und spezielle Arbeitsmethoden gelernt,
- eine netzwerktragende Infrastruktur aufgebaut,
- Spielregeln definiert und Kooperationsvereinbarungen getroffen,
- sowie Vertrauen zwischen den Kooperationspartnern aufgebaut und kontinuierlich weiterentwickelt werden.

Insofern verwundert es nicht, dass viele Kooperationen trotz des guten Willens aller Beteiligter weit unter ihren Möglichkeiten bleiben, mit großen Problemen zu kämpfen haben oder sogar scheitern. Aufbau und Betrieb erfolgreicher Kooperationen sind eben an spezifische Voraussetzungen gebunden.

Den durchaus anspruchsvollen Anforderungen an die Gestaltung von Netzwerken steht aber erfahrungsgemäß eine weitgehende Unkenntnis im Hinblick auf das „praktische Management der Netzwerkstrukturen und –prozesse" gegenüber (Sydow 1999, 304). So greift das Management von Netzwerken im Wesentlichen auf die im betrieblichen Projektmanagement entwickelten Konzepte und Instrumente zurück. Hier ist die Entwicklung von eigenen Methoden und Instrumenten notwendig. Sie steckt jedoch noch ebenso in den Kinderschuhen wie die Entwicklung von spezifischen Beratungs- und Qualifizierungsangeboten für Netzwerkmanager (vgl. Flocken u.a. 2001).

Das Kompetenzzentrum Netzwerkmanagement

An dieser Problemlage setzt das Kompetenzzentrum Netzwerkmanagement an. Ziel des im Jahr 2001 gegründeten Kompetenzzentrums ist es, das vorhandene Know-how im Bereich des Netzwerkmanagements zu bündeln und aufeinander abgestimmte Dienstleistungen für unterschiedliche Zielgruppen anzubieten. Das Kompetenzzentrum möchte hierzu Lernprozesse zwischen den beteiligten Partnern initiieren und zu gemeinsamen Reflexionsprozessen beitragen. Es bietet darüber hinaus umsetzungsorientierte Leistungen an, die die Kunden bei Aufbau und Betrieb von Netzwerken und Verbünden gezielt unterstützen. Außerdem werden offene Fragen zum Thema Netzwerkmanagement durch eigene Forschungsarbeiten behandelt.
Das Kompetenzzentrum Netzwerkmanagement richtet sich mit seinen Angeboten an:

- Kleine und mittlere Unternehmen, die Geschäftskooperationen aufbauen;
- Institutionen und öffentliche Einrichtungen, die Innovationsverbünde planen;
- Personen, die mit der Steuerung von Netzwerken betraut sind.

Das Angebot versteht sich als Hilfe zur Selbsthilfe und soll potenzielle Kunden bei der Gestaltung eigener Lösungen nachhaltig unterstützen.

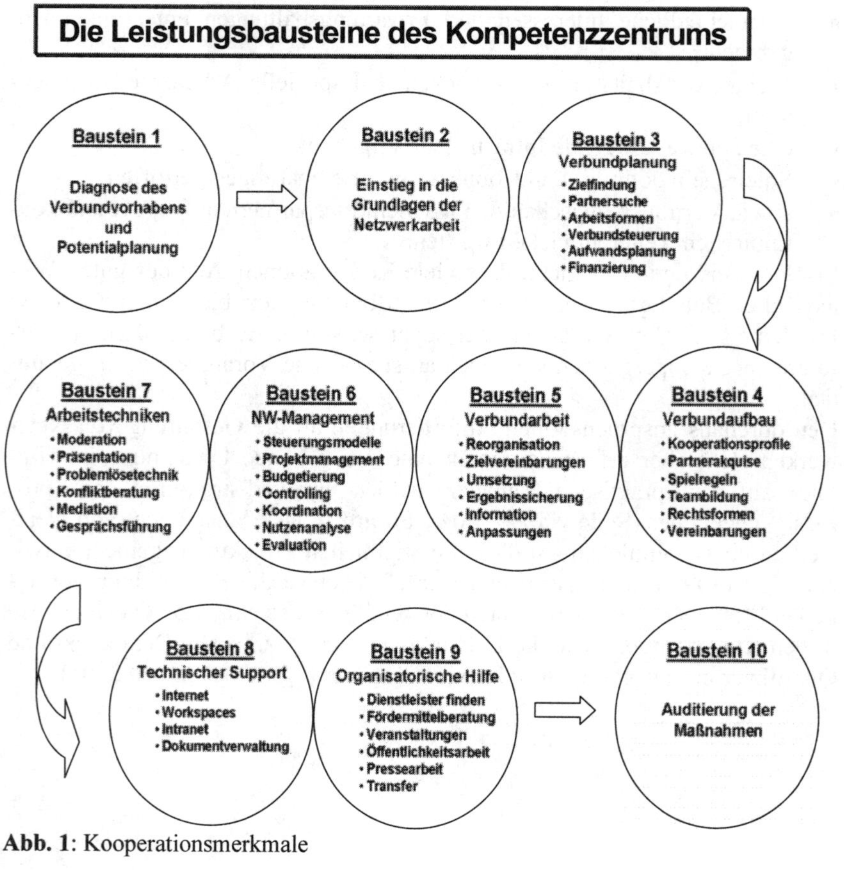

Abb. 1: Kooperationsmerkmale

Die Struktur

Zwanzig renommierte Partner aus Forschung und Beratung arbeiten aktiv im Kompetenzzentrum mit. Ein Kernteam fungiert als zentrale Koordinierungsstelle mit den Aufgaben Öffentlichkeitsarbeit, Akquisition, Qualitätssicherung, Produktgestaltung und strategische Weiterentwicklung des Zentrums.
Die assoziierten Partner bringen ihre netzwerkbezogenen Beratungs- und Forschungskompetenzen in das Zentrum ein und bieten netzwerkspezifische Leistungspakete an, die im Serviceteil dieses Bandes aufgelistet sind. Das *Kompetenzzentrum Netzwerkmanagement* stellt eine bisher einzigartige Bündelung von Netzwerk-Know-how dar, zu dessen weiterem Ausbau es die kontinuierliche Zusammenarbeit mit nationalen und internationalen Netzwerkexperten anstrebt.

Aktivitäten

Im Mittelpunkt der Aktivitäten des Kompetenzzentrums stehen konkrete Projekte zur Unterstützung von Unternehmen und regionalen Akteuren bei Aufbau und Weiterentwicklung von Netzwerken. Die Partner des Kompetenzzentrums sind dabei in vielfältigen Branchen und Bezügen tätig. Einen Überblick über das breite Tätigkeits- und Kompetenzspektrum der im Kompetenzzentrum aktiven Partner geben die hier versammelten Aufsätze. Dabei ist die Arbeit ausgesprochen erfolgreich. So wurde die von KOKON Consult und RKW NordWest betreute Wuppertaler „Raumfabrik" in einem bundesweiten Wettbewerb von einer hochrangig besetzten Expertenjury zur „Kooperation des Jahres" für den Bereich Handwerk gewählt.
Die Partner sind in ihrer gemeinsamen Arbeit an einem einheitlichen Beratungsleitbild orientiert, das eine reibungslose Kooperation sicher stellt. Regelmäßige Netzwerktreffen garantieren dabei einen kontinuierlichen Erfahrungs- und Know-how-Austausch. Sie dienen gleichzeitig der Sicherung der Qualität der Beratungs- und Qualifizierungsangebote.
Projektteams und gemeinsame Workshops zu bestimmten Aspekten der Netzwerkarbeit haben die Aufgabe, die angewandten Konzepte und Instrumente kontinuierlich weiter zu entwickeln. Gezielt werden in Kooperation mit renommierten Forschungseinrichtungen neue Themen bearbeitet und innovative Dienstleistungsangebote entwickelt. So steht aktuell die Frage nach geeigneten Konzepten für ein erfolgreiches Wissensmanagement in Netzwerken im Zentrum von Forschungs- und Beratungsprojekten, die von verschiedenen Partnern im Rahmen des Kompetenzzentrums durchgeführt werden.

2 Zu diesem Band

Mit der Herausgabe dieses Buches möchte das Kompetenzzentrum Netzwerkmanagement dazu beitragen, die bedauerlich große Lücke zu schließen, die zwischen der wachsenden Zahl und zunehmenden Wichtigkeit von Kooperationen auf der einen und fehlender praxisorientierter Literatur auf der anderen Seite entstanden ist.
Dieser Band wendet sich an Praktiker aus Wirtschaft und öffentlichen Institutionen. An solche, die bereits mit operativen Fragen des Netzwerkmanagements beschäftigt sind; ihnen wird ein Überblick über den momentanen state of the art und ein Nachschlagewerk zur Beantwortung konkreter Fragen der Praxis des Netzwerkmanagements geboten. Und an solche, die sich mit dem Gedanken an zukünftige Kooperationen beschäftigen; ihnen wird die Möglichkeit gegeben, sich vorab ein Bild von der Leistungsfähigkeit und den Anforderungen zu machen, die mit Gründung und Betrieb einer Kooperation einhergehen.
Um diesem doppelten Anspruch - Überblicks- und Nachschlagewerk - gerecht zu werden, ist der vorliegende Band in drei Abschnitte eingeteilt.
Der erste Abschnitt „Bausteine erfolgreicher Kooperation" beginnt mit einem Überblick über die verschiedenen möglichen *„Kooperationsformen"* (Stephan Killich). Dieser Beitrag kann Netzwerkinteressierte insbesondere in der Planungsphase bei grundsätzlichen Entscheidungen unterstützen.
Der Beitrag *„Entwicklungsphasen von Netzwerken und Unternehmenskooperationen"* (Jürgen Howaldt / Frank Ellerkmann) schildert die unterschiedlichen Schwerpunkte und Strategien, die durch die Entwicklung von Kooperationen, angefangen bei der Partnersuche bis hin zur Auflösung, erforderlich werden. Hier finden vor allem erfahrene Praktiker wichtige Hinweise für ihre alltägliche Arbeit im Netzwerkmanagement.
„Gelingende Kooperation" (Ingo Dammer) gibt einen Einblick in die verzwickte Struktur der sogenannten ‚weichen' Faktoren, die über das Gelingen von Kooperationen entscheidet. Netzwerkmoderatoren können sich hier erfahrungsgestützte Anregungen für die Bewältigung der psychologischen Aspekte ihrer Arbeit holen.
Eins der aktuell meist besprochenen, aber nur selten befriedigend geregelten Themen beleuchtet der Beitrag *„Wirksames Wissensmanagement in Netzwerken"* (Stephan Killich / Ralf Kopp). Hiervon ist jede Kooperation mehr oder weniger intensiv betroffen und wird mit einiger Sicherheit praktikable Lösungsansätze für ihre Probleme im Bereich Wissensmanagement finden.
„Leitbildentwicklung und Projektmanagement in Kooperationen" (Thomas Becker) befasst sich mit zwei der anspruchsvollsten Teilbereiche des Netzwerkmanagements. Hier findet sich ein großer Vorrat an Anregungen und Hilfestellungen für Netzwerkmanager, die sich mit ihren Kooperationen der Professionalisierung verschrieben haben oder sich auf dem Weg dorthin befinden.
Detaillierte Ausführungen über die *„Rechtliche Gestaltung"* von Kooperationen (Achim Loose, Ralph Schlüter, Georg Stoffels, Georg Unger) beschließen den ersten Abschnitt.

Den zweiten Abschnitt, „Kooperationen konkret“, eröffnen *„Vernetzte Medien“* (Ingo Dammer / Achim Loose). Die Medienbranche, ob audiovisuell oder IT, ist für das Thema ‚Kooperation’ aus zwei Gründen besonders interessant: zum einen arbeitet die Branche schon lange mit informellen Netzwerken, zum anderen weist sie im Sektor Personalmanagement Besonderheiten auf, die auch für andere Branchen immer mehr Bedeutung gewinnen.
Über *„Wissensbasierte Dienstleister“* schreiben Jürgen Howaldt und Ralf Kopp. Auch hier steht, neben den Beratungsinstituten, die Informationstechnologie im Zentrum. Die Autoren gehen dabei speziell auf eine Besonderheit der vielbeschworenen Ressource ‚Wissen’ ein: sie erzeugt gleichzeitig Nichtwissen.
Arno Georg berichtet über *„Kooperationsnetze in der Gesundheitswirtschaft“*. In dieser beschäftigungs- und wachstumsstarken Branche findet sich ein breites Spektrum unterschiedlich anspruchsvoller Kooperationen. Gleichzeitig hemmen aber wichtige Faktoren eine effizienzorientierte Intensivierung der Bemühungen, Netzwerke im Gesundheitswesen auf breiterer Front als Leitbild zu verankern.
Der Beitrag über *„Logistik als Bindeglied in Produktionsnetzwerken“* (Frank Ellerkmann) beschreibt eins der komplexesten Handlungsfelder. Gleichzeitig aber ist hier die Kooperationspraxis sowohl bereits sehr weit gediehen als auch vorbildlich dokumentiert und analysiert, so dass andere Branchen von den Erfahrungen in der Logistik reichhaltig profitieren können.
Geradezu als Lehrstück für die Zukunftsfähigkeit kompetent gemanagter Verbünde können *„Kooperationen und Netzwerke im Handwerk“* (Peter Flocken / Achim Loose) gelten. Hier wird ersichtlich, wie eine konjunkturell arg gebeutelte Branche durch intelligente Kooperation den Markt mithilfe von Know-how-Erweiterung und wachsendem Dienstleistungsangebot aktiv gestalten kann - trotz weiterhin ‚schwieriger Zeiten’.
Ein *„Virtuelles Kaufhaus der Region“* als Zukunftsperspektive für eine weitere krisengeschüttelte Branche, den Einzelhandel: Ralph Klocke behandelt an einem konkreten Beispiel die notwendigen Schritte, die die Kundenwanderung zu den Discountern umkehren und dem (Fach-)Einzelhandel neue Umsatzmöglichkeiten eröffnen können.
Und noch eine Branche, die vom Strukturwandel voll getroffen wurde: *„Vernetzt - Kooperationen in der Textil- und Bekleidungsindustrie“*. Thomas Becker erläutert anhand eines Best-practice-Beispiels die Erfolgsbedingungen für Kooperationen in diesem Bereich.
Der Beitrag über *"Netzwerke und Kooperationsverbünde im Weiterbildungsbereich“* (Ursula Wohlfart/ Rainer Bovelet) zeigt, wie vielfältig Kooperationen in einem so weit verzweigten Handlungsfeld strategisch und praktisch einsetzbar sind. Es wird außerdem erkennbar, dass und warum ein sinnvolles politisches Interesse besteht, den Netzwerkgedanken in der Weiterbildung, einem gesellschaftlich eminent wichtigen Bereich, gezielt zu fördern.
Peter Vieregge stellt die Frage hinsichtlich der branchenübergreifenden *„Wettbewerbsfähigkeit von Regionen und Unternehmen: Woher kommt der Zusammenhang?“* Eingehend schildert er die Möglichkeiten, regionale Cluster zu identifizieren und ihre Kompetenzpotenziale durch geeignete Maßnahmen intensiver auszuschöpfen. Konkrete Hinweise für das an-

spruchsvolle Netzwerkmanagement runden dieses wirtschaftspolitisch essentielle Thema ab.
Ebenfalls regional orientiert, wenn auch durch unternehmerische Eigeninitiative getragen, ist die *„Personalentwicklung im Mittelstand - Synergien im Verbund“* (Bernd Helbich). Eine für sehr viele Unternehmen hochinteressante Option wird hier anschaulich und umfassend geschildert. Zur Nachahmung empfohlen!
Diesen Abschnitt beschließt der Beitrag von Sabine Hellmann-Flocken und Georg Unger über *„Aspekte des Netzwerkmanagments von EQUAL-Entwicklungspartnerschaften“*. Er gibt einen profunden Einblick in die Steuerung äußerst vielschichtiger und heterogener Netzwerke, wie sie im Rahmen dieser EU-Gemeinschaftsinitiative zustandekommen. Dabei gilt das Augenmerk unter anderem den komplexen Managementaufgaben, die sich stellen, wenn, wie unter EQUAL, transnational Kooperationen mit Kooperationen kooperieren.
Im dritten Abschnitt dieses Bandes, dem „Serviceteil“, finden interessierte Leser Adressen und Ansprechpartner für Fragen rund ums Netzwerkmanagement. Die Partner des Kompetenzzentrums Netzwerkmanagement stehen gerne zur Verfügung, wenn es gilt, dem Gedanken von Kooperation und Verbundbildung mit Rat und Tat praktischen Vorschub zu leisten.
Wir würden uns freuen, wenn wir mit dem vorliegenden Band eine bedauerliche Lücke in der Literatur über Netzwerke schließen können. Ob dies gelungen ist, steht uns zu beurteilen nicht an. Es ist das Recht der Leser, hier das Urteil zu fällen und zu entscheiden, ob es richtig war, diesen Weg zu beschreiten - und ob er richtig beschritten wurde. Aber auch wenn wir nicht zur Jury gehören, die über diesen Band befindet, sind wir - verständlicherweise - doch sehr interessiert daran zu erfahren, welche Aufnahme er beim interessierten Publikum findet.
Wir bitten die Leser daher herzlich, sich mit Anregungen und Kritik an uns zu wenden und uns die Chance zu geben, von ihnen zu lernen. Dieser Band ist die praktische Frucht von Netzwerkarbeit. Wir würden uns freuen, wenn in den nächsten Band dieser Art die Erfahrungen und Gedanken von noch mehr Akteuren einfließen würden: die der Leser nämlich, denen Kooperation und Zusammenarbeit ebenso am Herzen liegt wie uns.

Literatur

Castells, M. (2000): The rise of the network society. Oxford, 2. Aufl.

Flocken, P.; Hellmann-Flocken, S.; Howaldt, J.; Kopp, R; Martens, H. (2001): Erfolgreich im Verbund. Die Praxis des Netzwerkmanagements. Eschborn

Howaldt, J.; Kopp, R.; Flocken, P. (Hg.) (2001): Kooperationsverbünde und regionale Modernisierung – Theorie und Praxis der Netzwerkarbeit. Wiesbaden

Nalebuff, B.; Brandenburger, A. M. (1995): Coopetition - kooperativ konkurieren. Mit der Spieltheorie zum Unternehmenserfolg. Frankfurt a. M/New York

sfs Sozialforschungsstelle Dortmund (1998): Netzwerkbildung als Innovationsstrategie. Dortmund

Sydow, J. (1999): Das Management von Netzwerken - Zum Stand der Forschung. In: ders. (Hg.): Management von Netzwerken. Wiesbaden

Sydow, J.; Windeler, A. (1999): Steuerung von Netzwerken. Opladen/Wiesbaden

Wassermann, W. (1997): Stärken und Schwächen kleiner Betriebe - Zum Stand der wirtschafts- und sozialwissenschaftlichen Kleinbetriebsforschung, Gutachten im Auftrag des Landesinstituts Sozialforschungsstelle Dortmund. Dortmund

Kooperationsformen

Stephan Killich

Markt – Kooperation – Hierarchie

Unter dem Begriff der Unternehmenskooperation wird im Allgemeinen die Zusammenarbeit zwischen meist wenigen, rechtlich und wirtschaftlich selbständigen Unternehmen zur Steigerung der gemeinsamen Wettbewerbsfähigkeit verstanden (Gabler, 1997, 2245). Es handelt sich dabei also um zwei oder mehrere Unternehmen, die ihre Handlungen bzw. Nutzung von Ressourcen aufeinander abstimmen, um somit gegenüber den „Einzelgängern" einen Wettbewerbsvorsprung zu erlangen. Alternativ zur kooperativen Vorgehensweise kann die dazu notwendige Leistung auch im „Alleingang" im eigenen Unternehmen erbracht werden. Dies setzt voraus, dass die dazu notwendigen Ressourcen und Kompetenzen im eigenen Unternehmen vorhanden sind, oder beschafft bzw. aufgebaut werden können. Darüber hinaus hat ein Unternehmen die Option, die notwendige Leistung am freien Markt einzukaufen. Die zwischenbetriebliche Kooperation ist somit als Alternative zu diesen beiden Koordinationsformen anzusehen. Das Spektrum zwischen dem Fremdbezug einer Leistung und der Eigenfertigung ist dabei aufgrund zahlreicher unterschiedlicher Kooperationsformen sehr breit (siehe Killich, Luczak 2003, 3 ff.).

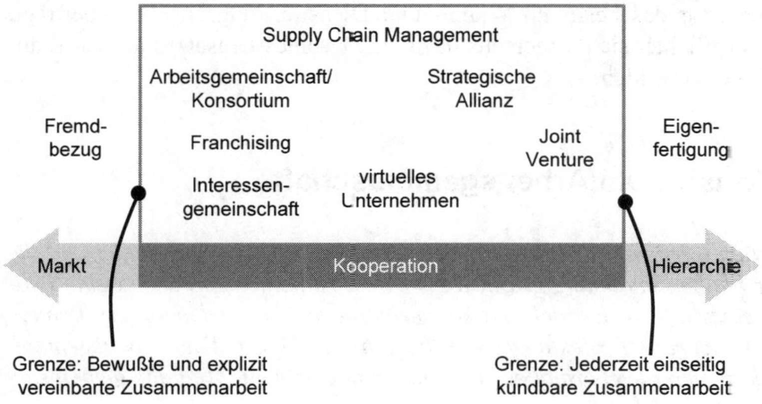

Abb. 1: Zwischenbetriebliche Kooperation als alternative Organisationsform (vgl. Rotering, 1993, 14)

1 Interessengemeinschaft

Durchsetzung gemeinsamer Interessen

Eine Interessengemeinschaft setzt sich die Vertretung und/oder Durchsetzung gemeinsamer Interessen mehrerer Unternehmen zum Ziel. Eine Interessengemeinschaft kann dabei beispielsweise in Form eines gemeinsamen Einkaufs oder Vertriebs sowie einer Arbeitgebervertretung auftreten.

Beispiel VIA

Der vom Verbund Innovativer Automobilzulieferer (VIA) initiierte Einkaufspool für Unternehmen aus der Automobilzulieferbranche stellt in diesem Zusammenhang eine Interessengemeinschaft dar. Der Einkauf unterschiedlicher Ressourcen, wie beispielsweise Strom, Gas oder Kleinwerkzeugen, wird dabei gebündelt vom Verbund für die beteiligten Unternehmen organisiert und durchgeführt. Durch die damit verbundenen Synergien bzw. Skaleneffekte können für alle Kooperationspartner günstige Einkaufspreise erzielt werden.

2 Franchising

Franchise-Geber und Franchise-Nehmer

Unter Franchising wird ein Vertriebssystem verstanden, durch das Waren, Dienstleistungen und/oder Technologien vermarktet werden. Rechtlich und finanziell selbständige und unabhängige Unternehmen, der Franchise-Geber und seine Franchise-Nehmer, arbeiten dabei eng zusammen, indem der Franchise-Geber die Planung, Durchführung und Kontrolle eines erfolgreichen Betriebstyps übernimmt. Er erstellt ein unternehmerisches Gesamtkonzept, das von seinen Geschäftspartnern, den Franchise-Nehmern, selbständig an ihrem Standort umgesetzt wird.

Beispiel OBI

Das Unternehmen OBI stellt in diesem Zusammenhang einen Franchise-Geber dar, das einem Franchise-Nehmer, dem eigentlichen OBI- Baumarkt, die Lizenz für das bekannte Waren- und Dienstleistungsangebot überträgt. Dieser verpflichtet sich seinerseits dazu, 2,5% seines Umsatzes an den Franchise-Geber zu zahlen.

3 Konsortium/Arbeitsgemeinschaft

Projekt-gemeinschaft

Konsortien werden in der Regel für eine begrenzte Dauer gegründet und die Partner bleiben unabhängig. Ein Konsortium ist dementsprechend eine Projektgemeinschaft in der sich die kooperierenden Unternehmen verpflichten, ein oder mehrere Projekte gemeinsam durchzuführen. Die Arbeitsgemeinschaft setzt sich gleichermaßen zum Ziel, eine bestimmte Aufgabe gemeinsam zu lösen.

Beispiel: Hamburger Baumodell

Arbeitsgemeinschaften sind häufig in der Baubranche anzutreffen. Dabei schließen sich mehrere Unternehmen zur Durchführung komplexer Bauvorhaben freiwillig zu einer sogenannten ARGE (Arbeitsgemeinschaft) zusammen. Dieser Zusammenschluss gilt dabei meist für die gemeinschaftliche Durchführung eines Bauprojektes. Beispielsweise haben sich 10 Hamburger Handwerksfirmen sowie ein Ingenieur- und ein Architekturbüro temporär zu einem Unternehmensnetzwerk zusammengeschlossen. Die Kooperation mit dem Namen „Hamburger Baumodell“ ist dabei schon vor der Vergabe eines Auftrages, nämlich zur Teilnahme an dem vorgeschalteten Wettbewerb, ins Leben gerufen worden. Das Ziel der Zusammenarbeit in dieser Phase ist es, durch eine intensive Abstimmung von planenden und ausführenden Unternehmen, den Bauablauf intensiver und reibungsloser zu gestalten.

Ein weiteres Beispiel ist die Raumfabrik. Die „Raumfabrik“ ist ein Verbund von 21 Betrieben des Bau- und Ausbauhandwerks. Die Partner bieten gemeinsam alle Leistungen rund ums Bauen und Wohnen - vom neuen Badezimmer bis zum schlüsselfertigen Haus zum Festpreis aus einer Hand an. Die Raumfabrik hat im Jahr 2003 den Wettbewerb „Die beste Kooperation“ den ersten Preis in der Kategorie „Handwerk“ gewonnen.

Beispiel Raumfabrik

4 Virtuelle Unternehmen/Organisationen

Bei einem virtuellen Unternehmen tritt die zwischenbetriebliche Kooperation, am Markt als eigenständiges Unternehmen auf. Dies beinhaltet, dass die daran beteiligten rechtlich selbständigen Unternehmen nicht mit dem eigenen Firmennamen in Erscheinung treten, sondern „lediglich“ Teil des virtuellen Unternehmens sind. Dabei wird auf die Institutionalisierung zentraler Funktionen des virtuellen Unternehmens, wie Marketing oder Service, verzichtet.

Eigenständiges Unternehmen

Die Merkmale eines virtuellen Unternehmens können dabei folgendermaßen beschrieben werden (Wolter 1998, 7 f.):

Merkmale eines virtuellen Unternehmens

- „Ein Netzwerk aus Unternehmensteilen, die nicht ausschließlich rechtlich und wirtschaftlich voneinander abhängig sind.
- Projektbezogene Konfiguration des Netzwerkes.
- Fortwährende Kommunikation und Abstimmungsprozesse zwischen den Netzwerkteilnehmern.
- Offene, dynamische Strukturen innerhalb des Netzwerkes, je nach Projekt wechselnde Partnerschaften.
- Keine ‚per-se-Dominanz‘ eines Partners.
- Ein einheitliches Erscheinungsbild gegenüber den Kunden.
- Weitgehender Verzicht auf Institutionalisierung und Hierarchiebildung.“

Als Beispiel für ein virtuelles Unternehmen kann das als Plattenspielerhersteller bekannt gewordene Unternehmen Dual angeführt werden. Das Unternehmen mit einem Jahresumsatz von 70 Mio. DM im Jahre 1996 besteht aus lediglich 4 Mitarbeitern: Einem Unternehmer, einem Juristen, einer Sekretärin und einem Marketingspezialisten (Linden, 1997). Das virtuelle Unternehmen besteht dabei aus einem Netzwerk, das 25 selbständige Partnerfirmen aus Europa, Asien und Nordamerika umfasst, die ihrerseits Forschung & Entwicklung, Konstruktion und Vertrieb der Produkte übernehmen. Dual hingegen übernimmt die Steuerung des Netzwerkes und stellt den Firmennamen für die Produkte bzw. das virtuelle Unternehmen dar. Bereits wenige Monate nach der Gründung des virtuellen Unternehmens konnte Dual auf diese Weise eine Produktpalette von rund 60 Geräten und Komponenten auf den Markt bringen.

Beispiel: Dual

5 Supply Chain Management (SCM)

Der gesamte Geschäftsprozess

SCM ist die prozessorientierte Gestaltung, Lenkung und Entwicklung aller Aktivitäten des Geschäftsprozesses von der Beschaffung der Rohmaterialien bis zum Verkauf an den Endverbraucher. Das beinhaltet, dass das Konzept nicht innerhalb einer Abteilung oder eines Unternehmens endet, sondern die an dem Wertschöpfungsprozess beteiligten Unternehmen mit einbezieht. Das Ziel ist es dabei, langfristige und partnerschaftliche Win-Win-Beziehungen zwischen den Unternehmen aufzubauen und in das Wertschöpfungssystem des Unternehmens mit seinen unterschiedlichen Aktivitäten zu integrieren.
Supply Chain Management kann somit als die logische Weiterentwicklung des logistischen Managements betrachtet werden (Luczak und Schiegg, 2001, 5).

Beispiel: Dell

„Der Computerkonzern Dell hat ein erfolgreiches Supply Chain Management umgesetzt. In der von Dell betriebenen OptiFlex-Fabrik werden pro Tag etwa 20.000 Computer kundenorientiert gefertigt. Der Lagerbestand des Unternehmens ist so dimensioniert, dass eine Fortführung der Fertigung für lediglich zwei Stunden garantiert wird. Der Bestand an gelagerten Fertigprodukten tendiert praktisch gegen null. Die fertigen Produkte, wie PCs und Server, werden sofort nach der Produktion verladen und an den Kunden ausgeliefert. Dies erfordert eine extrem enge Anbindung der Lieferanten, die meist lokale Lager in unmittelbarer Umgebung der OptiFlex-Fabrik vorhalten. Um die minimalen Bestände von Lieferteilen und Fertigprodukten zu erreichen, werden einmal pro Stunde eingehende Aufträge in das Produktionsplanungssystem geladen. Alle zwei Stunden wird auf dieser Basis ein neuer Produktionsplan erstellt. Die Lieferanten werden anschließend online darüber informiert, welche Komponenten von Dell benötigt werden. Innerhalb von 15 Minuten wird von den Lieferanten die Verfügbarkeit der Teile bestätigt, und weitere 75 Minuten später ausgeliefert. Bei unerwarteten Bedarfsspitzen kann Dell zusammen mit seinen Lieferanten geeignete Maßnahmen im Produktionssystem des Lieferanten in kürzester Zeit einleiten. Diese kurzen Reaktionszeiten sind somit nur durch eine enge Zusammenarbeit der an der Supply Chain beteiligten Unternehmen zu erzielen." (Killich, Luczak 2003, 5)

6 Strategische Allianzen

Zusammenarbeit in Geschäftsfeldern derselben Branche

Der Begriff der strategischen Allianz ist nicht eindeutig abgegrenzt. Backhaus und Piltz (1990, 2) definieren, dass "unter einer strategischen Allianz, Koalitionen von zwei oder mehr selbständigen Unternehmen verstanden werden, die mit dem Ziel eingegangen werden, die individuellen Stärken in einzelnen Geschäftsfeldern zu vereinen". Eine strategische Allianz ist somit auf bestimmte Geschäftsfelder von Unternehmen derselben Branche beschränkt und stellt daher eine besondere Form der Unternehmenskooperation dar. Die Zusammenarbeit zwischen den Unternehmen einer Strategischen Allianz findet auf der gleichen Wertschöpfungsebene, also zwischen aktuellen oder zumindest potenziellen Konkurrenten, und oftmals zeitlich befristet statt.

Ein bekanntes Beispiel für eine strategische Allianz ist die von Air Canada, Lufthansa, SAS, Thai Airways und United Airlines im Mai 1997 lancierte Star Alliance. Die Star Alliance ist bis heute mit 14 Mitgliedern zur größten globalen Airline-Allianz herangewachsen. Sie fliegt mit einer Flotte von 2058 Flugzeugen 729 Flughäfen 124 Ländern an, beschäftigt über 270.000 Menschen und transportiert jährlich über 290 Millionen Passagiere. Die Kooperation der Star Alliance reicht dabei sehr weit. Beispielsweise haben die Allianzpartner ihre Flugpläne so aufeinander abgestimmt, dass die Gesamtreisedauer bei Umsteigeverbindungen häufig verkürzt wurde. Darüber hinaus erhalten die Kunden in den meisten Fällen bei Reiseantritt auch schon die Bordkarte für den Weiterflug, selbst wenn sie dabei am Umsteigeort von einem Allianzpartner auf einen anderen wechseln. Weiterhin ist es für die Kunden möglich, Flugmeilen innerhalb der Star Alliance zu sammeln und wieder abzufliegen.

Beispiel: Star Alliance

7 Joint Venture/Gemeinschaftsunternehmen

Die Gründung eines gemeinsamen, rechtlich selbständigen Unternehmens im Rahmen einer zwischenbetrieblichen Kooperation wird Joint Venture oder Gemeinschaftsunternehmen genannt. Dabei bringen die einzelnen Unternehmen unterschiedliche Ressourcen in das neu gegründete Unternehmen ein. Das Konzept der Joint Ventures ist in nahezu allen Industriebranchen eine weit verbreitete Form der zwischenbetrieblichen Kooperation.

Gemeinsames rechtlich selbständiges Unternehmen

„Ein bekanntes Beispiel für die Gründung eines Gemeinschaftsunternehmens ist die beinahe baugleiche Entwicklung des VW Sharan und Ford Galaxy. Das Ziel dieser Kooperation von Ford und VW war es, die Entwicklungskosten der Fahrzeuge im 1995 noch neuen Modell-Segment zu teilen. Die Fahrzeuge sind allerdings nicht nur gemeinsam entwickelt worden, sie werden darüber hinaus auch alle in der Autoeuropa-Fabrik in Portugal gefertigt.

Beispiel VW Sharan und Ford Galaxy

Dass die Zielsetzungen, die mit der Gründung eines Joint Ventures verfolgt werden, sehr unterschiedlich sein können, zeigt das folgende Beispiel. Das Heidelberger Universitätsklinikum hat mit der Cytonet-Gruppe, einem Unternehmen der pharmazeutischen Industrie, ein Gemeinschaftsunternehmen mit dem Namen „Cytonet Heidelberg GmbH" gegründet. Cytonet bietet dabei langjährige Erfahrung in der industriellen pharmazeutischen Produktion und Vermarktung sowie ausreichende Finanzmittel für Forschung und Entwicklung, die der Universität zugute kommen. Die Universität wiederum bringt, über die Grundlagenforschung hinaus, ihre produktorientierten Forschungsergebnisse sowie die Wissenschaftler mit ihrem innovativen Potenzial ein. Sind die Produkte dann erfolgreich, werden beide Partner am Gewinn beteiligt und profitieren somit von der Kooperation." (Killich, Luczak 2003, 7)

Beispiel: Cytonet

8 Kooperationsmerkmale

Unabhängig von der Kooperationsform kann eine Unternehmenskooperation durch ihre Merkmale unterschieden werden. In diesem Zusammenhang wird beispielweise die Richtung, Ausdehnung, Bindungsintensität, Zeitdauer einer Kooperation und den an der Kooperation beteiligten Abteilungen bzw. Unternehmensfunktionen unterschieden.

Merkmale einer Kooperation

Merkmal	Ausprägung					
Richtung	horizontal	vertikal	diagonal			
Ausdehnung	lokal	regional	national	global		
Bindungsintensität	gering	moderat	hoch			
Verbindlichkeit	Absprache	Vertrag	Kapitalbeteiligung			
Zeitdauer	temporär	unbegrenzt				
Zielidentität	redistributiv	reziprok				
Koop. Abteilungen	F&E	Vertrieb	Einkauf	Marketing	Produktion	Sonstige

Abb. 2: Kooperationsmerkmale

Richtung einer Kooperation

Die Richtung der Kooperation gibt an, auf welcher Wertschöpfungsstufe und in welcher Wirtschaftsbranche die beiden Kooperationspartner agieren.
Sind beide Unternehmen in derselben Branche und auf gleicher Wertschöpfungsebene tätig, so spricht man von einer horizontalen Kooperation. Sie sind oft Konkurrenten, die die Ausschaltung der bisher bestehenden Konkurrenz zwischen den kooperierenden Unternehmen, eine größere Marktmacht gegenüber Kunden und Lieferanten, oder die Koordinierung bzw. Durchführung bestimmter Funktionen suchen. Kooperationsbeziehungen zwischen Partnern in derselben Branche, aber auf unterschiedlicher Wertschöpfungsebene (klassische Zulieferer-Abnehmer-Beziehungen), werden vertikale Kooperationen genannt.

Horizontale, vertikale und diagonale Kooperation

Bei Kooperationspartnern unterschiedlicher Branche spricht man von diagonalen Kooperationen. Dieser letzte Fall tritt z.B. ein, wenn die kooperierenden Unternehmen in zwei verschiedenen Branchen, auf zwei verschiedenen Niveaus der Wertschöpfungskette arbeiten, und nur aus finanziellen Gründen zusammen arbeiten (sie wollen beispielsweise die Investitionskosten teilen, und die erworbenen Ressourcen zur Herstellung verschiedener Produkte benutzen).

Ausdehnung einer Kooperation

In der räumlichen Betrachtungsebene sind gemäß dem Wirkungsgebiet lokal begrenzte, regionale, nationale und internationale Kooperationen anzuführen.

Lokal begrenzte Kooperationen finden in der unmittelbaren Nachbarschaft der beteiligten Unternehmen statt, wohingegen die Partner bei regionalen Kooperationen in der näheren Umgebung anzusiedeln sind. Nationale Kooperationen beziehen sich auf Kooperationspartnerschaften innerhalb desselben Staates. Globale Kooperationen sind länderübergreifend. Entsprechend der räumlichen Ausdehnung einer Kooperation variiert üblicherweise auch die damit verbundene Zielsetzung. Während bei lokalen und regionalen Kooperationen eher die gemeinsame Nutzung von standortgebundenen Ressourcen im Vordergrund steht, verliert diese Zielsetzung bei nationalen und globalen Kooperationen an Bedeutung. (Killich 2002, 14).

Lokale, regionale, nationale und globale Kooperationen

Bindungsintensität einer Kooperation

Die Intensität einer Kooperation kann durch u.a. die Anzahl kooperativer Funktionsbereiche, den Entscheidungsgrad, oder die Geschäftsbeziehungen bewertet werden.

Man kann in der Literatur verschiedene Skalen für die Einschätzung der Intensität finden. Aus diesen Skalen kann ein einfache Einteilung in die Kategorien einer geringen, moderaten und hohen Bindungsintensität vorgenommen werden:
Eine Kooperation besitzt eine geringe Bindungsintensität zwischen den Partnern, wenn über die in den Unternehmen stattfindenden Prozesse lediglich ein Informations- bzw. Erfahrungsaustausch stattfindet.
Müssen die kooperationsrelevanten Aktivitäten des Unternehmens teilweise abgestimmt werden, so wird von einer moderaten Bindungsintensität gesprochen: z.B. eine gegenseitige Zulieferer/Kunden-kooperation.
Werden alle kooperationsrelevanten Aktivitäten aufeinander abgestimmt, so liegt eine hohe Bindungsintensität vor.

Geringe, moderate und hohe Bindungsintensität

Verbindlichkeit einer Kooperation

Die Verbindlichkeit einer Kooperation kann unterschieden werden nach schriftlicher und nicht schriftlicher Form sowie kapitalmäßiger Verflechtung.

Während lose Kooperationen mit geringem Risiko eher auf mündlichen Absprachen beruhen, werden engere Bindungen mit einem stärkeren Engagement durch Kooperationsverträge geregelt. Dabei steht ein wirkungsvoller Abstimmungsmechanismus im Vordergrund. Im Rahmen der vertraglichen Regelung sollten Ziele der Kooperation definiert, die Aufgaben klar verteilt und eine Verrechnung der Aufwände und Erträge geregelt werden. Weiterhin muss darauf geachtet werden, dass jeder Partner einen Nutzen entsprechend seinen Aufwänden hat. Denn nur wenn die Partner im gleichen Maße von der Kooperation profitieren, ist eine Voraussetzung für eine erfolgreiche Zusammenarbeit geschaffen („Win-Win-Situation"). Die intensivste Form der Bindung ist die kapitalmäßige Verflechtung zwischen den Partnern. Die Verflechtung kann dabei soweit gehen, dass die wirtschaftliche Selbständigkeit

Absprache, Vertrag oder Kapitalbeteiligung

verloren geht und damit nicht mehr von Kooperationen sondern von Unternehmenszusammenschlüssen gesprochen wird.

Zeitdauer einer Kooperation

Bei der Zeitdauer einer Kooperation kann generell zwischen einer zeitlich begrenzten, also temporären, und zeitlich unbegrenzten Zusammenarbeit unterschieden werden.

Temporär oder unbegrenzt

Eine zeitlich begrenzte Kooperation birgt immer das größere Risiko, dass die Kooperationspartner sich gegen Ende des gemeinsamen Projektes opportunistisch verhalten, da dies keine Auswirkungen auf zukünftige Kooperationsaktivitäten hat. Bei zeitlich unbegrenzten Kooperationen hingegen sind sich die Partner im Allgemeinen darüber bewusst, dass „eigennütziges" Verhalten, das den anderen Unternehmen schadet, sich auch auf eigene Handlungen in der Zukunft negativ auswirken kann.

Zielidentität

Redistributive oder reziproke Kooperation

Die Ausgestaltung einer Kooperation hängt weiterhin davon ab, ob die Kooperationspartner durch die Kooperation dasselbe Ziel ansteuern, also die gleichen Schwächen im eigenen Unternehmen durch die Zusammenlegung der Ressourcen gemeinsam beheben wollen (redistributive Kooperation), oder ob die Unternehmen von unterschiedlichen Zielen geleitet werden, das heißt, im Kooperationspartner jeweils einen optimalen Lieferanten für die Lösung des eigenen Problems sehen (seine Stärken liegen dort, wo die eigenen Schwächen gefunden wurden), so dass es zum Austausch von Leistungen kommt (reziproke Kooperation) (vgl. Rotering 1993, 53 ff).

Kooperierende Abteilungen

Eine weitere Strukturierung einer Kooperation kann durch Betrachtung der kooperierenden Abteilungen vorgenommen werden. Im Normalfall erfolgt eine Kooperation durch die Beteiligung einer oder mehrerer Abteilungen aus dem Bereichen F&E, Vertrieb, Einkauf, Marketing und/oder Produktion (Killich 2002, 15).

9 Vor- und Nachteile von Kooperationen

Die Vor- und Nachteile einer Kooperation sind im Vergleich zu den alternativen Koordinationsformen, also dem Einkaufen der erforderlichen Leistung am Markt und dem Alleingang im eigenen Unternehmen, zu betrachten. In diesem Zusammenhang bietet die zwischenbetriebliche Kooperation folgende Vorteile (Killich, Luczak 2003, 8 f.):

- „In der Zusammenarbeit mit anderen Unternehmen sind Ergebnisse realisierbar, die durch eine alleinige Vorgehensweise gar nicht oder nur in einem wesentlich längeren Zeitraum realisierbar wären.
- Die Kooperation kann sukzessive aufgebaut werden. Auf diese Weise kann das mit Kooperationen verbundene Risiko reduziert werden. Zu Beginn einer kooperativen Beziehung zwischen zwei Unternehmen werden Aufgaben bearbeitet, die sich nicht auf die Kernprozesse der beteiligten Unternehmen beziehen. Erst wenn sich ein Vertrauensverhältnis zwischen den Kooperationspartnern ausgebildet hat, werden die ‚sensiblen' Bereiche eines Unternehmens mit zum Gegenstand der zwischenbetrieblichen Kooperation.
- Die Unternehmen behalten ihre Selbständigkeit und somit auch ihre Flexibilität, die gerade Klein- und Mittelständische Unternehmen (KMU) auszeichnet."

Vorteile einer Unternehmens-kooperation

Der letzte Punkt beinhaltet, dass sich zwischen den Kooperationspartnern, die ja eigenständige Unternehmen darstellen, ein Abhängigkeitsverhältnis entwickelt. In einer „normalen" Geschäftsbeziehung wird dazu eine Leistung und eine entsprechende Vergütung für den Erwerb dieser Leistung vereinbart und meist vertraglich festgehalten. Auf diese Weise werden die Risiken, die sich aus dem Abhängigkeitsverhältnis ergeben, minimiert. Bei Unternehmenskooperationen kann dies meist nicht vorab durchgeführt werden, da die Zusammenarbeit und der damit verbundene Nutzen nicht im Vorfeld genau bestimmt werden kann. Daher ergeben sich aus dem Abhängigkeitsverhältnis auch Nachteile:

- Es sind besondere Abstimmungs-, Planungs- und Steuerungsvereinbarungen zu treffen, die nicht nur das kooperationsfördernde Verhalten der Partner regeln, sondern auch die Möglichkeit kooperationshemmenden Verhaltens einbeziehen.
- Da nur in sehr seltenen Fällen alle Eventualitäten in den Vereinbarungen abgedeckt werden können, besteht immer noch die Möglichkeit, dass einer der Partner „nur" seinen eigenen kurzfristigen Vorteil aus der Kooperation zieht und beispielsweise die Kooperation nach Erreichung seines Zieles vorzeitig beendet, unabhängig davon, welche weiteren Kooperationsaktivitäten noch geplant waren.

Nachteile einer Unternehmens-kooperation

Literatur

Backhaus, K.; Piltz, K. (1990): Strategische Allianzen - eine neue Form kooperativen Wettbewerbs? In: Strategische Allianzen. Zeitschrift für betriebswirtschaftliche Forschung, Sonderheft 27, 1–10

Gabler Wirtschaftslexikon (1997), 14. Auflage. Wiesbaden

Killich, S. (2002): Grundlagen der Unternehmenskooperation. In: Luczak, Holger (Hg.): Unternehmenskooperation in Theorie und Praxis. Düsseldorf, 4–16

Killich, S.; Luczak, H. (2003): Unternehmenskooperation für kleine und mittelständische Unternehmen. Lösungen für die Praxis. Berlin

Linden, F. A. (1997): Wachsen im Netz. In: Manager Magazin 27, Nr. 7, 102–113

Luczak, H.; Schiegg, P. (2001): Supply Chain Management - Characteristics and Implications for IT-Support. In: Klarin, M.M; Bulat, V.; Cvijanovic, J. M.; Milanovic, D. D. (Hg.): SIE 2001 – 3rd Interational Symposium of Industrial Engineering. 18-20, October 2001. Belgrade, 2001, 5–9

Rotering, J. (1993): Zwischenbetriebliche Kooperation als alternative Organisationsform: ein transaktionstheoretischer Erklärungsansatz. Stuttgart

Wolter, H.-J.; Wolff, K.; Freund, W. (1998): Das virtuelle Unternehmen. Wiesbaden

Entwicklungsphasen von Netzwerken und Unternehmenskooperationen

Jürgen Howaldt, Frank Ellerkmann

1 Einführung

Entwicklungsphasen kaum untersucht

Netzwerke und Unternehmenskooperationen sind eine Organisationsform eigener Art zwischen Hierarchie und Markt mit spezifischen Strukturmerkmalen, Regulierungsformen und Gesetzmäßigkeiten. Diese haben wesentlichen Einfluss auf die Entwicklungsdynamik von Netzwerken. Bisher finden wir kaum aussagekräftige Beschreibungen der Besonderheiten der Entwicklungsdynamik von Netzwerken und Unternehmenskooperationen.

Phasen

Mit ihrer wachsenden praktischen Bedeutung wird jedoch die Frage, wie sie aufgebaut und weiterentwickelt werden können, immer dringender. Um diese Frage beantworten zu können, ist der Blick auf die unterschiedlichen Entwicklungsphasen der Netzwerkbildung und deren Kernelemente unerlässlich. Die Beschreibung dieser Entwicklungsphasen ist Gegenstand dieses Beitrages. Dabei lassen sich folgende Phasen unterscheiden (vgl. Flocken u.a. 2001):

- Idee und Anstoß;
- Aufbau der Kooperation;
- Konstituierungsphase;
- die Arbeit im Netzwerk;
- Evaluation und Bewertung;
- Metamorphosen;
- Abschluss.

2 Idee und Anstoß

Am Anfang der Kooperation steht die Idee einer oder mehrerer Promotoren. Eine tragfähige Idee verbindet in der Regel konkrete Eigeninteressen der Promotoren mit Handlungsproblemen möglicher Kooperationspartner und übergreifenden Zielsetzungen. Neben einer guten Idee bedarf es zur erfolgreichen Netzwerkbildung jedoch auch ausreichender zeitlicher, finanzieller und ‚sozialer' Ressourcen und Kompetenzen der Promotoren.

Promotoren

Die Anstöße zur Kooperation gehen in der Regel von solchen Promotoren aus. Diese Promotoren kommen häufig aus den beteiligten Unternehmen. Anstöße zum Aufbau von Kooperationsbeziehungen können aber auch von Beratungseinrichtungen, Weiterbildungsträgern oder regionalen Wirtschaftsförderern kommen.

Motive

Die Motive zum Aufbau von Kooperationen sind vielfältig und eng mit den konkreten Interessenlagen der beteiligten Partner verbunden. So stellen Kooperationen insbesondere für kleine und mittelständische Unternehmen ein Selbsthilfe-Instrument dar, mit denen größenbedingte Entwicklungsbarrieren (z. B. Finanzen) ausgeglichen werden können, sich Innovationsrisiken auf mehrere Schultern verteilen sowie Zeitvorteile in der Umsetzung strategischer Zielvorgaben realisieren lassen.

Eine andere, besonders kooperationsfördernde Motivation ergibt sich aus dem zunehmenden Wettbewerbs- und damit Kostendruck, der zu einer Konzentration auf die Kernkompetenzen eines Unternehmens führt und der Anspruchshaltung des Marktes, Komplettleistungen aus einer Hand zu empfangen. Diese Anforderungen lassen sich nur in einer kooperativen Zusammenführung der Leistungen einzelner Partner erfüllen.

Ressourcen

Damit diese Motivlage jedoch in Aktivitäten zur Netzwerkbildung umgesetzt werden kann, müssen beim Anstoßgeber ausreichende zeitliche, finanzielle und ‚soziale‘ Ressourcen sowie entsprechende Kompetenzen im Hinblick auf den Aufbau und das Management von Netzwerken vorhanden sein. Erst diese Kombination bietet die notwendigen Voraussetzungen zum erfolgreichen Aufbau von Unternehmenskooperationen.

Für die Promotoren solcher Unternehmenskooperationen ist es wichtig, im Vorfeld der konkreten Aufbauaktivitäten eine erste Zielklärung vorzunehmen. In diesem Kontext sollten auch Chancen und Risiken sowie der erwartete Aufwand und Nutzen für die eigene Institution abgewägt werden. Auch sollten bereits in dieser Phase erste Überlegungen zu den möglichen Partnern der Kooperation sowie zu dessen Struktur und Arbeitsweise gemacht werden. Bereits in dieser Phase können Gespräche mit Netzwerkberatern oder erfahrenen Netzwerkmanagern anderer Unternehmenskooperationen wertvolle Hilfestellung bieten.

3 Aufbau der Kooperation

Der Aufbau von Unternehmenskooperationen ist zeit- und ressourcenintensiv. Wichtige Elemente in der Aufbauphase ist die Auswahl und Gewinnung geeigneter Partner sowie die Sicherstellung der Unterstützung von Multiplikatoren. Zentrale Aufgabe ist in dieser Phase die Absicherung der finanziellen Grundlagen der Kooperation (Beiträge der Partner, Akquisition von Fördermitteln).

Der mühevolle Weg der Partnersuche

Der lange Marsch

Von der Idee zum Aufbau von Unternehmenskooperationen ist es oft ein langer Weg. In der Regel sind hier umfangreiche und zeitaufwendige Vorbereitungen notwendig, bevor es zur eigentlichen Konstituierung des Netzwerkes kommen kann.

Die Partnersuche ist dabei der entscheidende Meilenstein für den Erfolg von Kooperationen und sollte dementsprechend sorgfältig betrieben werden. Dabei muss der Promotor in dieser Phase Partner finden,

- die die gleichen Ziele verfolgen oder sich für sie gewinnen lassen,
- die ihre Stärken in den Bereichen haben, in denen das eigene Unternehmen Defizite aufweist und,
- die ein gewisses Maß an Kooperationsbereitschaft, -bewusstsein und -fähigkeit besitzen.

Wichtigstes Element in dieser Phase sind Gespräche mit den potenziellen Kooperationspartnern sowie Multiplikatoren (Verbände, Gewerkschaften, Kammern). Da jedoch kein transparenter "Markt" für Kooperationen besteht, wird in der Regel auf bestehende Kooperationskontakte zurückgegriffen und – ausgehend von diesem Kern – werden weitere Partner gesucht. Große Bedeutung kommt bei der Partnersuche bestimmten Persönlichkeiten/ Institutionen zu, die über eine gewisse Ausstrahlungskraft verfügen und eine Leitfunktion beim Aufbau der Kooperation übernehmen können.

Pragmatisches Vorgehen

Verwenden Sie ausreichend Zeit bei der Suche nach geeigneten Kooperationspartnern. Gehen sie dabei von vorhandenen Kontakten aus und suchen Sie zugkräftige Partner, deren Profil den Zielen des Netzwerkes entspricht. Versuchen Sie wichtige Multiplikatoren und Leitbetriebe zu gewinnen.

Profil des Kooperationspartners

Die Auswahl der Partner ist kein am Reißbrett zu planender Prozess der Zusammenstellung eines ‚idealen Netzwerkes', sondern wird durch bereits bestehende persönliche Kontakte beeinflusst. Der Partnersuche liegt aber das Soll-Profil des idealen Kooperationspartners vor, das auch als Suchraster genutzt werden kann (vgl. Ellerkmann 2003):

- **Geschäftsfeld:**
  Aus welchem Geschäftsfeld sollen ihre Partner kommen? Wie viele Partner benötigen Sie aus diesem Bereich?
- **Unternehmensgröße:**
  Wie groß darf Ihr Partner maximal sein, um einseitige Abhängigkeitsverhältnisse zu vermeiden (Gefahr der Übernahme)?
- **Standort:**
  Wie weit wollen Sie Ihre Partnersuche räumlich ausdehnen? Gibt es bestimmte Regionen, in denen Ihr Partner angesiedelt sein soll (strategische Überlegungen, Vermeidung von Konkurrenzdenken)?
- **Ressourcen:**
  Welche Stärken soll Ihr Partner mitbringen? Können diese in Muss- und Kann-Anforderungen differenziert werden? Welche Stärken sollte Ihr Partner nicht besitzen (Element der Zusammenarbeit: gegenseitige Abhängigkeit)?

- **Unternehmensführung:**
  Welchen Führungsstil und -strukturen erwarten Sie von Ihrem Ideal-Partner?
- **Kooperationskultur:**
  Welches Verständnis sollte der Partner hinsichtlich der Qualität der Zusammenarbeit mitbringen?

Die einzelnen Partner benötigen eine gezielte Ansprache. Unterschiede lassen sich hierbei zwischen den Unternehmen, den institutionellen Trägern (Weiterbildung, Beratung, Forschung) sowie den regionalen Akteuren ausmachen. Insbesondere die Gewinnung von Partnern aus Unternehmen setzt überzeugende Ideen und Konzepte voraus, die einen wirtschaftlichen Nutzen der Kooperation deutlich erkennen lassen.

Konkretisierung der Idee

Im Zuge dieser Vorbereitungsarbeiten wird die ursprüngliche Idee konkretisiert und weiterentwickelt. Die Partner bringen ihre Interessen und Sichtweisen ein, formulieren ihre Anforderungen an die Kooperation und verweisen auf ihre spezifischen Kompetenzen. Insofern werden in diesen Gesprächen wichtige Grundsteine für die nächste Phase der Netzwerkentwicklung gelegt. Sie bereiten die notwendigen Zielvereinbarungen und Festlegungen zu den Spielregeln der Kooperation und ihrer organisatorischen Strukturen vor. Zugleich wird hier die Basis für zukünftige vertrauensvolle Beziehungen geschaffen. Der erste Eindruck in diesen vorbereitenden Gesprächen ist meist der entscheidende.

Gehen Sie beim Aufbau des Netzwerkes pragmatisch vor. Seien sie offen für die Ansprüche und Forderungen möglicher Kooperationspartner und Multiplikatoren. Begreifen Sie die Kooperationsidee als Ausgangspunkt eines Aushandlungsprozesses, in dessen Verlauf sich der Gegenstand des Netzwerkes konkretisieren wird. Aber werfen Sie ihren persönlichen Kompass nicht über Bord und vermeiden Sie ein Abdriften ins Unverbindliche.

Finanzielle Absicherung der Kooperation

Wege der finanziellen Absicherung

Neben der Partnersuche vermag die Sicherstellung der finanziellen Grundlagen der Arbeit einen wichtigen Impuls zu geben. Hier finden wir in der Praxis drei (Finanzierungs-)Wege. Der eine Weg setzt von Anfang an auf die finanzielle Eigenbeteiligung der Kooperationspartner. Ein zweiter Weg strebt eine öffentliche Anschubfinanzierung der Verbundaktivitäten an. Ziel ist es, eine Initialfunktion zu erreichen, die perspektivisch auf den Aufbau von selbsttragenden Strukturen zielt. Ein dritte Variante zielt explizit auf die Schaffung eines zeitlich befristeten, entweder durch Beiträge der Partner oder öffentliche Fördermittel finanzierten Projektverbund, der sich nach Zielerreichung wieder auflöst. Die Sicherung der finanziellen Grundlage der Kooperationsarbeit läuft in der Regel parallel zur Partnersuche.

Die Vorbereitung eines Netzwerkes braucht einen langen Atem. Die Sicherstellung der finanziellen Basis und die Akquisition von Fördermitteln kann hier wichtige Impulse setzen.

4 Die Konstituierung des Netzwerkes

Die Konstituierung des Netzwerkes ist ein erster wichtiger Meilenstein der Netzwerkbildung mit Wirkungen nach innen (Identitätsbildung) und außen (öffentlichkeitswirksamer Auftritt).

Identitätsbildung

Der nächste Schritt auf dem Weg zur erfolgreichen Kooperation ist die Konstituierung. Die Konstituierung des Netzwerkes ist eine eigenständige Phase, in der wichtige Entscheidungen für die weitere Kooperation fallen. Hier werden die Ziele zwischen den Partner vereinbart, die organisatorischen Strukturen festgelegt und grundlegende Spielregeln der Kooperationsarbeit definiert. In vielen Fällen ist die Konstituierung des Verbundes auch mit einer öffentlichen Selbstdarstellung verbunden. Diese zeitlich kurze Phase ist ein bedeutender Schritt zur Herausbildung einer gemeinsamen Identität der Kooperationspartner.

Unterschiedliche Formen

Die Konstituierungsphase kann – je nach Zielen und Interessenlagen der Kooperationspartner – in Form eines mehr oder weniger offiziellen Gründungsaktes abgeschlossen werden. Unterschiedliche Formen wie ein Auftakt- oder Kick-off-Workshop, eine öffentlichkeitswirksame Konferenz, eine konstituierende Mitgliederversammlung etc. sind denkbar. Für einige Unternehmenskooperationen ist die Installierung eines Gründungsteams bzw. einer Projektorganisation der Beginn der Netzwerkarbeit.

Kooperationsgrundlagen schaffen

In anderen Unternehmenskooperationen vollzieht sich der Beginn eher als fließender Übergang von der Vorbereitungsphase in die Arbeitsphase. Ausgehend von der Konzeptentwicklung oder Zielklärung liefert die gemeinsame Gestaltung der Aufbau und Ablauforganisation eines Netzwerkes eine erste Arbeitsprobe der zukünftigen Zusammenarbeit. Diese gemeinsame Konstituierung des Netzwerkes unter Einbeziehung aller Partner ist ernst zu nehmen: Erfolgreiche Unternehmensnetzwerke zeichnen sich durch eine produkt- und damit prozessorientierte Gestaltung der Wertschöpfungsprozesse aus. Auf das eigene Unternehmen beschränkte Sichtweisen müssen über Bord geworfen werden. Dazu gehört auch die Aufgabe der Schaffung eines kooperationsförderlichen Klimas. Kooperationen werden von den Mitarbeitern getragen. Bringen diese nicht die erforderliche Offenheit und Motivation mit, ist die Zusammenarbeit bereits im Vorfeld zum Scheitern verurteilt (vgl. Ellerkmann 2003).

Nutzen Sie diese Phase zur Zielklärung und Identitätsbildung. Entwickeln Sie ein Kooperationsleitbild. Verbinden Sie die Konstituierung des Verbundes mit öffentlichkeitswirksamen Auftritten.

5 Die Arbeitsphase

Die Arbeit kann beginnen

Nach der Konstituierung beginnt die eigentliche Arbeit der Unternehmenskooperationen. Zur Zielerreichung müssen Akteure aus unterschiedlichen Unternehmen und Institutionen zusammenarbeiten. Um dies zu ermöglichen, müssen geeignete Arbeitsformen auf den unterschiedlichen Ebenen des

Netzwerkes – betrieblich, zwischenbetrieblich und netzwerkübergreifend – entwickelt, erprobt und optimiert werden.

Arbeitsformen, Produkte und Dienstleistungen

Zu diesen vielfältigen Arbeitsformen, die je nach Zielstellung, Organisationsstruktur und beteiligten Partnern variieren, gehören (in der Reihenfolge zunehmender Kooperationsintensität):

- Erfahrungsaustausch
- Einrichtung von Kommunikationsplattformen
- Netzwerktreffen
- Unternehmensübergreifende Workshops
- Gemeinsame Qualifizierungsmaßnahmen
- Übergreifende Projektteams
- Abstellung von Mitarbeitern
- Dauerhafte Ausgründung der Kooperation als eigenständige Rechtsform

Darüber hinaus zählt auch die Entwicklung gemeinsamer Produkte und Dienstleistungen zu den zentralen Anforderungen an die Arbeit von Unternehmenskooperationen.

Kosten und Risiken

Die Zusammenarbeit in Netzwerken stellt jedoch nicht nur ein "Erfolgsmodell" zur Bewältigung des zunehmenden Innovations- und Modernisierungsdruck dar. Die Zusammenarbeit in Netzwerken bietet nicht nur Chancen, sondern ist zugleich mit Kosten und Risiken verbunden. Dies gilt bereits für die Arbeit in reinen Unternehmensnetzwerken (vgl. Sydow 1999, 291). Umso problematischer ist die Koordination von Akteuren aus unterschiedlichen gesellschaftlichen Bereichen mit je spezifischen Funktionslogiken, Sprachen etc. Vor diesem Hintergrund spielen in der konkreten Arbeit des Netzwerkes zwei Aspekte eine besonders wichtige Rolle. Der erste Aspekt ist das Vertrauen; der zweite die Sicherstellung einer effizienten Arbeit des Netzwerkes.

Vertrauen

Vertrauen ist die zentrale Voraussetzung der Kooperationsarbeit. Es muss in der konkreten Arbeit ständig neu hergestellt werden. Zentral ist hierbei - neben persönlichen Faktoren - insbesondere die Realisierung des erwarteten Nutzens der Kooperationspartner.

Dabei muss Vertrauen als wichtige Voraussetzung der Kooperationsarbeit immer wieder neu geschaffen werden. Zentral für die Herstellung von Vertrauen ist die Erfahrung, dass die Arbeit im Verbund den unterschiedlichen Erwartungen der Netzwerkpartner gerecht wird.

Um in solchen Netzwerken sinnvolle Kooperationen zu gewährleisten, bedarf es organisatorischer Strukturen, die einerseits hinreichend offen sind, um den unterschiedlichen z. T. divergierenden Interessenlagen der Partner gerecht zu werden und andererseits zugleich so effizient, dass sie ergebnisorientiertes Handeln ermöglichen. Zentrale Aufgabe des Netzwerkmanagements ist es, die Komplexität der ‚Arbeit im Netz' abzufedern und eine hohe Effektivität der Arbeit sicherzustellen.

Dabei lassen sich in erfolgreichen Kooperationen spezifische Faktoren herausfiltern, die einen positiven Einfluss auf deren effiziente Arbeit haben. Sie tragen zur Entwicklung und Festigung des Vertrauens der Kooperationspartner bei, sind Ausdruck einer professionellen Arbeit im Netz und Zeichen der öffentlichen Anerkennung. Wir bezeichnen diese Aspekte als Meilensteine der erfolgreicher Kooperation.

Meilensteine

Meilensteine erfolgreicher Kooperation

- Die finanzielle Absicherung der Kooperation durch Beiträge der Partner bzw. die Akquisition von Fördermitteln. Die Sicherung der finanziellen Basis stellt häufig nicht nur den ersten Erfolg des sich konstituierenden Netzwerkes dar, sondern bildet zugleich die Grundlage zur Verwirklichung wichtiger Kooperationsvorhaben.

Finanzierung sichern

- Die Erreichung zentraler Kooperationsziele. Hierzu gehört die erfolgreiche Entwicklung von gemeinsamen Produkten ebenso wie die Sicherstellung der Qualität der im Verbund angebotenen Dienstleistungen (Qualifizierung, Beratung etc.). In diesem Zusammenhang kann auch die Gewinnung wichtiger Partner der Verbundarbeit neue Impulse geben.

Ziele erreichen

- Die Entwicklung und Aufrechterhaltung einer eigenen Identität durch die Schaffung von gemeinsamen Broschüren, Selbstdarstellungen, Kommunikationsforen etc. ist wichtiger Bestandteil erfolgreicher Kooperationen.

Identifikation ermöglichen

- Die Durchführung gemeinsamer Veranstaltungen und Events spielen bei der Herausbildung und beständigen Wiederherstellung von vertrauensvollen Kooperationsbeziehungen zwischen den Partner eine wichtige Rolle. Vertrauen konstituiert sich im persönlichen Kontakt der Beteiligten und festigt sich durch erfolgreiche gemeinsame Aktionen.

Vertrauen stets neu erarbeiten

- Neben diesen, die interne Kooperation berührenden Faktoren, fördert auch die öffentliche Anerkennung und Aufmerksamkeit die Arbeit des Verbundes.

Öffentliche Anerkennung sichern

- Schließlich und endlich trägt die erfolgreiche Entwicklung gemeinsamer Produkte zur Festigung der Arbeit der Kooperationspartner bei.

Produkte entwickeln

Krisen und Konflikte

Die Arbeit in Unternehmenskooperationen ist nicht nur durch Erfolge und gelingende Kooperationen geprägt. Auch Konflikte und Krisen gehören zum Alltag. Erfolgreiche Konflikt- und Problemlösung ist ein wichtiger Bestandteil jeder erfolgreichen Kooperation.

Das größte Krisenpotenzial in der Kooperationsarbeit liegt im Wechsel der Ansprechpartner bei den beteiligten Institutionen und Unternehmen. Auch schnell sich verändernde Problemlagen bei den beteiligten Unternehmen und Institutionen erschweren die entstandenen Arbeitszusammenhänge.

Personen

Aber auch bei personeller Kontinuität können Probleme der Kooperation und Konkurrenz auftreten. Als ein zentrales Problem erweist sich die Frage nach den Verwertungsrechten und dem Eigentum an den in die Kooperationsarbeit eingebrachten Dienstleistungen und Produkten. In vielen Untersuchungen zu Unternehmenskooperationen stellt sich die Frage nach dem Verhältnis von Chancen und Risiken insbesondere im Hinblick auf den Verlust von zentralen Kompetenzen des eigenen Unternehmens und damit der Gefährdung der

Konkurrenz

Wettbewerbsfähigkeit (vgl. Sydow 1999). Diese mit Kooperation verbundenen Risiken sind - neben den fehlenden Ressourcen und Kompetenzen - eine zentrale Barriere zur Nutzung der in solchen Kooperationen liegenden inhärenten Möglichkeiten. Insofern bleibt für viele Unternehmen der Aufbau von Kooperationen bis heute leider noch eine zweitrangige Option (vgl. Wassermann 1997). Damit werden jedoch wichtige Chancen verspielt.

Insofern ist es von zentraler Bedeutung, Regelsysteme zu entwickeln, die die mit Kooperationen verbundenen Risiken kalkulierbar machen und win-win Situationen für alle Beteiligten schaffen. Die in diesem Kontext entwickelten Formen der Kooperation zwischen Konkurrenten werden inzwischen unter dem Stichwort der "coopetetion" ("kooperativ" "konkurrierend") (Nalebuff/Brandenburger 1996) zusammengefasst.

Unprofessionelle Arbeit

Besonders negativ wirken sich auf die Arbeit von Unternehmenskooperationen unzureichende interne "Dienstleistungen" (Schulungen, betriebliche Maßnahmen) und fehlende Verlässlichkeit aus. Diese gehören zu den häufigsten Ursachen für Krisen und Konflikte in der Kooperationsarbeit. Auch Unklarheiten im Hinblick auf die Finanzierung der Aktivitäten können die Kooperationsarbeit negativ beeinflussen.

Auch ein hoher Aufwand der Netzwerkarbeit und dadurch bedingte Ineffizienz kann zu Krisen- und Konflikten innerhalb der Netzwerke führen. Dabei muss jedoch die in der Regel zeit- und ressourcenintensive Aufbauphase als Investition in die Zukunft betrachtet werden, die erst mittelfristig in konkreten Nutzen mündet und langfristig zum Erhalt der Wettbewerbsfähigkeit der beteiligten Partner beitragen wird.

Krisen und Konflikte müssen nicht sein

Aber nicht in jedem Netzwerk gibt es Krisen und Konflikte. Viele Unternehmenskooperationen entwickeln effiziente Kooperationsformen, ohne in ernsthafte Krisen zu geraten.

6 Evaluation der Kooperation

Die Evaluation und das Monitoring der Arbeit ist ein oft vernachlässigter, aber unverzichtbarer Bestandteil einer erfolgreichen Kooperation.

Im Hinblick auf die Evaluation von Kooperationen lassen sich zwei Grundmuster ausmachen:

- das prozessbegleitende Monitoring;
- einmalige oder wiederkehrende Bewertung mittels spezifischer Evaluationsverfahren.

Prozessbegleitendes Monitoring

Ein prozessbegleitendes Monitoring der Kooperationspraxis ist der Normalfall und in jedem Netzwerk als mitlaufender Prozess vorfindbar. Die Kriterien bleiben dabei in der Regel implizit. Eine solche Reflexion der geleisteten Arbeit erfolgt im Kontext der normalen Arbeit des Netzwerkes in den Gremien der Projektorganisation (Steuerkreise, Mitgliederversammlungen, Arbeitskreise etc.) unter Nutzung der üblichen Moderationsmethoden. Besser lassen sich solche Reflexionsprozesse jedoch mit spezifischen Methoden bewältigen. Zu diesen Methoden gehört bspw. die im Rahmen der Arbeit des

Kompetenzzentrum Netzwerkmanagement erprobte Methode der kollegialen Fallberatung (vgl. Kopp u.a. 2003).
Empfehlenswert ist es darüber hinaus an bestimmten Sollbruchstellen gezielt Evaluationsprozesse einzubauen. Ein in diesem Zusammenhang zu erwähnendes Hilfsmittel zur Betreuung von Kooperationsnetzwerken stellt das von der Sozialforschungsstelle Dortmund und dem Fraunhofer Institut für Materialfluss und Logistik entwickelte Instrument zur Messung des Kooperationsklimas dar. "Scope" ist eine bewusst sehr knapp gehaltene Fragensammlung, die dem Anwender einen Überblick über die Stimmung und den Grad der Zufriedenheit in der Leistungsgemeinschaft geben soll. Dabei werden sowohl wirtschaftliche als auch soziokulturelle Faktoren erfasst, die dem Betreuer Hinweise für eine gezielt verstärkte Betreuung geben (vgl. Kloep u. a.).

7 Metamorphosen

Netzwerke und Unternehmenskooperationen haben flexible Strukturen und müssen sich kontinuierlich verändern. Die Aufgabe des Netzwerkmanagements besteht darin, dieses Spannungsfeld zwischen notwendiger Kontinuität und Flexibilität zu meistern und eine hohe Effizienz sicherzustellen.

Wenn man sich mit der Entwicklung von Unternehmenskooperationen beschäftigt, so wird man feststellen, dass sie lebendige, sich ständig verändernde Gebilde sind. Diese Metamorphosen der Unternehmenskooperationen, ihre fließenden Formen und Grenzen sind eines der wichtigen Wesensmerkmale.

Metamorphosen

Die Grenzen zur Außenwelt sind weniger geschlossen als bei Organisationen. Ihre Arbeitsschwerpunkte und Zielstellungen können sich im Verlaufe der Entwicklung ebenso verändern wie ihre Arbeitsformen und internen Regelsysteme und Strukturen. Sie sind gestaltbarer als bestehende Institutionen. Dies macht die spezifische Leistungsfähigkeit von Netzwerken aus. Sie erlauben es, bestimmte neue Arbeits- und Kooperationsformen zu erproben und mit wechselnden Partnern gemeinsame Lernprozesse zu vollziehen. Sie ermöglichen ebenso Kooperationen auf eine klar definierte Zeit- bzw. Zielstellung hin wie dauerhafte Formen der Zusammenarbeit.

Veränderungsmuster

Es lassen sich folgende typischen Veränderungsmuster von Unternehmenskooperationen ausmachen:

- die Veränderung der Zielstellung und Arbeitsschwerpunkte;
- der Wandel von zeitlich befristeten zu dauerhaften Unternehmenskooperationen;
- die Schaffung von rechtlich-verbindlichen Strukturen;
- kontinuierliche Entwicklung in offenen Strukturen.

Die Veränderung der Zielstellung und Arbeitsschwerpunkte

Die Veränderung der ursprünglichen Zielstellungen und Arbeitsschwerpunkte ist die häufigste Form des Wandels von Unternehmenskooperationen. Solche

Umgewichtungen sind häufig natürliche Prozesse, in denen sich die realistischen Möglichkeiten der Kooperationsarbeit herauskristallisieren. Wenn sie auch intensive Diskussionen im Netzwerk voraussetzen, so sind sie dennoch notwendig, um die Lebensfähigkeit des Verbundes zu sichern.

Der Wandel von befristeten zu dauerhaften Unternehmenskooperationen

Viele Unternehmenskooperationen wurden mit einer konkreten zeitlich befristeten Zielstellung (Entwicklung eines gemeinsamen Produktes, Durchführung eines zeitlich befristeten Projektes etc.) gegründet. In solchen Fällen ist es sinnvoll, wenn nach Erreichung des gemeinsamen Ziels die Partner wieder ihre eigenen Wege gehen. Allerdings stellt sich in manchen Fällen heraus, dass auch zukünftig eine Kooperation der Partner im Hinblick auf bestimmte Fragestellungen sinnvoll sein kann.

Einziehen dauerhafter Strukturen

Ein solcher Übergang von einem zielorientierten, zeitlich befristeten Projektverbund zu einem auf Dauer gestellten Netzwerk vollzieht sich jedoch nicht im Selbstlauf. Hier müssen die Akteure frühzeitig geeignete Strategien entwickeln, um die Kooperation zu verstetigen. Wichtige Aufgaben sind die Klärung der neuen Ziele, einer möglicherweise veränderten Arbeitsweise und - last but not least - die der Finanzierung der weiteren Arbeit. Gerade die Finanzierung durch eine erhöhte Eigenbeteiligung der Kooperationspartner ist eine häufig nicht überwundene Hürde beim Aufbau selbsttragender Strukturen. In einem solchen Fall kann dann die mangelnde Bereitschaft der Kooperationspartner selbst, Geld in die Hand zu nehmen‘ zu internen Konflikten führen.

Die Schaffung von rechtlich-verbindlichen Strukturen

Kooperationsverträge

Vertraglich geregelt ist in vielen Fällen bereits die projektförmige Kooperation von Partner. Hier werden Ressourcenzuweisung und Arbeitsteilung im Rahmen von zeitlich befristeten Projektverträgen rechtlich verbindlich geregelt.

Soll die Arbeit auf Dauer gestellt werden, so kann sich je nach Zielstellung und Partnerstruktur die Frage nach der Schaffung rechtlich verbindlicher Strukturen über die Projektlaufzeit hinaus stellen. Insbesondere wenn es um die Abwicklung gemeinsamer Geschäftsprozesse geht, bietet sich dies an.

So haben sich in vielen Handwerkskooperationen, die auf die Entwicklung von angemessenen handwerksinternen Kooperationsformen zielen, unterschiedliche Rechtsformen herausgebildet. Unterscheiden lassen sich dabei:

- handwerksinterne Zusammenarbeit in Form einer GmbH oder AG;
- handwerksübergreifende Zusammenarbeit zwischen Handwerk, Handel, Architekten sowie Ingenieuren in Form einer GmbH;
- Franchiseunternehmen im (Bau-)Handwerk. Jede dieser Kooperationsformen hat eigene organisatorische und rechtliche Grundlagen.

Kontinuierliche Entwicklung in offenen Strukturen

Offene Strukturen

Viele Netzwerke und Unternehmenskooperationen haben jedoch auf eine rechtliche Regelung ihrer Kooperation verzichtet und sich auf die interne Vereinbarung von mehr oder weniger flexiblen Kooperationsregeln beschränkt. Aufgrund der spezifischen Zusammensetzung der Unternehmenskooperationen bedarf es organisatorischer Strukturen, die einerseits hinreichend offen sind, um den unterschiedlichen z. T. divergierenden Interessenlagen der Partner gerecht zu werden und andererseits zugleich so effizient, dass sie ergebnisorientiertes Handeln ermöglichen. Das Fundament der Netzwerke besteht daher weder aus hierarchisch legitimierten Verfügungsrechten noch aus justiziablen Regelungen oder detaillierten Verhaltensvorschriften. Die netzwerkförmige Organisation ist in der Regel ein auf Interessenausgleich zielendes, temporäres Aushandlungssystem, in dem vertrauensbasierte Beziehungen und persönliche Kommunikation eine zentrale Rolle spielen. Gerade in diesen so entstehenden Entwicklungsspielräumen für Innovationen liegen die Stärken der Netzwerke.

8 Abschluss

Die letzte Metamorphose einer jeden Kooperation ist deren Beendigung. Ob diese nun wie geplant nach Ende eines gemeinsamen Projektes geschieht oder aus anderen Gründen; wichtig ist, diesen Abschluss ‚gebührend' zu gestalten. Sinnvoll ist es, die Kooperationserfahrungen auszuwerten und sich über Unterschiede und gemeinsame Sichtweisen zu verständigen. Insofern sollte am Abschluss eine Bewertung der Zusammenarbeit erfolgen. Der Abschluss sollte formal dokumentiert und verbleibende Aufgaben erledigt werden.

Die Palette möglicher Formen, in denen der formale Abschluss erfolgen kann, ist weit. Sie reicht von Dankesschreiben durch den Netzwerkmanager an die Kooperationspartner über formale Abschlussgespräche bei den beteiligten Organisationen bis hin zu öffentlichen Veranstaltungen. Eines sollte jedoch nicht geschehen: den Kooperationsverbund ‚sang und klanglos' auslaufen zu lassen.

9 Materialien

Phase	Maßnahmen	Instrumente
Idee/Anstoss	**Klärungsprozess**	
	- Ziele	Internes Brainstorming
	- Mögliche Partner und Multiplikatoren	Kontaktgespräche
		Netzwerkrecherche
	- Vorüberlegungen Struktur/Arbeitsweise	Potenzialanaylse
	- Chancen/ Risikenabwägung	Beratung
Aufbau	Vorgespräche mit Multiplikatoren/Leitpartnern (Konkretisierung der Idee)	Persönliche Gespräche
		Gründungsteam
	Partnersuche	Partnerprofil
	Finanzierung - Eigenmittel - Beiträge Partner - Fördermittel	Öffentliche Veranstaltungen
		Flyer
	Weiterentwicklung der Idee/Konzeption	
Konstituierung	Gründungsakt	Kick-off-Workshop
	Zielvereinbarung	Öffentlichkeitswirksamer Gründungsakt
	Aufbau organisatorischer Strukturen	
	Spielregeln der Kooperation	
	Leitbildentwicklung	
	Außendarstellung	

Abb. 1: Fahrplan Netzwerkaufbau

Arbeitsphase	Arbeitsteilige Bearbeitung der Ziele Entwicklung geeigneter Arbeitsformen Aufbau von Beratungs- und Dienstleistungsbeziehungen Durchführung von Veranstaltungen, Workshops, Qualifizierungsmaßnahmen etc. Entwicklung gemeinsamer Produkte Gemeinsame Öffentlichkeitsarbeit, Marketing	Workshops Erfahrungsaustausch kontinuierliche Arbeitskreise Personaltransfer Medialer Informationsaustausch Beratung vor Ort Qualifizierung vor Ort Überbetriebliche Qualifizierung geschäftsbezogene Kooperation Beratung/Coaching Broschüren, öffentliche Veranstaltungen
Controlling/ Evaluation	Begleitendes Controlling/Monitoring	reflexiv monitoring, Nutzwertanalyse, Netzwerkcontrolling, kollegiale Fallberatung, Scope
Metamorphosen	Überprüfung und Anpassung der Verbundziele Kontinuierliche Weiterentwicklung der Strukturen und Spielregeln Überführung zeitlich befristeter in dauerhafte Netzwerke Aufbau rechtlicher Strukturen (Vereinsgründung, GmbH´s etc.)	Ideenwerkstatt Steuerkreise Beratung Austausch mit Networkern
Abschluss	Auswertung der Kooperation Abarbeitung der verbleibenden Aufgaben Formaler Abschluss	Auswertungsworkshop, Abschlussgespräche Abschlussworkshop Dankesschreiben

Abb. 1: Fortsetzung

Literatur

Ellerkmann, F. (2003): Horizontale Kooperationen in der Beschaffungs- und Distributionslogistik. Entwicklung eines Gestaltungsleitfadens unter besonderer Berücksichtigung verhaltensorientierter Gesichtspunkte. Dortmund

Flocken, P.; Hellmann-Flocken, S.; Howaldt, J.; Kopp, R.; Martens, H. (2001): Erfolgreich im Verbund. – Die Praxis des Netzwerkmanagements. Eschborn

Franz, H.-W.; Kopp, R. (Hg.) (2003): Kollegiale Fallberatung. State of the art und organisationale Praxis. In: Edition Humanistische Psychologie (EHP) Köln

Kloep, H.-A.; Kopp, R.; Puchmüller, K. (Hg.) (2003): Die Erfolgsfaktoren einer leistungsgemeinschaftsbasierten Systemzentrale im Handel – Das Beispiel NORDWEST. In: Internationale Zeitschrift für Veränderung, Lernen, Dialog, Heft 4, 79 - 88

Nalebuff, B.; Brandenburger, A. (1995): coopetition – kooperativ konkurrieren. Mit der Spieltheorie zum Unternehmenserfolg. Frankfurt a. M./New York

Sydow, J. (1999): Das Management von Netzwerken – Zum Stand der Forschung. In: Sydow, J. (Hg.) Management von Netzwerken. Wiesbaden

Wassermann, W. (1997): Stärken und Schwächen kleiner Betriebe – Zum Stand der wirtschafts- und sozialwissenschaftlichen Kleinbetriebsforschung. Gutachten im Auftrag des Landesinstituts Sozialforschungsstelle Dortmund. Dortmund

Gelingende Kooperation („Effizienz“)

Ingo Dammer

Kooperationskultur

Dieses Kapitel handelt nicht von den Möglichkeiten, die Effektivität von Kooperationen zu steigern, also *das Richtige zu tun*. Alles was dazugehört, wird in anderen Kapiteln behandelt und hier vorausgesetzt. Thema dieses Kapitels ist vielmehr die Effizienz, also das, was man tut, *richtig zu tun*. Es geht hier um *das Gelingen, nicht um den Erfolg* von Kooperationen. „Kooperationskultur“ ist in diesem Zusammenhang der zentrale Begriff.

1 Kooperationskultur: die Faktoren im Überblick

Frage der Haltung

Ob Kooperationen gelingen, ist weniger eine Frage der Fachkompetenzen der Beteiligten, als vielmehr eine Frage ihrer *Haltung zur Kooperation selbst*. Sie lässt sich in einer Struktur ‚weicher‘ Faktoren darstellen, die in der folgenden Graphik zusammengefasst ist. Als Modell betrachtet, beschreibt sie das Spannungsgefüge „Kooperationskultur“, als reales Kräftespiel der Faktoren in einer konkreten Kooperation bestimmt sie Qualität und Wirksamkeit der Kultur dieser Kooperation.

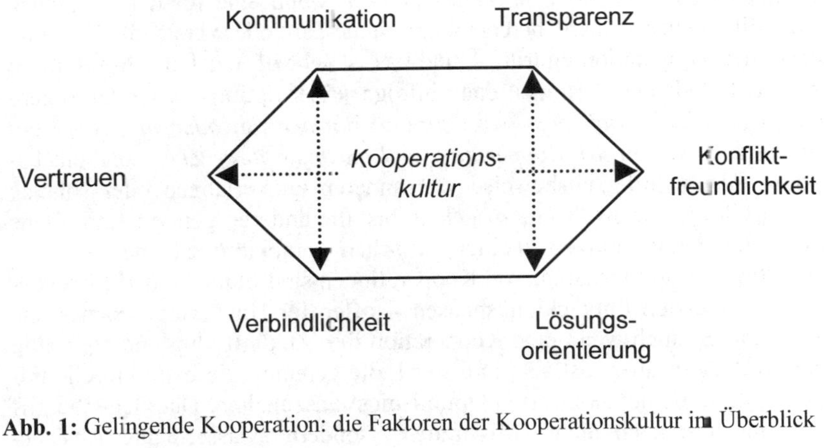

Abb. 1: Gelingende Kooperation: die Faktoren der Kooperationskultur im Überblick

Ganzheitliches Modell

Eine kurze Erläuterung zum Verständnis dieses Modells vorab. Es funktioniert im strengen Sinne ganzheitlich, d.h.: Sinn und Wert der Faktoren enthüllen sich *ausschließlich* in ihrem Zusammenspiel, niemals in der Betrachtung eines Faktors ‚für sich‘. Daher kann auch kein Faktor eliminiert werden

(‚Transparenz brauchen wir in unserer Kooperation nicht, wir kommen auch so klar'), ohne das Gefüge im ganzen zu zerstören.

Die Faktoren ergänzen und fördern sich gegenseitig, stehen aber auch in Spannung zueinander. Transparenz kann z.B. das Bemühen um Lösungen stören, Verbindlichkeit manche notwendige Kommunikation erschweren. Solche Paradoxien sind keine Betriebsunfälle im Kooperationsgeschehen, sondern ereignen sich alltäglich und sind sogar, quasi als Paradox der Paradoxien, konstitutiv für das Gelingen. *Denn ohne Spannung keine Entwicklung.*

Konkrete Maßverhältnisse

Es kommt also nicht darauf an, die Spannungen zwischen den Faktoren als Anforderungen an das Kooperationsgelingen zu neutralisieren - dann bewegt sich nämlich gar nichts mehr. Entscheidend ist vielmehr die gegenseitige Regulierung der Faktoren, ihr jeweiliges konkretes Maß im Zusammenspiel. Diese Maßverhältnisse im Blick zu behalten und bei Bedarf zu steuern, ist die zentrale Aufgabe des Managements in Hinblick auf das Gelingen der Kooperation. Dazu später mehr.

2 Die Faktoren im einzelnen

Vertrauen

Vorschuss

Vertrauen ist tatsächlich „der Anfang von allem", soll heißen, die unverzichtbare Basis für gelingende Kooperation. Es umfasst das Vertrauen zu den Partnern, zur Kooperation und - was meist übersehen wird - zu sich selbst. Es trägt den Charakter eines Vorschusses, dessen Laufzeit mit jeder Rückzahlung verlängert wird.

Vertrauen ist immer dann besonders gefragt, wenn eine für den Einzelnen nicht völlig beherrschbare, berechenbare, steuerbare oder verständliche Situation in der Kooperation eintritt - und das ist sehr oft der Fall. Prototypisch formuliert, bedeutet Vertrauen dann infolge seiner optimistischen Grundtendenz: *man glaubt, daß das, was einzelne Partner tun oder insgesamt geschieht, zum Nutzen der Kooperation und im Sinne ihrer Ziele ist.* Statt beständig Glaubwürdigkeitsbeweise von anderen zu verlangen oder solange vorab nachfragend ins Detail zu gehen, bis alle anderen genervt sind. Ohne dass es dadurch im übrigen zu einer faktischen Vorabklärung käme.

Strukturelle Offenheit

Denn Struktur und Dynamik von Kooperationen sind immer - und insbesondere in den ersten Entwicklungsphasen - offen für Unvorhergesehenes und Unerwartetes, auch wenn eine Kooperation ihre Zukunft klug und sorgfältig plant. Mit „Vertrauen" ist also in erster Linie gemeint, diese strukturelle Offenheit im Sinne des skizzierten Optimismus' auszuhalten. Der Gegenbegriff lautet insofern auch nicht „Misstrauen", sondern „wasserdichte Absicherung". Sie führt in Kooperationen zu schweren Lähmungserscheinungen und einem qualvollen Tod.

Konfliktfreundlichkeit

Von Konflikten profitieren

Konflikte sind, ähnlich wie Offenheit, strukturell in Kooperationen angelegt. Sie ausschließen oder auch nur *prinzipiell* minimieren zu wollen, hat als angewandte Harmoniesucht ähnlich fatale Konsequenzen wie die erwähnten überzogenen Absicherungstendenzen. Der Umgang mit Konflikten sollte in einer Kooperation unter der Maxime stehen: ‚wir profitieren von unseren Konflikten‘. Dazu muss man sie aber erst einmal zulassen.
Was ja insofern nicht so problematisch sein sollte, als die Beteiligten genügend *Vertrauen* aufbringen, um allen konfligierenden Positionen in der Kooperation eine kooperationsförderliche Absicht zu unterstellen. Es kommt dann darauf an, etwas aus dem Konflikt zu machen.
Konflikte sind in mehreren Hinsichten essentiell für das Gelingen von Kooperationen:

- Sie spiegeln - ‚ehrlicher‘ als die meisten Absichtsbekundungen - das reale Total der Kräfte und Tendenzen in der Kooperation;
- Sie helfen, die Grenzen - Belastbarkeit, Kooperationsbereitschaft usw. - der Kooperation genauer auszuloten, fördern aber auch evtl. bisher unbekannte Ressourcen zu Tage;
- Sie sind der wichtigste interne Motor der Veränderung.

Regelwerk

Damit Konflikte nicht zerstörerisch wirken, geben Kooperationen sich ein internes Regelwerk (s. auch „Verbindlichkeit“), eine Verfassung, die einerseits flexibel genug ist, um Konflikten ausreichenden Spielraum geben zu können, andererseits aber auch so stabil, dass sie von Konflikten nicht ohne weiteres zu sprengen ist[1]. Unter dieser Voraussetzung sind Konflikte ein wertvolles Agens in Kooperationen.

Lösungsorientierung

Kooperationsziele

Z.B. für den fruchtbaren Umgang mit Konflikten ist Lösungsorientierung eine unabdingbare Voraussetzung. Aber sie geht in ihrem Beitrag zum Gelingen von Kooperationen weit darüber hinaus, denn über die Frage, wie sie auszurichten ist (‚welche Lösungen wollen wir?‘), betreten die (externen) Kooperationsziele oder –teilziele die Bühne des Geschehens. Selbstverständlich entscheiden diese Ziele darüber, in welcher Richtung eine Kooperation ihre Problem- oder Konfliktlösungen sucht, findet und umsetzt.
Durch ihren engen Zusammenhang mit den Kooperationszielen repräsentiert die Lösungsorientierung immer auch einen gewissen Pragmatismus, der die Ziele des Ganzen im Auge behält und sie gegenüber allen denkbar aufkommenden Partikularinteressen (und der ihnen eigenen Tendenz zum Selbstzweck) wirksam vertritt. Andererseits gehört zur Lösungsorientierung auch die praktische Analyse von Fehlern, Problemen und Konflikten (und, was meist schwieriger ist, von Erfolgen). „Praktisch“ wird die Analyse hier deswegen genannt, weil ihr praktische, eben lösungsorientierte Grenzen gesetzt sind. Und das heißt in erster Linie: die Analyse muss soweit gehen, dass eine

[1] Denn schließlich bedeutet „Konfliktfreundlichkeit“ nicht „Streitsucht“.

Wiederholung des zu lösenden Problems in Zukunft möglichst verhindert, die Bedingungen für sein Zustandekommen ggfs. produktiv verändert werden - und weiter nicht.

Pragmatische Analyse

In allen Kooperationen wird man eine mehr oder weniger ausgeprägte Spannung feststellen können zwischen einem Pragmatismus, der ohne groß links und rechts zu gucken ‚weiterkommen' will, und einer gewissen Verliebtheit in Hintergründiges, die ganz zufrieden ist, wenn sie genau genug weiß, *warum* etwas problematisch ist. Lösungsorientierung leistet in diesem Spannungsfeld zweierlei: sie verhindert, dass aus dem zielbezogenen Pragmatismus ein rabulistisches „Schwamm drüber, Augen nach vorn" oder gar „positives Denken" wird, und durch ihre praktischen Grenzen gleitet sie nicht in die gänzlich fruchtlose Sündenbocksuche ab, die bei analytischen Aufbereitungen zuweilen offen, häufiger aber heimlich die Feder führt.

Transparenz

Den notwendigen Grad von Transparenz zu definieren und ihn herzustellen ist eine, wenn nicht *die* Kernaufgabe von Kooperationen, deren Bewältigung (oder Nichtbewältigung) oft genug langfristig über ihr Schicksal entscheidet. Denn gemäß Brechts Bemerkung, man sehe immer nur die im Licht und die im Dunkeln eben nicht, kann als tatsächlicher Wirkungsraum einer Kooperation nur das gelten, was *allen Partnern gemeinsam* transparent, d.h. bekannt und verständlich ist. Dabei ist es vorderhand unwichtig, ob es um schamvoll verschwiegene Organisationsdefizite im Einzelunternehmen, um ‚geheime' strategische Absichten eines Partners, um das schlichte Gefühl, dass bestimmte Dinge die anderen ‚nichts angehen', oder um einen nicht hinreichend ausdrücklich gemachten Konsens geht, den schließlich jeder Partner interpretiert, wie es ihm passt oder zu Gebote steht - dies alles sind beispielhafte Phänomene von Intransparenz, die die Aktionsfähigkeit der Kooperation einschränken und ihr Gelingen gefährden.

Transparenz hat Grenzen

Hier ist in Rechnung zu stellen, dass es Grenzen der Transparenz auch bei bestem Willen aller Beteiligten immer geben wird. Denn keinem Beteiligten sind alle bei und mit ihm wirksamen Kräfte bekannt und verfügbar, so dass bewusste Absichten hier wenig zählen. Eine ideale Totaltransparenz kann daher nicht eingefordert werden (und wäre als völlige Distanzlosigkeit der Partner auch wahrlich nicht wünschenswert).

Win-win-Situation

Die herausragende Bedeutung der Transparenz ist darin begründet, dass sie der genaueste Indikator für das Verhältnis der Kooperation zu den einzelnen Partnerunternehmen (und umgekehrt) ist. Dieses Verhältnis ist nämlich in der Regel zwiespältig: im Grunde sollen und wollen die Einzelunternehmen von der Kooperation und die Kooperation von den Einzelunternehmen profitieren (win-win), gleichzeitig wird diese Gegenseitigkeit aber erfahrungsgemäß häufig recht asymmetrisch kultiviert. Die Einzelunternehmen fühlen sich tendenziell als ‚Geber' und sehen die Kooperation hauptsächlich als ‚Nehmer', dem sie nur soviel zu ‚geben' gewillt sind, wie er ihnen auch wirklich zurück'geben' kann, um mit dieser Zurückhaltung die wahrgenommene Asymmetrie zu beheben.

Der qualitative Grad der Transparenz innerhalb einer Kooperation bildet quasi den Grad der Symmetrie im Geber-Nehmer-Bild ab: je intransparenter eine Kooperation intern gehandhabt wird, desto asymmetrischer das Verhältnis und desto machtloser die Kooperation. Denn (s.o.) die Reichweite, der Spielraum und die Handlungsmacht einer Kooperation hängen vom Reichtum der intern zulässigen und verfügbaren Informationen und Strategien ab.

Symmetrie zwischen Kooperation und Partnern

Unter funktional-operativen Aspekten kann man sagen: *das Einzelunternehmen fängt da an, wo die Transparenz in der Kooperation aufhört*. Und von dieser Grenze an ist das Einzelunternehmen, unbeschadet seiner Beteiligung an der Kooperation, faktisch ein Konkurrent, sogar ein Gegner der Kooperation. Denn es bringt dann statt der Win-win-Logik das klassische Nullsummenspiel zur Geltung: ‚Was die Kooperation gewinnt, ist mein Verlust’. Und hält sein Kooperationsengagement entsprechend niedrig.

Verbindlichkeit

In der Verbindlichkeit kommt die Intensität zum Ausdruck, mit der sich Partner an die Kooperation - und damit auch aneinander - gebunden fühlen. Sie ist vor allem auch Ausdruck der Bereitschaft, das, was Partner im Namen der Kooperation tun oder die Kooperation im ganzen bewerkstelligt, für sich als bindend zu akzeptieren. Was ggfs. bedeuten kann, aktiv die entsprechenden Konsequenzen mitzutragen, obwohl man nicht deren Urheber war.

Explizit sollte ein von allen Partnern erarbeitetes ausformuliertes Regelwerk („Satzung“, „Geschäftsordnung“...; s. auch „Konfliktfreundlichkeit“) den Rahmen der Verbindlichkeit in einer Kooperation darstellen. So wird allen Beteiligten deutlich, welche Erwartungen sie an die Partner legitimerweise stellen dürfen und welche sie selber zu erfüllen haben.

Regelwerk

Ein solches Regelwerk ist notwendig für das Gelingen einer Kooperation, aber nicht hinreichend. Es stellt eine Art Gerüst dar mit Grundsätzen und Fixpunkten, die alle Partner verpflichten. Damit Verbindlichkeit in einer Kooperation tatsächlich *lebt*, bedarf es darüber hinaus einer grundsätzlichen Zuverlässigkeit auf Seiten aller Partner dahingehend, die Tendenzen und die Sinnrichtung des Regelwerks auch tatsächlich umzusetzen. Was oft impliziert, dass Partner aus eigener Initiative mehr tun, als das Regelwerk ausdrücklich verlangt.

Als Vorbild für diese Zuverlässigkeit kann (meist) das Verhalten der Einzelfirmen gegenüber ihren Kunden dienen. Was auf die letzte Facette dieses Abschnitts verweist: die Verbindlichkeit, die faktisch innerhalb einer Kooperation herrscht, läßt auf die Wichtigkeit schließen, die die Partner der Kooperation tatsächlich beimessen. Kundenbedürfnisse genießen in Unternehmen gewöhnlich höchste Priorität - die Bedürfnisse der Kooperation sollten dem nicht weit nachstehen.

Vorbild: Kundenbeziehung

Kommunikation

Die Notwendigkeit regelmäßiger, ausreichender und angemessener Kommunikation erklärt sich angesichts der bisherigen Ausführungen weitgehend selbst: alle Faktoren brauchen Kommunikation als Medium und als ‚Klebstoff'. Darüber hinaus erfüllt Kommunikation aber noch zwei grundlegende Funktionen innerhalb von Kooperationen.

Selbstverständliches Hinterfragen

Die erste betrifft die Frage, inwieweit die Kooperationspartner bereit oder in der Lage sind, ihre gewohnten einzelperspektivischen Selbstverständlichkeiten zu hinterfragen. Alle Unternehmen bilden solche Selbstverständlichkeiten aus, die unausdrücklich, aber wirkungsvoll darüber entscheiden, was man der Kommunikation für wert hält und was nicht, weil man es entweder für bereits mitausgesagt hält oder aber es zu den Dingen gehört, „über die man bei uns nicht spricht".

Für die Entwicklung einer gemeinsamen Kooperations-Perspektive ist es enorm hilfreich, wenn den Partnern ihre Selbstverständlichkeiten und blinden Flecke zumindest in Teilen bewusst werden. Und dies geschieht im wesentlichen qua Kommunikation, oft vielleicht dadurch, dass unterschiedliche Selbstverständlichkeiten aufeinanderprallen und dann daraus i.S. der Lösungsorientierung eine gemeinsame, transparentere Form entwickelt werden muss. Insofern ist auch Kommunikation ein zentrales Hilfsmittel, die faktische Kooperationsbereitschaft der Partner klarer werden zu lassen und ggfs. zu erhöhen.

Atmosphärischer Mehrwert

Die zweite Funktion der Kommunikation betrifft den atmosphärischen Mehrwert, der in jeder Kommunikation entsteht. Das Kooperationsklima, die ‚Chemie' zwischen den Partnern drückt sich einerseits wesentlich in der Art der Kommunikation aus, wird aber umgekehrt auch durch sie geschaffen. Diese Dialektik beschreibt jenes Mehr an Lebendigkeit, das jede - auch eine ausdrücklich auf pragmatische Funktionalität beschränkte - Kooperation gegenüber ihrer funktionalen Darstellbarkeit produziert. Und oft genug entscheidet dieses schwierig zu fassende Mehr über Wohl und Wehe einer Kooperation. Denn auch in Kooperationen macht der Ton die Musik.

3 Die Verantwortung des Netzwerkmanagements

Mit diesem Faktorengefüge, das in seinem komplexen Wechselspiel das Gelingen einer Kooperation beschreibt, haben es Netzwerkmanager zu tun. Sie insbesondere tragen Verantwortung dafür, die Netzwerkprozesse in ihrem Bezug zum Gelingen zu beobachten und zu steuern. Und jede einzelne Aktivität zur Steuerung greift in das Gefüge ein, balanciert es neu - und immer nur vorläufig - aus.

Das ist ohne Zweifel eine sehr anspruchsvolle Aufgabe, die von den Managern ein hohes Maß an Komplexitätstoleranz, Scharfsinn und Fingerspitzengefühl verlangt. Ihre diesbezügliche Arbeit wird allerdings enorm erleichtert, wenn in der Kooperation zwei übergreifende Bedingungen erfüllt sind: die *Eigenständigkeit* der Kooperation und ihre grundsätzliche *Entwicklungsorientierung*. Beide fungieren als orientierender Rahmen und als direkt handlungsleitende Perspektiven zugleich. Was damit gemeint ist, wird im folgenden kurz erläutert.

Eigenständigkeit

Funktionale Autonomie

Eine These vorab: eine Kooperation gelingt nur, wenn alle Partner ihr einen *eigenständigen Stellenwert* jenseits ihrer direkten Funktionalität für jedes einzelne Partnerunternehmen zubilligen und ihn aktiv zur Geltung bringen. Ohne diese Eigenständigkeit, ohne eine solche funktionale Autonomie der Kooperation gegenüber den Einzelunternehmen wird keine Kooperation ihre Potentiale und Ressourcen optimal ausschöpfen und den ihr maximal möglichen Erfolg haben können.
Von den Einzelunternehmen verlangt das ein erhebliches Maß an taktischer Versiertheit und strategischer Souveränität - die aufzubringen sie oft genug nicht bereit oder in der Lage sind. Schließlich investieren sie Zeit und Geld in die Kooperation und verlangen zu Recht, dass diese Investition sich in der einen oder anderen Weise auszahlt. Kooperationen können nicht einfach ‚machen, was sie wollen', und daher ist aus der Sicht der Unternehmen - wiederum zu Recht - eine gewisse Kontrolle nötig.

Kontrolle durch die Partner

Die Frage ist hier, wie die Kontrolle gestaltet wird. Oft ist bei den Führungskräften der Partnerunternehmen eine gehörige Portion Angst im Spiel, die Kooperation könnte, gemessen an den eigenen, meist kurzfristigen Zielen, aus dem Ruder laufen. Was vor allem heißt: kurzfristig keine Entlastung bringen, sondern erst einmal nur als Kostenfaktor zu Buche schlagen. Oder aber - zweite Variante - sie fürchten, die ebenfalls in der Kooperation vertretene Konkurrenz quasi am eigenen Busen zu nähren. Dementsprechend reserviert betrachten sie die Kooperation und bleiben ihr gegenüber im Grundsatz misstrauisch.
Eine zu enge Kontrolle der Kooperation durch die Partnerunternehmen behindert aber ernsthaft die Entwicklung der Kooperation und mindert ihre Leistungsfähigkeit entscheidend. Es ist klar, dass eine kleine, im Aufbau befindliche Organisation kaum eine tragfähige Entwicklungschance hat, wenn drei oder sieben große und bewährte Organisationen gleichzeitig in verschiedenen Richtungen, nämlich gemäß dem jeweiligen Eigeninteresse, an ihr zerren.

Von der Kooperation aus denken

Diese Überlegungen führen direkt zum Kern dessen, was Eigenständigkeit bei Kooperationen ausmacht. Auch hier geht es nämlich nicht um Fachkompetenzen oder gar Recht und Unrecht, sondern in erster Linie um die grundsätzliche Wahrnehmung der Kooperation: betrachtet man sie als ein Gebilde, das versucht, additiv (was konkret meist bedeutet: subtraktiv nach dem unfruchtbaren Prinzip des ‚kleinsten gemeinsamen Nenners') eine Anzahl von Einzelinteressen zusammenzuführen und herauszufinden, welcher Spielraum dann am Ende noch bleibt[2]? Oder sieht man sie als eine Organisation, deren Strategie und Konzept von ihren eigenen Zielen und Aufgaben bestimmt werden?

[2] Nicht ganz frei von Bosheit könnte man dies das „EU-Prinzip" nennen.

Beispielhaft treffen diese beiden Sichtweisen bei der Leitbildentwicklung von Kooperationen aufeinander. Es ist mehr als schwierig (und auf jeden Fall zäh und unnötig mühsam), ein Kooperationsleitbild zu entwickeln, wenn man von den einzelnen Leitbildern der Partnerunternehmen ausgeht und daraus ein gemeinsames Leitbild zu machen versucht. Einfacher und für die Kooperation gesünder ist die Erarbeitung eines Leitbildes entlang der Leitlinie, die durch die Zielperspektiven der Kooperation selbst beschrieben wird.

Und niemand sorge sich darum, dass das Ergebnis am Ende womöglich inkompatibel mit einem oder mehreren der Einzelleitbilder sein könnte. Denn zum einen ist es nicht die primäre Aufgabe einer Kooperation, sich den Unternehmenskulturen der Partner als genehmer Sprößling zu präsentieren, vielmehr soll sie die gewünschten Ergebnisse produzieren; und zum anderen, platt empirisch gesehen, ist mir ein solches Problem noch nie zu Ohren gekommen.

Anwälte der Kooperation

Es gehört zu den Grundaufgaben von Netzwerkmanagern, als ‚Anwälte der Kooperation' beständig um die Anerkennung dieser Eigenständigkeit zu kämpfen. Wie ihnen dies gelingen kann? Zuerst einmal müssen sie selbst grundsätzlich von den Belangen der Kooperation aus denken, planen und handeln und dürfen sich nicht zu früh die Köpfe der Partnerunternehmen zerbrechen. Dafür produziert eine gelingende Kooperation ja auch einen erheblichen Mehrwert, und es ist eine zen-trale interne Vermarktungsaufgabe der Netzwerkmanager (eigentlich sogar aller Netzwerkakteure), *die Partner zu einer offiziellen Anerkennung dieses Mehrwerts als Leistung der Kooperation zu bewegen*. Haben die Partnerunternehmen erst einmal so viel Committment gezeigt, ist in punkto Eigenständigkeit für die Kooperation schon viel gewonnen.

Transparenz nach außen

Um das Vertrauen der Partner in die Kooperation weiter zu stärken, empfiehlt sich analog zum kooperationsinternen Vorgehen ein möglichst transparenter Umgang mit den Partnern. Die Netzwerkmanager sollten deshalb auf die Umsetzung folgender Punkte hinarbeiten:

- *Entscheidungsbefugnisse* der Kooperation genau beschreiben und mit allen Partnern abstimmen.
- Alle Kooperationsaktivitäten (inkl. interner Zielkontrolle) *dokumentieren.*
- Ein *Berichtswesen* schaffen und mit den Partnern abstimmen, so dass sie immer auf dem Laufenden sind.
- *Regelmäßige Zielkontrolle* gemeinsam mit den Partnern durchführen und bei Bedarf neue Zielvereinbarungen treffen.

Ist dies alles gewährleistet, haben die Partner erfahrungsgemäß weniger Probleme mit der Eigenständigkeit von Kooperationen.

Entwicklungsorientierung

In mancher Hinsicht heißt, Entwicklungsorientierung auf die Agenda des Netzwerkmanagements zu setzen, nicht viel mehr, als aus der Not eine Tugend zu machen. Denn Veränderung widerfährt Kooperationen - wie überhaupt allen Organisationen - ohnehin, und zwar jederzeit, auch wenn das nicht immer ohne weiteres bemerkbar ist. Selbst eine über, sagen wir, drei Jahre mit gleicher Aufgabe, gleichen Regeln und identischer personeller Besetzung arbeitende Kooperation ist am Ende der drei Jahre nicht die gleiche wie zu Anfang. Mindestens die Einstellung der Akteure hat sich infolge der Routinisierung gegenüber der anfänglichen gespannten Aufmerksamkeit erheblich gewandelt; vermutlich hat es aber noch viel mehr Änderungen gegeben als bloß diese.

Entwicklung als Tatsache

Dass Entwicklungsorientierung hier als *eine* entscheidende Haltung des Netzwerkmanagments zur Sprache kommt, ist darin begründet, dass *Entwicklung mehr und anders ist als Veränderung*. Als anschauliches Beispiel hierfür kann ein Kaleidoskop dienen: wenn man es schüttelt, verändert sich das Muster. Man kann das beliebig oft wiederholen und bewirkt jedes Mal eine Veränderung. Entwickelt hat sich dabei allerdings gar nichts.

Entwicklung ist...

Von Entwicklung zu sprechen, heißt nämlich, *Kohärenz in der Veränderung* zu unterstellen. Aufgabe des Netzwerkmanagements ist es dann, den *Zusammenhang* im Nacheinander der Kooperationsprozesse zu erkennen, also zu rekonstruieren, *wie* es vom einen zum anderen gekommen ist, um die Prozesse angemessen steuern zu können.

...Kohärenz in der Veränderung

Und hinter dieser Rekonstruktionsanforderung steckt letztlich die Behauptung, die Prozesse verliefen sinnhaft, eine Voraussetzung, die keineswegs unumstritten ist. Man lebt in vielen Hinsichten bequemer, wenn man das beobachtbare Kooperationsgeschehen nicht einheitlich als sinnhaft auffasst, sondern zweiteilt in zweckdienliche und dysfunktionale Prozesse, und letztere - die oft in ihrer Entstehung unklar und rätselhaft bleiben, weil alle Beteiligten ja nur ‚das Beste wollen‘ - dem Zufall oder unglücklichen Umständen zuschreibt.

Alle (!) Prozesse sind sinnhaft

Fruchtbarer für die Kooperation ist es allerdings, wenn das Netzwerkmanagement nach der Devise des Polonius vorgeht, der nach einem längeren, höchst skurrilen Vortrag des Prinzen Hamlet vermutet: „Ist dies auch Wahnsinn, so ist doch Methode drin.“ Kohärenz im vollen Sinne bedeutet, eine solche heimliche Methode auch dann als gegeben anzunehmen, wenn die Geschehnisse in der Kooperation einmal besonders ‚wahnsinnig‘ wirken

Analytisch auf der Höhe der Kooperationsentwicklung als sinnhaftem Gesamtprozess zu bleiben, ist also die eine Facette der Entwicklungsorientierung als Aufgabe des Netzwerkmanagements. Die andere besteht natürlich in der Steuerung der Kooperationsprozesse mit dem Ziel, die Kooperation entwicklungsoffen zu halten, dafür zu sorgen, dass sie sich gegenüber dem Grundanliegen des KVP nicht verschließt. Denn wie alle Organisationen tendieren auch Kooperationen zu Stabilisierung und Routinisierung, wogegen, für sich genommen, nichts einzuwenden ist. Aber wenn Stabilität und Routine überhandnehmen, erfüllt die Kooperation ihre Zwecke in Folge zunehmender Erstarrung immer schlechter, und es ist Sache des Netzwerkmanagements, dem wirksam vorzubeugen.

Entwicklung als Ziel

Zukunftsorientierung als Markenzeichen

Wie kann ihm das gelingen? Grundsätzlich sollte es regelmäßig, intern ebenso wie bei den Partnern, die Kooperation als zukunftswichtig und –fähig kommunizieren, die dauerhafte Ausrichtung auf die Zukunft quasi zu einem Markenzeichen der Kooperation machen. Einen solchen Anspruch öffentlich zu machen, erschwert es der Kooperation, unbemerkt einzuschlafen. Darüberhinaus kann das Netzwerkmanagement im Sinne der Entwicklungsorientierung folgendes anregen bzw. umsetzen:

- *Flexible interne Strukturen* etablieren.
- *Bereitschaft zur weiteren Qualifizierung* bei den Netzwerkakteuren schaffen und sie bei der Umsetzung unterstützen.
- *Produktentwicklung* (i.w.S.) regelmäßig zum Kooperationsthema machen.
- *Organisationsentwicklung* regelmäßig zum Kooperationsthema machen.

Bleiben diese Aspekte in einer Kooperation dauerhaft lebendig, dann hat sie gute Aussichten, sich angemessen und nachhaltig entwickeln und zukünftige Herausforderungen meistern zu können.

Der Beitrag des Netzwerkmanagements

Arbeit, die Arbeit erleichtert

Eigenständigkeit und Entwicklungsorientierung umzusetzen, bedeutet zweifellos Arbeit für das Netzwerkmanagement - Arbeit allerdings, die sinnvoll investiert ist, denn ihr Erfolg erleichtert die alltägliche Netzwerkarbeit in vielen Hinsichten erheblich. Letztlich macht sich das Netzwerkmanagement damit das eigene Leben einfacher, das auch bei guter strategischer Vorarbeit noch anstrengend genug ist. Die folgende, auch als Zusammenfassung gemeinte Liste der wesentlichen Beiträge des Netzwerkmanagements zum Gelingen von Kooperationen macht das wohl deutlich:

- Anregung und Moderation eines Leitbildprozesses.
- Angemessenes Marketing der Kooperation extern und bei den Partnern.
- Konsequentes zielbezogenes Controlling der Kooperationsaktivitäten.
- Moderation (evtl. Supervision) der Teamentwicklung.
- Anregungen hinsichtlich Weiterbildung, Produkt- und Organisationsentwicklung.
- Regelmäßige zielbezogene Kommunikation mit den Partnern.
- Einbindung der Kooperation in externe Unterstützungsstrukturen (Netzwerke, Erfa-Runden usw.).

Externe Hilfe holen

Und dann wäre noch ein eminent wichtiger Beitrag des Netzwerkmanagements zum Gelingen zu nennen: es muss erkennen, wann *externe Hilfe für die Kooperation* nötig wird, und dafür sorgen, dass diese Hilfe dann auch eingekauft wird. Viele Manager halten das Anfordern externer Unterstützung für ein Zeichen von Schwäche, schämen sich nachgerade, dass sie ihren Verantwortungsbereich offenbar ‚nicht im Griff haben', und warten deshalb oft zu lange, bis sie tatsächlich Hilfe suchen.

Selbstverständlich sollen zur Lösung von Problemen erst die Bordmittel ausgeschöpft werden. Aber wenn die nicht ausreichen (und das kann man oft absehen, bevor man es ausprobiert), dann ist es ein Kennzeichen von Managementstärke, sich Hilfe in geeigneter Form zu holen. Denn die tatsächliche Schwäche von Managern besteht häufig darin, die Demonstration eigener Unverwundbarkeit und Alleskönnerei mit kompetentem Management zu verwechseln - und dies zu Lasten ihres Verantwortungsbereichs.

Ressourcen kennen

Kompetente Unterstützung in Fragen des Netzwerkmanagements wird mittlerweile reichhaltig angeboten (s. Service-Teil in diesem Band). Die entsprechenden Ressourcen zu kennen, gehört zu den Schlüsselqualifikationen von Netzwerkmanagern.

4 Erfolg und Gelingen

Untrennbarkeit von Erfolg und Gelingen

Bleibt anzumerken, dass die Unterscheidung von Effektivität und Effizienz, also von Erfolg und Gelingen, selbstverständlich in erster Linie aus Gründen der prägnanten Darstellbarkeit geschehen ist und keineswegs die Möglichkeit unterstellen soll, man könne Gelingen und Erfolg faktisch voneinander trennen. Im Gegenteil zeigt z.B. die Liste auf der vorhergehenden Seite (die nämlich auch einige Eckpfeiler des Kooperations*erfolges* enthält), dass beide unauflöslich voneinander abhängen: eine nicht effektiv arbeitende Kooperation wird kaum effizient sein können, und umgekehrt wird ein Mangel an Effizienz auch immer negativ auf die Effektivität durchschlagen.

Wenn das Netzwerkmanagement die *Kooperation als ein strategisch wichtiges, offensives und gestaltungsorientiertes Instrument* handhabt, dann hat sie ebenso gute Aussichten auf Gelingen wie auf Erfolg.

Wirksames Wissensmanagement in Netzwerken

Stephan Killich, Ralf Kopp

1 Einleitung

Wirksames Wissensmanagement ist selten

Die Notwendigkeit effizienterer Wissenskoordination und -nutzung ist unumstritten, konfrontiert jedoch Organisationen im Allgemeinen und Netzwerke im Besonderen mit neuartigen Problemen. Sicherlich ist der Forderung zuzustimmen, dass es Wissensmanagement gelingen muss, aus der „Zumutung des Wissens" (Baecker 2000) eine Ermutigung zu machen (Romhardt 2002, 120). Dies praktisch einzulösen fällt jedoch angesichts ernüchternder Versuche der Einführung von Wissensmanagement in Organisationen schwer. Die Beratungsbranche entwickelte zwar eine Fülle konkurrierender Konzepte und Methoden des Wissensmanagements, konnte jedoch weder bei ihren Kunden noch in ihren eigenen Reihen befriedigende Lösungen in größerem Umfang etablieren. In Netzwerken ist das Missverhältnis zwischen Bedarf und praktikablen Organisationsformen besonders eklatant. Insgesamt legt der negative Befund sogar die Feststellung nahe, die „Mode Wissensmanagement" (Kieser 1999) habe die zu lösenden Probleme eher erhöht als beseitigt (Katenkamp 2003).

Von der Wissensarchivierung ...

Die Hauptursache liegt zugespitzt formuliert in der vielfach eingeschlagenen falschen Suchrichtung. Gescheitert sind die ambitionierten Versuche angesichts der Informations- und Wissensflut einen „enzyklopädischen Ansatz" der Wissensarchivierung aufrecht zu halten und potentiellen Nutzern mittels Informationstechnologie schnelle und qualitativ hochwertige Zugriffsmöglichkeiten zu ermöglichen. In dieser Perspektive wurde darauf gezielt, dem Chaos aus persönlichen Erfahrungen sowie „privaten Ansichten, selbstgebastelten Zettelkästen und unstrukturierten Gesprächsfetzen (...) in denen sich die Organisationsbasis manifestiert" (Romhardt 2002, 118) durch verschriftlichte Darstellungsformen zu entkommen. Unterschätzt wurden dabei die finanziellen, zeitlichen und personellen Anforderungen der Systempflege und Systemnutzung.

Die Aufwände zum Erstellen nachvollziehbarer formalisierter Beschreibungen individueller Erfahrungen bzw. das Einpflegen dieser Wissensbestände in das elektronische Speichermedium einerseits und zum Auffinden und Abrufen relevanten Wissens andererseits überstiegen schon bald den konkreten Nutzen.

... zur intelligenten Askese

Einen Ausweg aus diesem Dilemma bietet die radikale Umkehr der Suchrichtung, im Sinne einer „intelligenten Askese". Hier geht es darum, dem drohenden Informationskollaps und „Wissensoverload" durch die Etablierung von scharfen Auswahl- und Selektionsmechanismen zu begegnen. Gefragt sind Formen des Wissensmanagements, welche es erlauben, die Gesamtzirkulation von Informationen, Wissen, Erfahrungen etc. hochselektiv anzuzapfen und die Konzentration auf die Ausbeutung des fokussierten Wissensausschnitts zu richten.

Orientierung durch Leitlinien

Um einen derartigen Weg einzuschlagen, bedarf es weniger der Entwicklung elaborierter Methoden und Instrumente. Eher mangelt es an einer einfachen Orientierungshilfe für betriebliche Praktiker in Form von Leitlinien.

Darüber hinaus sind in der Vergangenheit in dem enzyklopädischen Ansatz die Informationstechnologien und insbesondere deren Fortschritte als ein wesentlicher Aspekt für den Erfolg von Wissensmanagementmaßnahmen angesehen worden. In Studien konnte jedoch aufgezeigt werden, dass insbesondere den humanorientierten Kriterien, wie beispielsweise der Motivation der Mitarbeiter und entsprechenden Anreizsystemen, im Wissensmanagement eine hohe Bedeutung zukommt (Heisig u.a. 2001; Bullinger u.a. 2001). Die Fokussierung auf einen relevanten Wissensausschnitt ist dabei gleichermaßen von der Beteiligung und somit Motivation der jeweiligen Personen in einem Unternehmen abhängig. Daher ist eine mitarbeiterzentrierte Betrachtung des Wissensmanagements notwendig.

Mitarbeiterzentriertes Wissens-management

Leitlinien für ein wirksames Wissensmanagement

Einige zentrale Leitlinien, die im Kontext von Netzwerken der wissensintensiven Dienstleistungsbranche erfolgreich erprobt wurden, werden im Folgenden erläutert.

Leitlinie 1:	Es sollte ein gemeinsames Verständnis von Wissensmanagement entwickelt werden
Leitlinie 2:	Die Einführung von Wissensmanagement sollte sich an netzwerkspezifischen Prinzipien orientieren
Leitlinie 3:	Wissensmanagement sollte strategieorientierte und zielbezogene Handlungsfelder definieren
Leitlinie 4:	Wissensmanagement sollte relevante Wissensformen und Wissensinhalte unterscheiden
Leitlinie 5:	Wissensmanagement sollte Wissen zur Wirkung bringen und nicht konservieren
Leitlinie 6:	Wissensmanagement sollte regelmäßig einem Funktionscheck unterworfen werden

Leitlinie 1: Es sollte ein gemeinsames Verständnis von Wissensmanagement entwickelt werden

Widersprüchliche, oft überzogene Erwartungen

Die Entwicklung eines gemeinsamen Grundverständnisses von Wissensmanagement ist unabdingbar, um Wissensziele und Formen der Wissenszirkulation zu präzisieren. Allerdings zeigen bereits erste Verständigungsdiskussionen im Netzwerk, wie disparat die damit verbundenen Vorstellungen, Interessen und Erwartungshaltungen sind. Vergegenwärtigt man sich, dass die Akteure in den Netzwerken oft unterschiedliche Funktionen (bspw.

FH-BIBLIOTHEK HOF

Netzwerkmanager, einfaches Mitglied, Promotor) haben, dass ihre prägenden Vorerfahrungen mit Wissensmanagement sehr heterogen sind, dass ihre Meinungen über die Leistungsfähigkeit von elektronischen Kommunikationsmedien breit divergieren (ebenso die damit verbundenen Kompetenzen) und die individuellen Vorlieben (direkte face-to-face-Kommunikation, technische vermittelte Kommunikation) ebenso uneinheitlich sind, wird erahnbar, wie voraussetzungsreich eine wechselseitige Annäherung ist. Selbst in Bezug auf die Notwendigkeit von Wissensmanagement ergibt sich eine Bandbreite, die von der Auffassung Wissensmanagement sei überflüssig (da integraler Bestandteil des üblichen Projektmanagements), über Vertreter von technikoptimistischen Sammlern (Motto: „Viel hilft viel") bis hin zu Befürwortern der angedeuteten „intelligenten Askese" (Motto: „Weniger ist mehr") reicht. Aber selbst Letztere formulieren in einer Art Anfangseuphorie schnell eine große Anzahl von Wünschen, was alles an Wissen und Information gesammelt werden soll. Das ist besonders dann der Fall, wenn es zunächst so erscheint, als würde sich das Wissensmanagement als Serviceleistung (des Netzwerkmanagements) etablieren lassen. Dies ist ein Trugschluss! Richtig ist zwar, dass die Einführung von Wissensmanagement zentraler Koordination bedarf. Gerade in Netzwerken bedarf es jedoch der aktiven Mitwirkung aller Partner.

Wissensmanagement bringt immer Informationspflichten für alle Netzwerkmitglieder mit sich. Je höher die Ansprüche, desto größer die Aufwände! Oft erweisen sich besonders begeisterte Vertreter aufwendiger Systeme als besonders nachlässig in der Systempflege.

Dann bleibt zweierlei: Entweder wird der Mitwirkungszwang erhöht (was aber in Netzwerken oft nicht möglich oder nicht sinnvoll ist) oder aber das Wissensmanagementsystem muss abgespeckt werden. Beides ist kontraproduktiv und kann durch frühzeitige Grundsatzdiskussion vermieden werden.

Leitlinie 2: Die Einführung von Wissensmanagement sollte sich an netzwerkspezifischen Prinzipien orientieren

Eigendynamik treibt den Aufwand an

Die Einigung auf netzwerkspezifische Prinzipien, die das Wissensmanagementsystem erfüllen soll, ist äußerst hilfreich. Aufgrund der Eigendynamik bei der Gestaltung von Wissensmanagement schleichen sich immer wieder Verfahrensregeln und Vorgehensprinzipien ein, die eigentlich vermieden werden sollten. Oft geraten die konkret beschlossenen Maßnahmen dann doch zu techniklastig, zu intransparent, zu pflegeintensiv, zu teuer und beginnen bereits in der Implementationsphase zu versanden. Um „Rückfälle" hinter das gemeinsam erzielte Grundverständnis zu vermeiden, eignen sich netzwerkspezifische Prinzipien. Bewährt haben sich bspw.:

- Prinzip der Weiterentwicklung bewährter Praxis
  Es kommt nicht darauf an eine gesonderte Funktion „Wissensmanagement" zu schaffen, sondern es geht vielmehr darum, festzustellen, welche wissensrelevanten Aktivitäten bereits im Netzwerk laufen und welche Strukturen sich bewährt haben. Diese sollten weiterentwickelt und ggf. vorsichtig ergänzt werden.

- Prinzip des langsamen Wachstums
  Das Prinzip des langsamen Wachstums korrespondiert mit dem der Weiterentwicklung bewährter Praxis. Der Rückbau überdimensionierter Wissensmanagementsysteme verweist nicht nur auf überflüssige Arbeit, sondern bedeutet immer auch einen enormen Motivationsverlust und Frustrationen für die Betroffenen. Häufig gerät Wissensmanagement irreversibel in Misskredit. Aus diesem Grunde empfiehlt es sich, bescheiden und mit dem Mut zur (Wissens)Lücke anzufangen. Erst wenn sich erfolgreiche Routinen etabliert haben kann über Erweiterungsschritte nachgedacht werden.
- Prinzip des geringsten Aufwandes
  „So wenig wie möglich und so viel wie unbedingt nötig" muss die Devise heißen. Netzwerke dulden keine Überstrukturierung bzw. werden ansonsten durch Zerfall bedroht. Das Engagement in Netzwerken ist bereits für die Netzwerkakteure Zusatzarbeit. Überflüssige Anforderungen werden zunächst unengagiert abgewickelt und schließlich gar nicht mehr erfüllt.
- Prinzip der Zuständigkeit
  Das Prinzip der Zuständigkeit unterstützt das Prinzip des geringsten Aufwandes beträchtlich. Gerade in Netzwerken ist Wissensmanagement auf Selbstorganisation angewiesen und soll diese gleichzeitig stärken. Dies bedeutet, dass für jede Wissensmanagementfunktion bzw. -aktivität ein Verantwortlicher gefunden werden muss. Wird bspw. der Vorschlag gemacht, „gelbe Seiten" für das Netzwerk zu erstellen, um Transparenz über Wissenspotentiale/Kompetenzen zu schaffen, steht und fällt die Maßnahme schlicht damit, dass sich jemand findet der die Idee umsetzt und das erreichte System kontinuierlich aktualisiert (Systempflege!).

Während es an Ideengebern meistens nicht mangelt, sind Umsetzer und Pfleger rar. Dem Prinzip zufolge gilt: Erklärt sich niemand für die Umsetzung für zuständig, stirbt die Idee!

Leitlinie 3: Wissensmanagement sollte strategieorientierte und zielbezogene Handlungsfelder definieren

Auf prioritäre Handlungsfelder fokussieren!

Allzu leicht verselbständigt sich die Debatte um Wissensmanagement. Der eigentliche Bezugspunkt von Wissensmanagement gerät aus dem Blick und die angestrebten Maßnahmen erzeugen überflüssiges Wissen, welches keinen erkennbaren Beitrag zum Erreichen der Netzwerkziele leistet. Nichts ist jedoch schlimmer, als dass Wissensmanagement unnötigen Zusatzaufwand erzeugt. Aus diesem Grunde empfiehlt sich die Vergegenwärtigung der Strategie und der Ziele des Netzwerkes, bei der Klärung geeigneter Schritte zur Optimierung der Wissensorganisation. Dabei zeigt sich zudem, ob das Netzwerk überhaupt auf Basis klarer Ziele und einer damit verbundenen Strategie operiert bzw. der Rückverweis führt zur Überprüfung derselben.

Sind Ziele und Strategie präsent sollten sämtliche Initiativen und Aktivitäten zunächst auf ein bis maximal zwei zentrale Ziele konzentriert werden. Damit sind die prioritären Handlungsfelder des Wissensmanagements definiert.

Es wurde somit ein Relevanzfilter errichtet, der eine Vielzahl prinzipiell möglicher Wissensmanagementaktivitäten auf Maßnahmen mit hohem Wirkgrad konzentriert.

Leitlinie 4: Wissensmanagement sollte relevante Wissensformen und Wissensinhalte unterscheiden

Stehen die prioritären Handlungsfelder einmal im Fokus, lassen sich Aufgaben/Maßnahmen zur Zielerreichung ableiten und das hierfür erforderliche Wissen spezifizieren, d.h. erst jetzt ist präzisierbar, welches Wissen von wem zur Erfüllung dieser Aufgaben benötigt wird und wie dieses Wissen aktiviert, gebündelt, verteilt, ggf. archiviert werden soll.
Dies kann in einfacher Matrixform transparent gemacht werden. Die folgende Abbildung zeigt am Beispiel des Kompetenzzentrums, wie eine derartige Matrix aussehen kann.

Handlungsfeld 1: Entwicklung von Geschäften und Akquisition

Ziel 1: Transparenz über Wissenspotenziale vergrößern

Aufgabe	Netzwerk/ Einzelne Partner	Kernteam/ AG-Wissensmanagement	Arbeitsgruppen
A1: Kernkompetenzen identifizieren	Kurze Partnerprofile erstellen		
	In Kompetenzlandkarte KNM einordnen	Vorschlag/ Controlling	
	Jährlich Aktualisieren	Controlling	
A2: Personen besser kennen lernen	Netzwerktreffen	Vorbereitung	Kooperation in Arbeitsgruppen
	2-Tagesveranstaltung/ Übung	Vorbereitung in Kooperation mit Schulz-Algie	

Abb. 1: Aufgabenmatrix

Wissensformen

Bei der Erstellung einer derartigen Matrix ist es hilfreich zunächst zu berücksichtigen, welche Wissensformen relevant sind, da dies erhebliche Auswirkungen auf die einzelnen Maßnahmen haben kann. In Beraternetzwerken hat das personengebundene und nur schwer übertragbare implizite Wissen große Bedeutung. Damit ist eine prinzipielle andere Ausrichtung des Wissensmanagements geboten als bspw. in Netzwerken von IT- und Multimediadienstleistern, deren spezifisches Wissen sich wesentlich besser mittels IT-Technologie kommunizieren lässt. Kulturelle Unterschiede verschärfen diesen Unterschied.

Wissensinhalte

Des Weiteren hilft es die grundsätzlich relevanten Wissensinhalte zu kennen. In Netzwerken gehören dazu in aller Regel:

- Übersichtswissen bzw. Verzeichniswissen über die Kompetenzen/ Leistungsangebote/Produktpalette der Netzwerkakteure
- Wissen über laufende netzwerkrelevante Aktivitäten
- Netzwerkrelevantes Grundlagenwissen (Wissen über Arbeitsroutinen und -regeln/Arbeitsweisen/Arbeitsergebnisse)
- Wissen über die Mechanismen des Wissensaustauschs

Wissensebenen

Zudem ist in Netzwerken zu berücksichtigen, auf welcher Ebene Wissen benötigt wird. Die Informations- und Wissensflüsse sind nicht nur auf Ebene eines einzelnen Betriebes zu organisieren, sondern sie benötigen der Einwirkung auf mehrere Betriebe gleichzeitig. Neben die betriebliche Ebene treten zudem die zwischenbetriebliche und die überbetriebliche Ebene, jeweils mit eigenen Wissensanforderungen und Spezifika der Wissensorganisation.

Leitlinie 5: Wissensmanagement sollte Wissen zur Wirkung bringen und nicht konservieren

Wissen als Tiefkühlkost

Verhängnisvollerweise wird mit Wissensmanagement nicht selten versucht, jegliches potentiell wertvolle Wissen aus den Köpfen der Wissensträger zu holen, dieses zu dokumentieren, zu kategorisieren, zu archivieren und vermeintlich für Dritte leicht und schnell per EDV zugänglich zu machen. Dieser Versuch erinnert an ein Kühlschrankmodell: Wissen wird wie Tiefkühlkost abgepackt und tiefgefroren; bei Bedarf taut man sich eine Packung auf und verleibt sich den erwärmten Inhalt ein. So funktioniert es jedoch nicht. Um im Bild zu bleiben: Da mein Kühlschrank laufend von anderen weiter bestückt wird, erweist sich dieser schon bald als zu klein und zu unübersichtlich. Ich finde immer seltener was ich suche! Zudem bin ich weniger mit der Lösung meiner Probleme beschäftigt, sondern ich habe zudem die Pflicht, dauernd die Kühlschränke anderer zu füllen.

Direkte Vernetzung

Der Kardinalfehler am Kühlschrankmodell liegt in der Annahme, Wissen ließe sich prinzipiell auf diese Weise behandeln. Es gibt weite Bereiche des Wissens, die sich einer derartigen Behandlung verschließen oder wo entsprechende Versuche jegliches Kosten-Nutzenverhältnis sprengen würden. Dort wo die Bedeutung von Erfahrungswissen, d. h. die Bedeutung von Personen als Wissensträger hoch ist, erweist sich die Vernetzung von Experten und die direkte face-to-face-Kommunikation als überlegen. Netzwerke sind Erfahrungsdrehscheiben, die nur in Schwung bleiben, wenn es dem Wissensmanagement gelingt, die jeweiligen Wissensträger bzw. –geber und Wissensempfänger bzw. –nehmer zu identifizieren, zu aktivieren und so über geeignete Kommunikationsformen zu „verlinken", dass eine problemadäquate Wissensaggregation für unterschiedliche, situativ wechselnde Bedürfnisse ermöglicht wird. Die Beziehungen der Netzwerkakteure zueinander unterliegen einer hohen Dynamik, in der die Rollen als Wissensgeber und -nehmer ständig wechseln. Insofern stellt gutes Wissensmanagement sicher, genügend Situationen und Anlässe zur effektiven Wissenszirkulation zu organisieren und methodisch zu unterstützen.

Bspw. eignen sich hierzu einfache Übersichten über die im Netzwerk verfügbaren Kompetenzen und zum anderen intelligente Formen des Wissensaustauschs wie der kollegialen Fallberatung (vgl. Franz/Kopp 2003).

Die Qualität des Wissensmanagements muss sich also weniger daran messen lassen, wie viel potentiell wertvolles Wissen es zu speichern vermag, sondern wie viel Wissen zur Wirkung gebracht werden kann. Maßstab ist nicht das Potenzial, sondern der realisierte Nutzen (Performanz).

Zurückhaltung beim Technikeinsatz!

Dies ist kein Plädoyer gegen Archivierung und EDV-technologische Unterstützung. Nur sollte Archivierung kein Selbstzweck werden, sondern sich auf ein Minimum beschränken (Regeln, Vertragsformulare, Protokolle, Produktdokumentation, Statusberichte, Controllinglisten etc.). Und Technologie sollte ihrer Unterstützungsfunktion gerecht werden. Dabei ist Zurückhaltung das oberste Gebot. Diese beginnt bereits bei der Auswahl des Zeitpunkts der Technikeinführung. Angesichts der verlockenden Leistungsversprechen wird oft viel zu früh viel zu viel Aufmerksamkeit absorbiert während für dringendere Aufgaben zu wenig Zeit bleibt. Netzwerke kommen nicht selten (inklusive Wissensmanagement) eine ganze Weile oder sogar ganz ohne eigenes Intranet (bscw, sharepoint etc.) aus.

Leitlinie 6: Wissensmanagement sollte regelmäßig einem Funktionscheck unterworfen werden

Ebenso wie andere Aspekte der Netzwerkarbeit, sollte das Wissensmanagement regelmäßig geprüft werden. Dies sollte in größerem Turnus erfolgen, oder wenn sich gravierende Veränderungen der Netzwerkziele einstellen. Zur Prüfung der Qualität des Wissensmanagements bieten sich u. a. folgende Fragen an:

- Erfüllt das Wissensmanagement die Anforderungen? (adäquates Kosten-Nutzen-Verhältnis)
- Welches Wissen wird in welcher Form oft genutzt?
- Welches Wissen wird kaum genutzt? (Wissen als Müll)
- Wo sind geplante Aktivitäten nicht umgesetzt worden oder „versandet"?
- Wo haben sich Funktionen herausgebildet, die nicht genutzt werden? Woran liegt das?
- Welches Wissen fehlt noch?

Die genannten Leitlinien können einen entscheidenden Beitrag zu einem wirksamen Wissensmanagement leisten. Dabei ist zu unterstreichen, dass Wissensmanagement in Netzwerken in besonderer Weise auf die Mitwirkung der Netzwerkmitglieder angewiesen ist. Angemessene Unterstützung durch die Akteure kann jedoch nur erwartet werden, wenn deren Leistungsbereitschaft, Leistungsfähigkeit und Leistungsmöglichkeiten aufeinander abgestimmt werden.

2 Mitarbeiterzentriertes Wissensmanagement

Rahmenbedingungen

Neben den Leitlinien, die für die Planung und Durchführung eines Wissensmanagements in Unternehmensnetzwerken beschrieben worden sind, spielen die organisatorischen Rahmenbedingungen innerhalb des Unternehmensnetzwerkes eine wichtige Rolle für den Erfolg von Wissensmanagementaktivitäten. Innerhalb eines Unternehmens bzw. einer Organisation besteht im Allgemeinen die Möglichkeit des operativen Durchgriffs. Dies bedeutet, dass die Umsetzung von Maßnahmen jeglicher Art durch Anweisungen oder das Einräumen von Handlungsspielräumen für alle Beteiligten gleichermaßen unterstützt werden kann. Dies ist in Unternehmensnetzwerken in der Regel nicht der Fall. Jedes Wissensmanagementprojekt ist allerdings letztlich davon abhängig, in wie fern die beteiligten Mitarbeiter entsprechend der gesetzten Wissensmanagement-Ziele (siehe auch Leitlinie 3: Wissensmanagement sollte strategieorientiert und zielgerichtet sein) handeln. Dieses „erwünschte" Verhalten kann beispielsweise beinhalten, dass Wissen weitergegeben wird, dass eine Dokumentation neu erworbenen Wissens nach vorgegebener Struktur erfolgt oder dass mit fremdem Wissen richtig umgegangen wird. In diesem Zusammenhang können im Wesentlichen die drei Einflussfaktoren Leistungsbereitschaft (Wollen sich die Mitarbeiter entsprechend verhalten?), Leistungsfähigkeit (Haben die Mitarbeiter die Kompetenz/Fähigkeit sich entsprechend zu verhalten?) und Leistungsmöglichkeit (Lassen die organisatorischen und kulturellen Rahmenbedingungen überhaupt ein entsprechendes Verhalten zu bzw. ermöglichen sie dieses?) unterschieden werden.

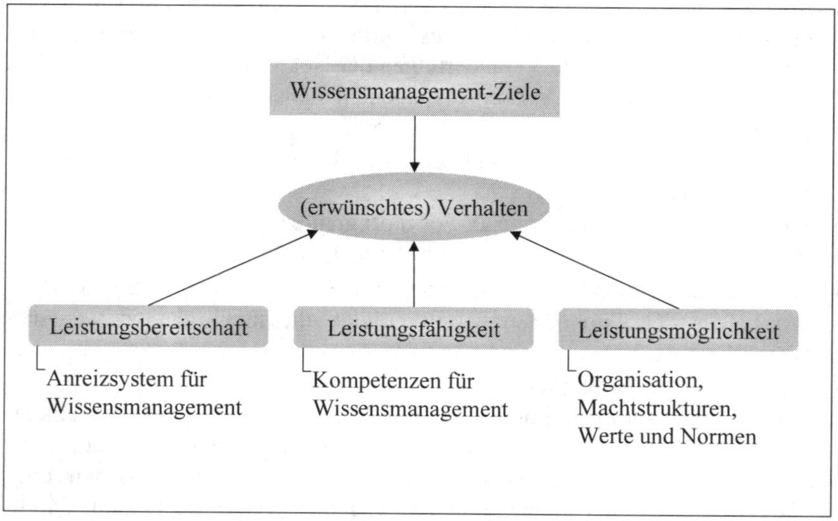

Abb. 2: Einflussfaktoren der humanzentrierten Gestaltung eines unternehmensübergreifenden Wissensmanagements (Killich, Peters 2003, 374)

Leistungsbereitschaft

Anreizsysteme

Die Leistungsbereitschaft der Mitarbeiter wird durch entsprechende Anreizsysteme unterstützt. Über die in diesem Zusammenhang häufig anzufindenden monetären Anreize gibt es eine Reihe weiterer Möglichkeiten, die Leistungsbereitschaft positiv zu beeinflussen.

Dabei wird zwischen intrinsischen und extrinsischen Anreizen unterschieden. Die intrinsischen Anreize, bei der die Ausführung einer Handlung aus sich heraus eine Belohnung darstellt (z.B. Neugier, Spaß oder Interesse), sind dabei von der Arbeitsperson selbst sowie den Arbeitsinhalten, der Arbeitsverantwortung und der Kenntnis über das Arbeitsergebnis abhängig. Extrinsische Anreize können neben den bereits angesprochenen finanziellen Faktoren auch soziale Aspekte beinhalten. Beispielsweise kann ein gutes Arbeitsklima, die Möglichkeit neue Kontakte zu knüpfen oder die Mitgliedschaft des jeweiligen Mitarbeiters in einer neuen Gruppe dazu führen, dass das Wissensmanagement von den relevanten Akteuren gelebt wird. Zusätzlich sind organisatorische Anreize zu nennen, die sich z.B. auf neue Karrieremöglichkeiten, Weiterbildungsmaßnahmen sowie zusätzliche oder flexiblere Freizeitansprüche beziehen (Bullinger et al. 2001; North 2002).

Intrinsische und Extrinsische Anreize

Die Auswahl und der letztendliche Einsatz der „richtigen" Anreizmöglichkeiten stellt in der Regel ein Problem dar:

Dilemma von Anreizsystemen

Das grundsätzliche Dilemma von Anreizsystemen ist, dass deren Erfolg zum Einen von zahlreichen Faktoren und dabei insbesondere personenbezogenen Eigenschaften abhängt und zum Anderen im Unternehmen bzw. Netzwerk gerecht und somit für viele Personen gleichermaßen gültig sein muss.

Daher werden häufig finanzielle Anreizsysteme favorisiert, da angenommen wird, dass sie für viele Personen einen wirklichen Anreiz darstellen und weiterhin auch über Unternehmensgrenzen hinaus vergleichbar sind. Der davon erhoffte Erfolg blieb oftmals aus. Ein Anreizsystem für Wissensmanagementprojekte in Unternehmensnetzwerken muss daher eine Reihe unterschiedlicher Anreizarten beinhalten, um den unterschiedlichen organisatorischen und personenbezogenen Unterschieden gerecht zu werden.

Neben der Frage, was den eigentlichen Anreiz darstellen kann (dies wird auch als Instrumentaldimension von Anreizsystemen bezeichnet), ist die Bemessungsgrundlage wichtig, also die Frage, was zu dem eigentlichen Anreiz führen soll. Dies stellt sich gerade im Bereich des Wissensmanagements problematisch dar, weil der Wert eines Wissensobjektes oder einer Information sich auf einen bestimmten Einsatzkontext, bzw. eine spezifische Fragestellung bezieht und somit nicht allgemein gültig bestimmt werden kann. Darüber hinaus muss die Bewertung des Wissens möglichst wenig Aufwand für die beteiligten Personen nach sich ziehen.

Bemessungsgrundlage

Leistungsfähigkeit

Während bei der Leistungsbereitschaft die Frage im Vordergrund steht, ob die Mitarbeiter sich entsprechend verhalten wollen, ist hier die Fähigkeit bzw. Kompetenz der Personen von besonderem Interesse. Es können dabei folgende Kompetenzklassen unterschieden werden (Erpenbeck 1999; Erpenbeck/von Rosenstiel 2003):

Kompetenz

- Personale Kompetenz:
  In wie weit kann die Person selbstorganisiert handeln (d.h. sich selbst einschätzen, produktive Einstellungen, Werthaltungen, Motive und Selbstbilder entwickeln)?

Kompetenzklassen

- Aktivitäts- und umsetzungsorientierte Kompetenz:
  Kann die Person aktiv und gesamtheitlich selbstorganisiert handeln (d.h. Absichten Vorhaben und Pläne für sich selbst oder auch für andere umsetzen)?
- Fachlich-methodische Kompetenz:
  In wie weit kann die Person zur Lösung eines sachlich-gegenständlichen Problems geistig und psychisch selbstorganisiert handeln (d.h. fachliche und instrumentelle Kenntnisse, Fertigkeiten und Fähigkeiten einsetzen)?
- Sozial-kommunikative Kompetenzen:
  In wie weit kann die Person kommunikativ und kooperativ selbstorganisiert handeln (d.h. sich kreativ mit anderen auseinander- und zusammensetzen, gruppen- und beziehungsorientiert handeln)?

Diese Einteilung in Klassen stellt dabei die gesamte Breite der potentiell relevanten Kompetenzen dar. Welche der jeweiligen Kompetenzen für das spezifische Wissensmanagementprojekt im Vordergrund steht, kann nicht allgemein gültig angegeben werden, sondern ist von der Zielsetzung und den daraus abgeleiteten Maßnahmen abhängig. Diese Klassifikation dient dementsprechend eher dazu, bei der Planung und Gestaltung eines Wissensmanagementprojektes zu überprüfen, welche spezifischen Kompetenzen notwendig und an den erforderlichen Stellen im Unternehmen auch vorhanden sind. Die Unternehmensstruktur und -kultur hat dabei einen großen Einfluss auf die vorhandenen Kompetenzen. Beispielsweise fördern Team- und Gruppenarbeitsstrukturen sowohl die sozial-kommunikative als auch aktivitäts- und umsetzungsorientierte Kompetenz der beteiligten Mitarbeiter, so dass in einem Unternehmensnetzwerk die Voraussetzungen sehr unterschiedlich sein können. Vor dem Hintergrund, dass die Messung und Vermittlung von Kompetenzen mit einem großen Aufwand verbunden ist, ist auch in diesem Zusammenhang die Umkehrung der Suchrichtung zur „intelligenten Askese“ empfehlenswert.

Leistungsmöglichkeit

Während sich die Leistungsbereitschaft und –fähigkeit auf personenbezogene Aspekte bezieht, stehen bei der Leistungsmöglichkeit die Voraussetzungen bzw. Rahmenbedingungen für die jeweilige Person im Vordergrund. Die Leistungsmöglichkeit kann dabei in die relevanten Aspekte der Organisation und Werte/Normen unterteilt werden.

Aufbauorganisation

Unter Organisation wird die aufbau- und ablauforganisatorische Planung und Umsetzung eines Wissensmanagementprojektes zusammengefasst. Die Aufbauorganisation eines Netzwerkes bzw. einer zwischenbetrieblichen Kooperation bestimmt dabei, wie eng die Vernetzung der Kooperationspartner ist und wie die Machtstrukturen in dem Netzwerk verteilt sind. Beispielsweise ist ein so genanntes Einfluss-Projektmanagement dadurch gekennzeichnet, dass die disziplinarische Unterstellung der an der Kooperation teilnehmenden Mitarbeiter ausschließlich in den einzelnen Unternehmen verbleibt (Killich/Luczak 2003, 182). Bei dem reinen Kooperationsmanagement hingegen wird ein unternehmensübergreifender Projektleiter bestimmt, der auch der disziplinarische Vorgesetzte aller am Kooperationsteam partizipierenden

Mitarbeiter ist. Die Wahl der Aufbauorganisationsform hängt sehr stark von dem eigentlichen Kooperationsziel und den damit verbundenen Kooperationsaktivitäten ab. Das Wissensmanagement spielt im Allgemeinen dabei eine untergeordnete Rolle. Dennoch ist bezogen auf Wissensmanagement ein reines Kooperationsmanagement zu bevorzugen, da in dieser Koordinationsform in der Regel eine engere Bindung zwischen den einzelnen Personen besteht.

Ablauforganisation

Die relevanten Aspekte der Ablauforganisation sind bereits durch die sechs Leitlinien für das Wissensmanagement dargestellt worden.

Werte und Normen

Werte und Normen sind in Unternehmensnetzwerken von besonderer Bedeutung, da die in einem Unternehmen etablierten Standards nicht direkt auf das Netzwerk übertragen werden und sich auch stark voneinander unterscheiden können. Für ein erfolgreiches Wissensmanagement über Unternehmensgrenzen hinweg sind die folgenden kulturellen Werte/Normen von zentraler Bedeutung:

- Zusammengehörigkeitsgefühl:
  Wird Wissen gerne geteilt?
  Geschieht dies auf spontaner Basis oder müssen von außen Anstöße gegeben werden?
  Werden die gleichen Wissensziele verfolgt?
- Fehlertoleranz:
  Werden Fehler als Nutzen angesehen?
  Entsteht durch einen Fehler eine Benachteiligung eines Mitarbeiters?
- Vertrauen:
  Ist man bereit, von anderen zu lernen?
  Kann Wissen mitgeteilt werden, ohne zu fürchten, dass dies der Kooperationspartner zu eigenen Zwecken ausnutzt oder an externe weitergibt?
- Aufgeschlossenheit für Neues:
  Wird von der Führung Kreativität geschätzt und werden Freiräume geschaffen?
- Selbstverantwortung:
  Hier stehen neben den bereits beschriebenen personalen Kompetenzen die organisatorischen Freiräume im Vordergrund, ob die Mitarbeiter Entscheidungen selber treffen können.
- Mitarbeiterorientierung:
  Werden die Mitarbeiter qualifiziert bzw. geschult oder in die Planung des Wissensmanagementprojektes einbezogen?
  Die beschriebenen Faktoren beziehen sich dabei sowohl auf die einzelnen Unternehmen und somit deren kulturellen Unterschiede als auch auf das Netzwerk und die Werte und Normen, die sich in der Kooperation zwischen den Unternehmen ausbilden.

Fazit

Das Scheitern von Wissensmanagement war bisher wahrscheinlicher als das Gelingen. Dies lag weniger an fehlenden Tools, Instrumenten und Methoden als vielmehr an Managementfehlern bei der Einführung von Wissensmanagement (vgl. Howaldt u. a. 2003). Dazu gehören u. a. mangelnde Zielorientierung und Zielbindung, falsche Prioritätensetzung, suboptimaler Technikeinsatz, Unterschätzung der Aufwände und vor allem Archivorientierung (Wissen speichern) anstelle von Nutzenorientierung (Wissen zur Wirkung bringen). Diese Probleme lassen sich vermeiden oder reduzieren, indem die genannten Leitlinien als Orientierungshilfe genutzt werden.[3] Wissensmanagement gelingt es aber erst dann aus der Zumutung des Wissens eine Ermutigung zu machen, wenn die Mitarbeiter bei der Planung und Gestaltung des unternehmensübergreifenden Wissensmanagements berücksichtigt werden. Dabei steht im Vordergrund, dass die jeweiligen Personen entsprechend der gesetzten Ziele handeln wollen (Leistungsbereitschaft) und können (Leistungsfähigkeit und Leistungsmöglichkeit). Da Unternehmensnetzwerke und die darin umzusetzenden Wissensmanagementaktivitäten sehr unterschiedlich ausgeprägt sein können, ist die Vorgabe einer standardisierten Vorgehensweise nicht zielführend. Daher sind in diesem Beitrag die zu beachtenden Einflussfaktoren im Rahmen von Leitlinien und Gestaltungshinweisen aufgeführt.

Literatur

Baecker, D. (2000): Die „andere Seite" des Wissensmanagements. In: Götz, K. (Hg.): Wissensmanagement. Zwischen Wissen und Nichtwissen. München/Mehring, 99 - 111

Bullinger, H.-J., Rüger, M., Koch, A., Staiger, M., (2001): Knowledge meets Motivation – Anreizsysteme im Wissensmanagement. Stuttgart

Erpenbeck, J. (1999): Die Kompetenzbiographie – Strategien der Kompetenzentwicklung durch selbstorganisiertes Lernen und multimediale Kommunikation. Münster

Erpenbeck, J.; von Rosenstiel, R. (2003): Handbuch Kompetenzmessung. Stuttgart

Franz, H.-W.; Kopp, R. (Hg.) (2003): Kollegiale Fallberatung. State of the art und organisationale Praxis. In: Edition Humanistische Psychologie (EHP), Köln

Heisig, P., Vorbeck, J., (2001): Benchmarking Survey Results. In: Mertins, K., Heisig, P., Vorbeck, J. (Ed.), Knowledge Management – Best Practices in Europe. Berlin, 97 – 123

Howaldt, J.; Klatt, R.; Kopp, R. (2003): Interorganisationales Wissensmanagement im Kontext wissensintensiver Dienstleistungen. In: Peter, G.; Katenkamp, O.: Medienzukunft heute. Die Praxis des Wissensmanagement. Münster, 196 - 194

Katenkamp, O. (2003): Quo vadis Wissensmanagement? Eine Literaturübersicht zur Einführung von Wissensmanagement in der Wirtschaft. In: Arbeit, H.1,16 – 35

Killich, S.; Luczak, H. (2003): Unternehmenskooperation für kleine und mittelständische Unternehmen. Lösungen für die Praxis. Berlin

[3] Wer darüber hinausgehende Hilfestellungen bei der Errichtung eines wirksamen Wissensmanagementsystems in Netzwerken benötigt und die notwendigen Kompetenzen aufbauen möchte, kann dies mit der im crosscomp-Projekt entwickelten Lernunterstützung, bestehend aus E-learning, E-tutoring, kombiniert mit Präsenzworkshops tun. Informationsmöglichkeiten unter www.crosscomp.de

Killich, S.; Peters, M. (2003): The Interest of employees in Knowledge Sharing. In Luczak, H.(Hg.); Zink, K.J.(Hg.): Human Factors in Organizational Design and Management - VII. Santa Monica, CA, 373 - 378

Kieser, A. (1999): Wie managt man die Managementmethode Wissensmanagement? Ratio, Nr. 3

North, K. (2002): Wissensorientierte Unternehmensführung – Wertschöpfung durch Wissen. Wiesbaden

Romhardt, K. (2002): Wissensgemeinschaften. Orte lebendigen Wissensmanagements. Dynamik – Entwicklung – Gestaltungsmöglichkeiten. Zürich

Leitbildentwicklungen in Kooperationen

Thomas Becker

Leitbilder erfreuen sich als Steuerungsinstrument für Organisationen aktuell einer gewissen Beliebtheit: sie organisieren und strukturieren Zieldefinitionsprozesse in Organisationen, sie können – richtig eingesetzt – stark indentitätsstiftend wirken und somit unnötige Transaktionskosten in Prozessen verringern, oder aber letztlich nicht mehr sein als künstliche Floskeln, die in Form von Hochglanzbroschüren in Schreibtischen verstauben – und das gilt gleichermaßen für die Entwicklung von Leitbildern für Netzwerke.
„Leitbilder bieten insbesondere in Veränderungsprozessen, die von großer Offenheit und Unsicherheit für die Beteiligten geprägt sind, richtungweisende und handlungsleitende Vorstellungen von Normen, Werten und Arbeitsweisen. Sie ermöglichen damit eine Orientierung, Motivation und Koordination der Tätigkeiten der einzelnen Mitarbeiter in ihren Funktionsbereichen und Unternehmen. Leitbilder lenken dabei nicht über Gesetze oder Vorschriften. Sie basieren auf Überzeugung und Freiwilligkeit." (Ellerkmann 2003, 84)
Die besondere Herausforderung für Kooperationen bei der Leitbildentwicklung besteht nicht zuletzt darin, dass ein gemeinsames Leitbild unter Umständen mit den Leitbildern der Einzelorganisationen kollidiert, wobei in der Regel davon auszugehen ist, dass die Bindung der Akteure an die Einzelorganisationen stärker ist als an die Kooperation als eigene Organisation.
In allen beteiligten Organisationen existieren bereits Leitbilder – teils formell verabschiedet, teils unausgesprochen, innerhalb von Netzwerken ist die Formulierung eines Leitbildes deshalb in der Regel schwieriger, weil Partner aus unterschiedlichen Organisationen und mit unterschiedlichen Interessen beteiligt sind; Kooperationen besitzen in der Regel auch keine Organisationsgeschichte, aus der heraus sich vermittelt über ‚Legenden' häufig unausgesprochene Leitbilder entwickeln. Leitbilder können allerdings gerade für Kooperationen Fragen nach dem Sinn und der Funktion des Netzwerks, den Werten, die gelebt werden, den Entwicklungszielen, den Spielregeln der Zusammenarbeit und des Führungsstils sowie der Netzwerkkultur beantworten.
Die Wirkung von Leitbildern wird dabei im Wesentlichen bestimmt von der Art und Weise, wie sie entwickelt, implementiert und gelebt werden. Die Entwicklung und Implementierung ist somit die Chance, ein gemeinsames Verständnis der Kooperation und deren zukünftigen Strukturen zu entwickeln, dabei unterschiedliche „Bilder" einzubringen und zu einer weitgehend verbindlichen Leitlinie für alle werden zu lassen.

1 Phasen der Leitbildentwicklung in Kooperationen

Aufbauend auf den Erfahrungen im Kompetenzzentrum Netzwerkmanagement beim Aufbau von Leitbildern für Kooperation lassen sich systematisch drei Phasen abgrenzen:

1. Initialisierungsphase: Mit den Akteuren der Kooperation werden die einzelorganisatorischen und persönlichen Leitbilder und der Rahmen, in dem das Leitbild für die Kooperation geklärt, bzw. weiterentwickelt werden soll, erarbeitet. Die Ziele der Leitbildentwicklung werden definiert und das Einverständnis über den Prozess bei den Partnern eingeholt.
2. Entwicklungsphase: Mit einer Arbeitsgruppe unter Beteiligung der relevanten Akteure aus den Einzelorganisationen wird der erste Entwurf eines Leitbilds erarbeitet. Dabei werden die Geschichte der Kooperation, die Leistungen und die Erwartungen der Kooperationspartner einbezogen, aber auch visionäre Aspekte berücksichtigt. Anschließend wird das Ergebnis innerhalb der Kooperation und der Einzelorganisationen konsolidiert.
3. Implementierungsphase: Mit der Arbeitsgruppe wird entschieden, in welcher Form das Leitbild implementiert wird. Hierzu eignen sich partizipative Methoden, wie z.B. Open Space etc., aber auch Arbeit in Teams, bzw. Einzelunternehmen. Beim letzteren Vorgehen kann ein gemeinsames, Schnittstellen übergreifendes Erlebnis der Leitbildimplementierung geschaffen werden. Dies kann auch mit einem ansonsten im Netzwerk üblichen Anlass verknüpft sein.

2 Der Nutzen von Leitbildern

Das Ergebnis dieses Entwicklungsprozesses ist ein konkretes, schriftlich festgehaltenes, transparentes und von den Akteuren getragenes Leitbild. Das Netzwerk definiert damit das Ziel der weiteren Entwicklung, orientiert und positioniert die Kooperation am Markt (hinsichtlich Absatzmärkten und Wettbewerb) und definiert Erfolgskriterien und Benchmarks sowohl für das Innen- als auch für das Außenverhältnis - das Leitbild wirkt somit identitätsstiftend und ist Grundlage für die gemeinsame konkrete Strategieentwicklung.

Leitbilder helfen somit gerade Kooperationen in der Anfangsphase oder in konfliktuären Situationen, Klarheit und Transparenz nach innen und außen zu vermitteln und sich dadurch verstärkt auf das Wesentliche in ihrer Arbeit zu konzentrieren.

Ein Leitbildprojekt ist häufig der Auslöser für weitere Entwicklungsmaßnahmen innerhalb der Kooperation. Neben dem eigentlichen Leitbild gibt es zum Abschluss einer Leitbildentwicklung als Ergebnis meist weitere Projektideen, die helfen, interne operative Prozesse zu optimieren. Das bedeutet, dass dem Prozess im Rahmen eines Leitbildprojekts große Wichtigkeit beigemessen werden muss. Folgende Fragen können dabei als Orientierung dienen:

- Wie können wir sowohl unsere Verhaltens- als auch unsere Geschäftsziele transparenter formulieren?
- Wer sind unsere Kunden? Wen identifizieren wir als relevante Stakeholder und welche Strategien verfolgen wir ihnen gegenüber?
- Welche Werte bilden die Grundlage unserer Entscheidungen und Handlungen innerhalb der Kooperation?
- Welche Abgrenzungen und Schnittmengen gibt es mit dem Selbstverständnis der Einzelorganisationen?

3 Detaillierte Vorgangsweise und Arbeitsschritte

Im Rahmen des Kompetenzzentrums Netzwerkmanagement wurden in einer Arbeitsgruppe Module und konkrete Arbeitsschritte entwickelt, die Entwicklungsprozesse für Kooperationsleitbilder strukturieren können. Denn wie wir bereits erläutert haben, müssen wirkungsvolle Leitbilder von den relevanten Akteuren im Netzwerk akzeptiert sein. Um dies zu ermöglichen, sollte eine möglichst intensive Einbeziehung der Kooperationspartner in die Leitbildentwicklung gewährleistet sein. Dafür schlägt die Arbeitsgruppe folgende Arbeitsschritte vor, die als Grundlage für konkrete Entwicklungsprozesse dienen kann. Im Einzelfall werden die einzelnen Arbeitsschritte an die Situation und die Ziele der Kooperation angepasst.

Vorgangsmodell zur Leitbildentwicklung in Kooperationen
1. Vorklärung (Prozessziele, Einverständnis der Beteiligten einholen etc.)
2. Vision entwickeln (im Sinne von: was gewinnen wir mit einem Leitbild?)
3. Gemeinsame Analyse der externen Chancen, Trends und Risken und der internen Stärken und Schwächen der Kooperation
4. Erarbeitung des Selbstbilds der Kooperation
5. Fremdbild von relevanten Stakeholdern formulieren (sowohl interne als auch externe Akteure, Aufnahme von Leitbildern der Einzelorganisationen)
6. Vision überprüfen, Ziele definieren
7. Leitbildentwurf in einer dafür geschaffenen Projektgruppe
8. Mehrere Feed-back-Schleifen innerhalb der Kooperation und den beteiligten Personen und Organisationen zur Konsolidierung des Leitbilds
9. Formulierung und formale Verabschiedung einer Endfassung
10. Konkrete Umsetzungsmaßnahmen ableiten

Diese Arbeitsschritte beschreiben ein allgemeines Vorgangsmodell und müssen auf die spezifischen Anforderungen eines Netzwerkes angepasst werden. Dieses Vorgehen kann somit als Grundlage für einen erfolgreichen Leitbildprozess und für die Einführung des Leitbildes dienen. Effekt des hier beschriebenen beteiligungsorientierten Modells ist ein Leitbild, das

- sich an den individuellen Gegebenheiten des Netzwerks orientiert;
- unterschiedliche Interessen der Netzwerkpartner berücksichtigt;

- Ergebnis eines geregelten Diskurses im Netzwerk ist;
- unter ganzheitlichen Aspekten erarbeitet wird, d.h. es wird nicht nur Wert auf die Qualität des Ergebnisses, sondern auch auf die Qualität des Prozesses gelegt;
- die Ausformulierung einer transparenten Gesamtstrategie für das Netzwerk unterstützt.

Der Leitbildprozess wird somit auch zu einem Instrument der strategischen Führung innerhalb von Organisationsformen, die sich aufgrund ihrer internen Strukturen nicht für die Anwendung von klassischen Führungsinstrumentarien eignen, die auf einer Ungleichverteilung von Macht basieren. Damit schafft nicht nur das eigentliche Leitbild sondern auch der Prozess eine Grundlage für Führung und Zielorientierung in Kooperationen.

Auswirkungen von strukturierten Leitbildprozessen in Kooperationen

- Erhaltung von Motivation für die Arbeit innerhalb der Kooperation;
- Schaffung eines gemeinsamen Orientierungsrahmen und damit erhöhte Sicherheit;
- Standortbestimmung, Perspektivenklärung und Zielfindung;
- Verbindung von Zukunftsvorstellungen mit konkreten Grundlagen und Handlungsvoraussetzungen;
- Basis für das strategische und normative Management;
- größere Entscheidungssicherheit;
- Profilbildung und Signalwirkung;
- Anstöße für die Entwicklung von Qualitätsstandards.

Die Umsetzung von Maßnahmen, die innerhalb des Prozesses der Leitbildentwicklung erarbeitet wurden, sollte fester Baustein im Rahmen des Prozesses sein. Denn die Umsetzung ist Prüfstein für die Qualität der Ergebnisse und des Prozesses. Sie kann bereits parallel mit der Erarbeitung des Leitbildes im Netzwerk beginnen und führt somit schon relativ früh zu Erfolgserlebnissen und kann dazu beitragen, die Kooperationspartner weiterhin zu motivieren.

Der Leitbildentwicklungsprozess ist in aller Regel nicht frei von Konflikten und organisatorischen Schwierigkeiten. Einige Punkte sind aus den bisherigen Erfahrungen besonders kritisch.

Risiken bei der Leitbildentwicklung in Kooperationen

- Unternehmensleitbilder werden von einzelnen starken Kooperationspartnern weitgehend vorgegeben;
- unzureichende Beteiligung der wichtigen Akteure innerhalb der Kooperation;
- fehlende Akzeptanz des Leitbildes durch zentrale Akteure;
- Unrealistische Formulierungen;
- unzureichende Organisation des Prozesses;
- unzureichende Maßnahmen der netzwerksinternen und -externen Verbreitung;
- unzureichende Maßnahmen der Information und Aufklärung intern und extern.

Auf Grundlage der bisherigen Ausführungen können entsprechende praxisnahe Module für einen Leitbildentwicklungsprozess angeboten werden. Die folgende Beschreibung gibt einen Überblick über Ziele, mögliche Strukturierungen und Methodiken; außerdem werden Anhaltspunkte für den mit den einzelnen Modulen verbunden Aufwand gegeben. Selbstverständlich variiert der Aufwand in Abhängigkeit von den Bedingungen innerhalb der konkreten Kooperation.

Praxismodule für die Leitbildentwicklung in Kooperationen
Modul A: Vorgehenskonzept (umfasst die Arbeitsschritte 1 - 2) Ausgangsbasis: Die an der Leitbildentwicklung beteiligten Personen verfügen über eine unterschiedliche Wissensbasis, die Ziele für einen Leitbildentwicklungsprozess sind unklar, die Zustimmung für einen Leitbildentwicklungsprozess ist nicht bei allen Partnern vorhanden. Ziel: ein tragfähiges Fundament für die anstehende Leitbildentwicklung schaffen. Inhalt: Das Modul A bringt alle Beteiligten auf den gleichen Wissensstand bezüglich der Funktion des Leitbilds, den Phasen der Leitbildentwicklung und den Auswirkungen auf Arbeitsprozesse, Organisationsgestaltung und Kommunikation. Etablierung einer Arbeitsgruppe und Anbindung an die Einzelorganisationen. Der Nutzen einer Leitbildentwicklung und Ziele werden geklärt, Visionen entwickelt und Widerstände erkannt und aufgegriffen. Dauer: ca. ein bis zwei Monate, evtl. einzelne Auftaktveranstaltung
Modul B: Entwurf des Netzwerkleitbildes (umfasst die Arbeitsschritte 2-6) Ausgangslage: Die an der Leitbildentwicklung beteiligten Personen verfügen über das notwendige Wissen bezüglich Leitbildentwicklung, die Ziele für eine Leitbildentwicklung sind geklärt, die einzelnen Partner sind mit der Entwicklung einverstanden. Ziel: Aufbau eines effizienten Prozesses, Beteiligung aller relevanten Kooperationsakteure und die Erarbeitung eines ersten Entwurfs. Inhalt: Durchführung von verschiedenen Workshops, Konsolidierung der Vorstellungen nach innen, Abgleich des Selbstbildes mit unterschiedlichen Fremdbildern. Durch externe Moderation kann dieser Prozess unterstützt werden. Dauer: ca. zwei Monate
Modul C: Leitbildentwicklung (umfasst die Arbeitsschritte 7-9) Ausgangslage: Die beteiligten Partner haben die Grundlage für ein Leitbild erarbeitet, ein erster Entwurf liegt vor. Ziel: Präzisierung des Leitbildes und Verabschiedung Inhalt: Das Leitbild muss in Zusammenarbeit mit den Einzelorganisationen abgestimmt werden. Zielkonflikte werden aufgedeckt und geklärt. Die Ergebnisse werden aus den vorhandenen Materialien kondensiert und die Kernaussagen einprägsam formuliert und unter Kommunikationsaspekten gestaltet.

Dauer: Arbeitsschritt 7 je zwei Tage bei den Beteiligten; Arbeitsschritt 8 erfordert betriebsbezogenes Arbeiten, mind. ½ Tag pro Betrieb; Arbeitsschritt 9 ca. je einen Tag.
Modul D: Leitbildimplementierung (umfasst den Arbeitsschritt 10) Ausgangslage: Das Leitbild ist durch die Partner und gemeinsam mit den Einzelorganisationen erarbeitet und formuliert worden. Ziel: Nicht direkt an der Kooperation beteiligte Mitarbeiterinnen und Mitarbeiter aus den Einzelunternehmen lernen das Leitbild und seine Bedeutung kennen, das Leitbild wird gegenüber Kunden und Öffentlichkeit kommuniziert. Inhalt: Das Modul ermöglicht den beteiligten Mitarbeiterinnen und Mitarbeitern der Einzelorganisationen die Auswirkungen des Netzwerkleitbilds auf ihre Arbeitssituation zu definieren (Pflichten, Möglichkeiten, Rechte) (Zum Beispiel durch Open Space Veranstaltungen o.ä.) Außerdem können konkrete Maßnahmen identifiziert und umgesetzt werden, die die weitere Kooperationsarbeit unterstützen.

Die Ergebnis- und Prozessqualität hängt dabei entscheidend von der Partizipation der Beteiligten ab. Somit haben Leitbilder in Kooperationen häufig einen stärkeren Verbindungs- und Orientierungscharakter als Leitbilder in Einzelorganisationen, da der Aushandlungsprozess bewusster und offener gestaltet werden muss als dies häufig in traditionellen Organisationstypen geschieht. Leitbilder sind somit ein zentrales Arbeitsmittel für die Ausgestaltung von Kooperationsbeziehungen.

4 Projektmanagement in Kooperationen

Gerade für arbeitsteilig organisierte Kooperationen, in denen besonders die Komplementarität der Einzelleistungen die spezifische Qualität der Leistungsangebote im Außenverhältnis bestimmt, ist ein professionelles Projektmanagement notwendig, um sorgfältig bearbeitete und qualitativ hochwertige Produkte und Dienstleistungen anbieten zu können. Dabei ist die Situation von Kooperationen auf den ersten Blick vergleichbar mit stark diversifizierten Großunternehmen, die für die Durchführung von Kundenprojekten ebenfalls auf in der Organisation verteilte Ressourcen zurückgreifen müssen, ohne dass die Projektleitung auf disziplinarische Weisungsbefugnisse zurückgreifen könnte.

Dennoch gibt es im Vergleich wesentliche Unterschiede, (a) verfügen Großunternehmen in der Regel über organisatorische Lösungen, um Probleme z.B. bei der Ressourcenbereitstellung zu lösen und (b) können die Einzelinteressen der Kooperationspartner insbesondere auch in Hinblick auf wirtschaftliche Ziele divergieren.

Dabei meinen wir hier, wenn wir von Kooperationen sprechen, Netzwerke aus Einzelunternehmen, die über eine Kooperationsvereinbarung oder ähnliche Instrumentarien eine Zusammenarbeit anstreben, die von den komplementären Kompetenzen der Partner profitieren. Weniger im Fokus stehen hingegen formale Kooperationen wie z.B. der Arbeitsgemeinschaft oder eine auf Zeit gegründete GmbH für die Abwicklung eines spezifischen Projekt, da dann in diesen Fällen andere organisatorische Rahmenbedingungen gelten, die sich enger an Projektmanagementprozessen aus Einzelunternehmen orientieren.

Projektorganisation

Ausgangspunkt beim Aufbau von Projektmanagementstrukturen für Kooperationen muss demnach in einem ersten Schritt die Festlegung einer Projektorganisation sein. In den meisten Fällen wird sich eine Organisationsform in Anlehnung an eine Matrixorganisation als praktikabel herausstellen: Mitarbeiter aus den Einzelunternehmen wenden einen bestimmten Anteil ihrer Arbeitszeit für Leistungen der Kooperation auf. In Hinblick auf eine klare Ausarbeitung der Projektstruktur und vor allem auch kaufmännischer Aspekte der Projektabwicklung sind in diesem Zusammenhang vor allen Dingen folgende Fragen zu klären:

- Gibt es eine klare Zielformulierung für das Projekt, die von allen Partnern getragen wird?
- Übernimmt ein Partner die Rolle der Projektleitung und wenn ja, mit welchen Rechten und Pflichten wird er gegenüber den Kooperationspartnern und gegenüber einem externen Kunden ausgestattet?
- Werden die Anteile der Arbeitszeit der einzelnen Mitarbeiter, die für das Einzelprojekt aufgewendet werden, pauschal abgerechnet oder in Höhe und Leistungsumfang nachgewiesen?

Eine klare Rollendefinition zu Beginn des Projektes kann spätere Verzögerungen und Unklarheiten vermeiden. Hilfreich ist dafür im Vorfeld eines Projektes auch eine ausführlichere Stakeholder-Analyse, die bei der Identifizierung und frühzeitigen Einbindung von unterschiedlichen Interessen innerhalb und außerhalb der Kooperation helfen kann.

Klar definierte Strukturen zu Projektbeginn sind eine wichtige Vorraussetzung für den Erfolg von Kooperationsprojekten.

Projektcontrolling

Ein besonderes Problem ergibt weiterhin aus der Ermittlung der Projektkosten, sowohl im Hinblick auf die Aufstellung eines entsprechenden Gesamtbudgets als Planungsgrundlage und somit auch als Grundlage für eine Wirtschaftlichkeitsbetrachtung, als auch im Hinblick auf die Ermittlung der Ist-Kosten während der Projektabwicklung. Denn es ist in der Regel davon auszugehen, dass die beteiligten Kooperationspartner über unterschiedliche Kostenrechnungs- und Controllingverfahren verfügen, die nicht ohne weiteres zusammengeführt werden können. Unterschiedliche Stundensätze, Gemeinkostenanteile und Controllingformate machen die Aufstellung eines Projektbudgets und ein anschließendes Projektcontrolling schwierig.

Eine Lösung besteht darin, das Projekt unter Kostengesichtspunkten als Einzelunternehmen zu betrachten, das bestimmte Leistungen bei den Kooperationspartnern einkauft und entsprechend Leistungen an Dritte verkauft. Damit sind aber zentrale Fragen nach wie vor ungelöst, (a) zu welchen Preisen wird intern verrechnet und wie transparent werden diese internen Preise kalkuliert?, (b) welche Erwartungen an Ergebniskennziffern werden definiert, z.B. EBIT-Vorgaben, und welche Anteile an solchen Vorgaben werden für die einzelnen Kooperationspartner wie verbindlich vorgegeben? (c) wie werden ggf. Gewinne auf die beteiligten Kooperationspartner verteilt?

Projektvereinbarung

Sowohl die Projektorganisation als auch die Regelungen für Budgetierung und Controlling sollten nach Möglichkeit in einer *Projektvereinbarung* festgelegt werden. Darin legen alle beteiligten Kooperationspartner fest, welche Rahmenbedingungen für das konkrete Projekt vereinbart worden sind, z.B. Ergebnisziele, Verrechnungssätze, Rechte und Pflichten der Projektleitung, Kalkulationsgrundlagen und Budget etc. Nachzudenken wäre in verschiedenen Konstellationen über die Einrichtung eines Entscheidungsgremiums, äquivalent zu einem Steering Committee oder Lenkungskreis, die in Einzelunternehmen mit Projektgeschäft häufig als Eskalationsmöglichkeit eingerichtet werden. Grundlagen der Geschäftsgestaltung sollten bereits in einer Kooperationsvereinbarung allgemein festgelegt sein. Die Projektleitervereinbarung regelt dann Einzelheiten für ein einzelnes konkretes Projekt. Die Projektleitervereinbarung regelt im Gegensatz zu einem Vertrag mit einem Kunden das Innenverhältnis, insbesondere Vereinbarungen über Verantwortungsbereiche der Beteiligten, zugesicherte Ressourcen und Ergebnisziele (sowohl Geschäfts- als auch Verhaltensziele).

Die Projektvereinbarung regelt die Ziele, Verantwortungsbereiche und Verpflichtungen der Kooperationspartner für ein konkretes Projekt.

Für das Projektmanagement in Kooperation ist neben der Aufstellung von Budgetplanungen auch die Erstellung von Termin- und Ressourcenplänen eine besondere Herausforderung. Meilensteine, Projektphasen, die Terminierung von Arbeitsschritten müssen mit verschiedenen Partnern abgestimmt werden, genauso wie die Verfügbarkeit von Ressourcen. Da mit der Beteiligung von mehreren Unternehmen auch die Komplexität der Projekte steigt, bedeutet Termin- und Ressourcenplanung einen Mehraufwand gegenüber Projektplanung, die für Einzelunternehmen aufgestellt werden. Gerade in der Planungsphase ist demnach die Beteiligung aller beteiligten Kooperationspartner besonders wichtig, insbesondere z.B. bei der Durchführung von Schätzklausuren und anderen Planungsrunden.

Für Kooperationen mit komplexem und wiederkehrendem Projektgeschäft lohnt es sich unter diesen Voraussetzungen sicherlich über geeignete verteile Softwarelösungen nachzudenken. Mehrere Anbieter sind mit verschieden Lösungen und unterschiedlichen finanziellen und administrativen Ansprüchen am Markt vertreten. Mindeststandard sollte dabei eine webbasierte Groupwarelösung sein, die zumindest eine gemeinsame Terminkoordination, eine Aufgabenverwaltung und Dateiaustausch und –archiverung beinhaltet. Komplexere Lösungen wie z.B. die Microsoft Project Umgebung bieten ebenfalls skalierbare Alternativen.

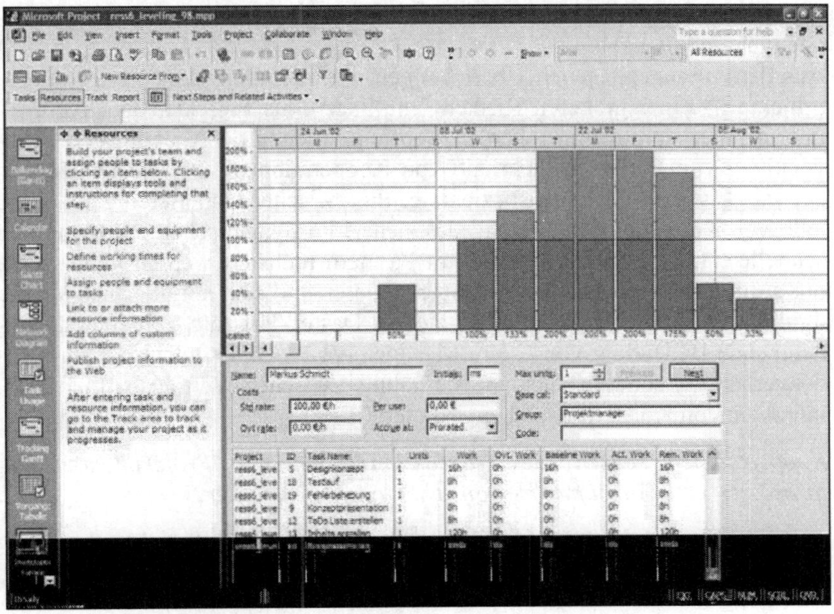

Abb. 1: Ressourcenplanung mit MS-Projekt

Software löst allerdings keine organisatorischen und strukturellen Probleme. Mit dem Einsatz einer Groupware wird aus Einzelunternehmen noch keine erfolgreiche Kooperation für das Projektgeschäft.

Auch für die Nutzung von derartigen elektronischen Lösungen für das Projektgeschäft müssen aber innerhalb der Kooperation Regeln vereinbart werden: welche Informationen werden wie und von wem gesammelt, aufbereitet und elektronisch verfügbar gemacht. Um das Projektgeschehen aktuell abzubilden und ein Controlling des Projektfortschritts zu ermöglichen, müssen alle Kooperationsbeteiligten aktuelle Daten liefern. Insbesondere bei kooperierenden kleinen und mittleren Unternehmen, die in dynamischen Umfeldern agieren müssen, wird die regelmäßige Datenpflege für Kooperationsprojekte dem Tagesgeschäft des Einzelunternehmens jedoch häufig untergeordnet. Das sind allerdings Schwierigkeiten, die nicht innerhalb von Kooperationen auftauchen:
„Die Vorstellung, dass alle im Unternehmen beschäftigten Projektleiter ihre Projekte detailliert planen, auf Aktivitätsstufe Aufwände schätzen, Ressourcen zuweisen und das System alle derart geplanten Projekte konsolidiert und schließlich die Ressourcenbelastung über sämtliche – kleinen und großen – Projekte zusammenträgt, muss zu den organisatorischen Fiktionen gezählt werden." (Scheuring 2002, 189)
Für Projekte innerhalb von Kooperationen gilt so die Beobachtung, die auch für sonstige Aktivitäten innerhalb von Kooperationen gemacht werden kann: Das Tagesgeschäft des Einzelunternehmens hat – verständlicherweise – in der Regel Vorrang vor Kooperationsaktivitäten. Für Projekte, die von einzelnen Unternehmen durchgeführt werden, kann dem durch die Zuordnung von

Prioritäten begegnet werden, das ist in der Regel innerhalb von Kooperationen nicht möglich.
Aus den vorangegangenen Überlegungen wird deutlich, dass Kooperationsprojekte häufiger größeren Risiken unterliegen, als Projekte, die in Einzelunternehmen durchgeführt werden. Worin liegt dann der Vorteil bei der Abwicklung von Projekten innerhalb von Kooperationen? Der Vorteil liegt in der langfristigen Vertrauensbeziehung, die zwischen den Beteiligten innerhalb von Kooperationen besteht, das sichert im dynamischen Projektumfeld schnellere Lösungen als die, die mit Partnern realisiert werden können, die nur aufgrund von Vertragsbeziehungen agieren und sich notfalls auch auf die darin vereinbarten Klauseln zurückziehen. Das erklärt zum Teil auch die zunehmende Bedeutung von Claim Management-Prozessen nicht nur im Kundenverhältnis, sondern auch im Verhältnis zwischen Vertragspartnern z.B. innerhalb von Konsortien und zu Zulieferern.

Kooperationen senken die Transaktionskosten von Projektmanagementprozessen unter Inkaufnahme von erhöhten Projektrisiken.

Zwei Handlungsfelder für Kooperationen, die gemeinsam Projekte abwickeln wollen, sind demnach besonders wichtig:

1. Der Aufbau eines Projektmanagementprozesses, der folgende Kriterien erfüllen muss: (a) Transparenz im Sinne von dokumentiert und bewusst vereinbart, (b) Einfachheit im Sinne von beherrschbar und komplexitätsreduzierend und nicht im Gegenteil neue Komplexität schaffend und (c) Controlling-Fähigkeit im Sinne von Hilfestellungen für die konkrete Abwicklung.
2. Der Aufbau eines Risikomanagements, das nach Möglichkeit über das Einzelprojekt hinausreicht. Der Risikomanagementprozess ist demnach zum Teil ein Prozess der allgemeine Kooperationsarbeit, auf dessen Ergebnisse der Projektmanagementprozess zugreifen kann (vgl. nachfolgende Abbildung).

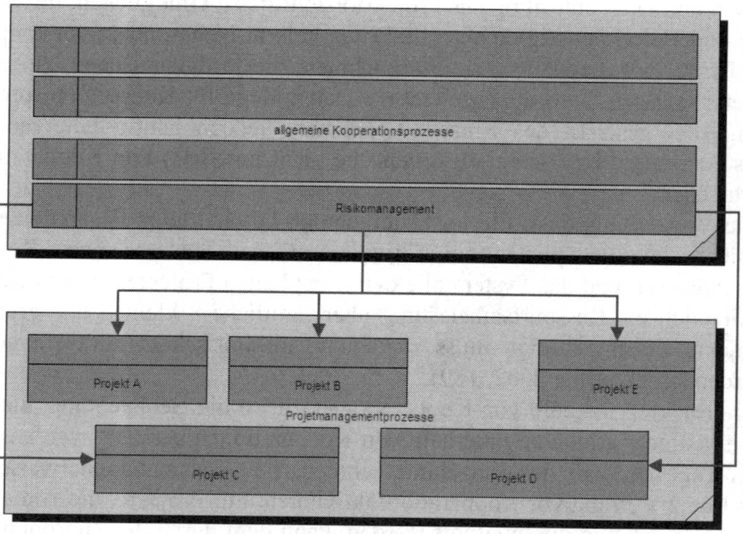

Abb. 2: Risikomanagement für Projekte in Kooperationen

Allen Kooperationspartnern muss vor diesem Hintergrund klar sein, dass der Aufbau von klaren Projektmanagementprozessen und begleitenden Prozessen erheblich dazu beitragen kann, die Erfolge der gemeinsamen Projekte zu sichern. Mit dem Aufbau solcher Strukturen sollte möglichst schon mit den ersten Projekten begonnen werden, um Lerneffekte so früh wie möglich nutzen zu können.

Literatur

Ellerkmann, Frank (2003): Horizontale Kooperationen in der Beschaffungs- und Distributionslogistik - Entwicklung eines Gestaltungsleitfadens unter besonderer Berücksichtigung verhaltenstheoretischer Gesichtspunkte. Diss. Univ. Dortmund.

Scheuring, Heinz (2002): Der www-Schlüssel zum Projektmanagement. Zürich.

Rechtliche Gestaltung von Unternehmensnetzwerken

Achim Loose, Ralph Schlüter, Georg Stoffels, Georg Unger

1 Gesellschaftsformen im Überblick

Wer sich über die Gründung eines Netzwerkes Gedanken macht, wird mit einer Vielzahl möglicher Gesellschaftsformen konfrontiert. Das Netzwerk ist kein juristisch definierter Begriff. Für die rechtliche Betrachtung muss auf die gesellschaftsrechtlichen Typen zurückgegriffen werden. Welche Gesellschaftsform für das jeweilige Netzwerk die richtige Form darstellt, lässt sich letztendlich nur im Einzelfall entscheiden.

Bei den Gesellschaftsformen wird zwischen Personen- und Kapitalgesellschaften sowie dem eingetragenen Verein, der Genossenschaft und der Europäischen wirtschaftlichen Interessenvereinigung (EWIV) unterschieden. Die EWIV ist ein grenzübergreifender Zusammenschluss von Unternehmen, die in Deutschland als Handelsgesellschaften dem HGB unterliegen.

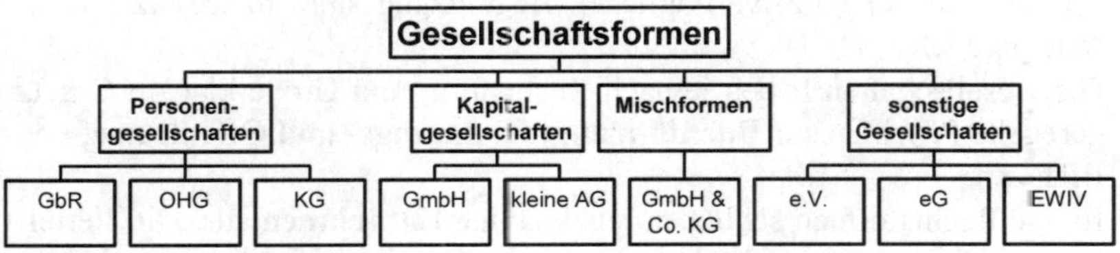

Abb. 1: Gesellschaftsformen

2 Wo fängt das Gesellschaftsrecht an?

Eine Gesellschaft ist schneller gegründet als man denkt

Eine Gesellschaft entsteht immer dann, wenn die Netzwerkpartner sich für die Gründung entscheiden; manchmal aber auch, ***ohne*** dass sie es wollen. Das heißt im ersten Fall: Mehrere Unternehmer, Institutionen etc. sitzen zusammen und beschließen die Gründung eines Netzwerks in einer bestimmten Rechtsform.

Im anderen Fall arbeiten die Netzwerkpartner zusammen – eventuell auch mit einem gemeinsamen Auftritt beim Kunden – ohne sich vorher über das Thema Gesellschaftsform und Vertragsgestaltung Gedanken gemacht zu haben. Auch dann ist in der Regel eine Gesellschaft entstanden. Das heißt: das Netzwerk ist als Gemeinschaft gegenüber Dritten (Auftraggebern, Lieferanten etc.) aufgetreten, ohne es zu wollen oder zu wissen. Das kann Konsequenzen insbesondere bei der gemeinschaftlichen Haftung nach sich ziehen. Umgekehrt lässt sich durch die Wahl der Rechtsform sowie in einer Vereinbarung festgelegte organisatorische Regelungen auch das Haftungsrisiko begrenzen. Neben der Haftung spielen zudem weitere Aspekte eine Rolle, die über den Erfolg eines Netzwerkes mit entscheiden und deshalb im Vorfeld geregelt werden sollten.

3 Worauf es bei der Wahl der Gesellschaftsform ankommt

Im Vorfeld der Auswahl einer geeigneten Rechtsform müssen sich die Netzwerkpartner über den Zweck und die Aufgaben der Kooperation im Klaren sein. Auch wenn innerhalb der Rechtsformen an vielen Punkten Gestaltungsspielraum besteht, haben alle Rechtsformen ihre bestimmten Vor- und Nachteile, die nicht im Gesellschaftsvertrag individuell gestaltet werden können. Zu nennen sind hier beispielsweise:

Nicht alles ist mit jeder Rechtsform möglich

- Nicht jeder **Zweck** kann mit jeder Rechtsform verfolgt werden.
- Bestimmte Rechtsformen schreiben zwingend eine **Kapitaleinlage** vor.
- Die **Rechte und Pflichten** der Netzwerkpartner sind unterschiedlich detailliert und auch unterschiedlich in ihrem Umfang geregelt.
- Insbesondere die **Vertretungsbefugnisse** im Außenverhältnis und ihre Möglichkeit der einzelvertraglichen Begrenzung sind im Gesetz umfassend geregelt.
- Die Gesellschaften haben je nach Rechtsform und Größe klar im Gesetz geregelte Pflichten zur **Buchführung, Rechnungs- und** Offenlegung von Bilanzen.
- Einige Rechtsformen schließen regelmäßige **Entnahmen** aus. Die Verteilung des Gewinns bzw. Endvermögens der Gesellschaft erfolgt erst bei ihrer Auflösung.
- Die **Haftung** kann bei einigen Rechtsformen vertraglich nicht generell begrenzt werden.

Grundsätzliche Fragen bei der Rechtsformwahl

In die Überlegungen sollten darüber hinaus weitere Faktoren einbezogen werden:

- unternehmerische Fragen: Netzwerkvorhaben, Marktauftritt, weitere strategische Überlegungen,
- betriebswirtschaftliche Fragen: Investitionsbedarf, Finanzierungsmöglichkeiten, Gewinnentstehung und -verteilung, Buchführungspflicht / Rechnungslegung / Publizität,
- gesellschaftsrechtliche Fragen: Befugnisse der Unternehmensleitung, Kontroll- und Einflussnahmemöglichkeiten der Gesellschafter, Haftungsrisiken, Gründung, Gesellschafterwechsel und Beendigung,
- steuerrechtliche Fragen: Gründung, laufende Besteuerung, Gesellschafterwechsel und Beendigung der Kooperation.

Dementsprechend sollten die Netzwerkpartner schon im Vorfeld der Gründung folgende Punkte abschließend klären:

Ziel und Zweck der Zusammenarbeit

Wissen, was man mit dem Netzwerk erreichen will

Nicht alle Ziele können mit allen Rechtsformen umgesetzt werden. Der „eingetragene Verein" darf keine **wirtschaftlichen** Zwecke verfolgen, die „Offene Handelsgesellschaft" erfordert einen kaufmännischen Geschäftsbetrieb. Ein Netzwerk, das beispielsweise nur zur gegenseitigen Empfehlung und Vermittlung von Aufträgen gegründet wird, ist somit in der Rechtsform der OHG nicht zu führen. Kapitalgesellschaften können zu jedem Zweck gegründet werden.

Organisatorische Rahmenbedingungen

Jedes Netzwerk ist ein Zusammenschluss von Personen und/oder Organisationen, die einen gemeinsamen Zweck verfolgen. Dazu sind organisatorische Regelungen notwendig, um das Zusammenspiel der Beteiligten zu koordinieren und innerhalb der Gesellschaft sowie gegenüber Dritten zu gewährleisten. Dazu gehören die **Befugnisse der Kooperationsleitung**, die **Willensbildung** und **Beschlussfassung** sowie **Informations-** und **Kontrollrechte** - insbesondere der nicht an der Leitung beteiligten Gesellschafter.
Wird dem Kunden eine **Leistung aus einer Hand** angeboten, stellt sich die Frage, wer gegenüber dem Kunden der Ansprechpartner ist, wer die Planung und Koordinierung der Netzwerkpartner vornimmt. Bei kleineren Netzwerken können sich die Partner noch untereinander absprechen, mit zunehmender Größe wird dies jedoch schwieriger. Auch stellt sich die Frage, welche Aufgaben intern gebündelt und in Kooperation abgewickelt werden sollen: beispielsweise eine gemeinsame Rechnungsstellung, verbunden mit einem zentralen Mahnwesen. Mit zunehmender Größe und Zusammenfassung von Aufgaben bietet sich die Einrichtung eines gemeinsamen Unternehmens, eventuell sogar mit einem Fremdgeschäftsführer, an. Erforderlich wird die zentrale Koordination und Planung auch, wenn die Partner regional oder Städte-übergreifend verteilt sind. Mit zunehmender Größe steigt auch der Koordinations- und Abstimmungsaufwand.

Die **Geschäftsführungsbefugnisse** sind in der Regel frei gestaltbar. Die Vertretung gegenüber Kunden, also der Außenauftritt, ist eindeutig festzulegen. Soll ein **Fremdgeschäftsführer** eingesetzt werden, kommen Personengesellschaften nicht in Frage. Besonders die nicht an der Leitung beteiligten Kooperationspartner sind an der Transparenz der Geschäftsführungsaktivitäten interessiert. Größeren Kooperationen bieten die Kapitalgesellschaften - insbesondere die Kleine Aktiengesellschaft - Informations- und Kontrollrechte, die detailliert im Gesetz geregelt sind.
Der Kooperationsvertrag kann in vielen Bereichen individuell ausgestaltet werden. Für GmbH und AG gilt darüber hinaus ein „Mindestinhalt" in der Satzung, der sich aus den gesetzlichen Bestimmungen ergibt. Zwingend sind in der Regel alle Bestimmungen, die die Beziehungen der Gesellschafter bzw. der Gesellschaft zu Dritten regeln. Im Innenverhältnis besteht insbesondere bei Personengesellschaften und der GmbH Gestaltungsfreiheit. Bei der AG sind auch die Inhalte der Satzung weitgehend festgelegt.
Unabhängig davon können aber notwendige „Spielregeln" der kooperativen Zusammenarbeit in einer **Kooperationsvereinbarung** - auch außerhalb eines Gesellschaftsvertrages - verbindlich festgelegt werden. Beispielhaft hierfür sind Kalkulations- und Angebotsverfahren, Qualitätsstandards, Termintreue, Prioritäten, Koordination und Information, Sanktionsmöglichkeiten und Schiedsgerichtsverfahren.

Risiken durch die gemeinsame Arbeit

Welche **Haftungsrisiken** können bestehen und wie hoch sind diese? Das hängt zum einen von der Art der Zusammenarbeit ab, zum anderen davon, welche Leistungsinhalte angeboten werden und in welcher Größenordnung die Aufträge liegen. Aufgrund der gemeinschaftlichen Haftung in einer Kooperation ist abzuwägen, ob eine Haftungsbegrenzung durch eine bestimmte Rechtsform zwingend erforderlich ist. Bei Personengesellschaften kann die Haftung grundsätzlich nicht begrenzt werden (Ausnahme: Kommanditisten bei der KG, einzelvertragliche Abrede in der GbR).

Steuerfolgen

Steuerfolgen ergeben sich bei der Gründung, dem laufenden Betrieb, beim Verkauf des Geschäftsanteils, bei Ausscheiden eines Gesellschafters und bei Beendigung der Zusammenarbeit. Dabei ist auch zu berücksichtigen, wo der **Gewinn** entstehen soll: in der Netzwerkgesellschaft oder bei den einzelnen Netzwerkpartnern. Entscheidend ist die Rechtsformwahl unter steuerlichen Gesichtspunkten, sobald die Gesellschaft selbst höhere Gewinne - oder auch Verluste - erzielt und im Laufe der Zeit einen Wertzuwachs erfährt. Personengesellschaften haben Vorteile durch die Anrechnung der Gewerbesteuer und die Inanspruchnahme von Freibeträgen auf die Einkommenssteuerschuld, Kapitalgesellschaften haben dafür Gestaltungsmöglichkeiten bei schuldrechtlichen Verträgen; das bedeutet, dass z.B. Geschäftsführergehälter als Betriebsausgaben sich steuermindernd auswirken.

Kapitalbedarf

Es ist zu prüfen, welche Ausgaben beispielsweise für Werbemaßnahmen oder zusätzliche Mitarbeiter für Zentralaufgaben auf das Netzwerk zukommen und ob weitere Investitionen, beispielsweise für den Aufbau eines neuen Geschäftsfeldes oder für die Büroausstattung, notwendig werden. Hierbei spielt die Kapitalausstattung der Gesellschaft ebenso eine Rolle wie die **Finanzierungsmöglichkeiten** über Dritte.

Gründungsaufwand und laufender Aufwand

Die **Gründungskosten** sollten bei langfristigen Überlegungen nicht im Vordergrund stehen. Wird aber ein Netzwerk auf Probe eingegangen, bietet sich zunächst eine kostengünstige Variante an. Auch die laufenden Kosten sollten berücksichtigt werden. Je nach Rechtsform ist eine eigene **Buchführung, Bilanzaufstellung** und zum Teil auch eine **Veröffentlichung** der Bilanzen im „Bundesanzeiger" erforderlich. Grundsätzlich ist der Aufwand bei Personengesellschaften geringer.

Nachhaltige Sicherung des Netzwerkes

Ist eine nachhaltige Sicherung überhaupt von den Netzwerkpartnern gewünscht oder soll lediglich temporär kooperiert werden? Diese Frage sollte schon frühzeitig zwischen den Netzwerkpartnern diskutiert werden, da die zukünftige Ausrichtung eines Netzwerkes bei der Organisationswahl von entscheidender Bedeutung sein kann. Für manches Netzwerk stellen sich dementsprechend folgende Fragen:

- Welche Wachstumsperspektiven sehen wir?
- Werden weitere Partner zur Vervollständigung des Leistungsangebotes benötigt?
- Ist die Entwicklung neuer Geschäftsfelder geplant?

4 Personen- oder Kapitalgesellschaft

Für viele Netzwerke ist in erster Linie die Frage nach der **Haftungsbegrenzung** relevant. Soll eine Personen- oder Kapitalgesellschaft gegründet werden? Exemplarisch hierfür kann die Auswahl beschränkt werden auf die Rechtsformen der GbR und GmbH. Die Praxis zeigt, dass oftmals Kooperationen auch in der Rechtsform des e.V. gegründet werden. Nicht selten auch als Vorstufe einer späteren GmbH.
Aus Kooperationssicht wesentliche Stichworte zu den einzelnen Gesellschaftsformen sind:

Gesellschaft bürgerlichen Rechts – GbR / BGB-Gesellschaft

Nicht nur die Haftungsfrage entscheidet

- Grundform der Personengesellschaft
- Geringer Gründungsaufwand (formloser Vertrag)
- Haftung ist unbeschränkt und gesamtschuldnerisch
- Haftung kann ausschließlich durch einzelvertragliche Abrede beschränkt werden
- keine Fremdgeschäftsführung
- Gesellschafterwechsel: zustimmungspflichtig, Anteile grundsätzlich nicht übertragbar
- Aufnahme neuer Gesellschafter: nur mit Zustimmung aller Gesellschafter, abweichende Regelung im Gesellschaftsvertrag möglich (Mehrheitsbeschluss), Haftung beachten
- Auflösung und Beendigung unkompliziert

Gesellschaft mit beschränkter Haftung - GmbH

- Kapitalgesellschaft
- Leistung einer Mindesteinlage von 25.000,- Euro
- Gründungsaufwand: Satzung mit notarieller Beurkundung und Eintragung ins Handelsregister
- Haftung ist auf das Gesellschaftsvermögen beschränkt
- Fremdgeschäftsführung möglich
- Laufender Aufwand: Bilanzierungs-, Prüfungs- und Publizitätspflicht
- Gesellschafterwechsel: grundsätzlich nicht zustimmungspflichtig Geschäftsanteile sind übertragbar
- Aufnahme neuer Gesellschafter: Gesellschafterbeschluss, Kapitalerhöhung oder Teilung der vorhandenen Anteile
- Auflösung und Beendigung langwierig (Sperrjahr aus Gründen des Gläubigerschutzes)

Kleine Aktiengesellschaft (AG)

- Kapitalgesellschaft
- Grundkapital von 50.000,- €
- Die Gesellschafter sind als Aktionäre mit Kapitalanteilen am Grundkapital beteiligt
- Organisation: Vorstand, Hauptversammlung, Augsichtsrat
- Der Vorstand leitet die Geschäfte und vertritt die AG nach innen und außen
- Die AG wird im Handelsregister eingetragen
- Die AG haftet unbegrenzt mit dem Gesellschaftsvermögen
- Laufender Aufwand: Kaufmännische Buchführung und Bilanzierung

Genossenschaft (eG)

- Mindestens 7 Gründungsmitglieder
- Das Genossenschaftsgesetz erlaubt ausdrücklich –im Gegensatz zum eingetragenen Verein- die Verfolgung eines wirtschaftlichen Zwecks mit gemeinsamer Gewinnerzielung
- Es ist keine gesetzliche Mindesteinlage vorgeschrieben
- Der Vorstand –mindestens zwei Personen- führt die Geschäfte und vertritt die Genossenschaft nach außen
- Eine Fremdgeschäftsführung ist ausgeschlossen
- Die Genossenschaft haftet mit ihrem Genossenschaftsvermögen unbeschränkt
- Gesellschafterwechsel und Aufnahme neuer Gesellschafter unkompliziert
- Organisation: Vorstand, Generalversammlung, Aufsichtsrat
- Laufender Aufwand: GuV, Publizitätspflicht

Eingetragener Verein - e.V.

- Mindestens 7 Gründer
- Nur ideeller Zweck, aber wirtschaftlicher Nebenzweck
- Gründungsaufwand: Satzung und Eintragung ins Vereinsregister
- Haftung auf das Vereinsvermögen beschränkt
- Fremdgeschäftsführung möglich
- Gesellschafterwechsel und Aufnahme neuer Gesellschafter unkompliziert
- Auflösung und Beendigung: wie bei der GmbH Berücksichtigung des Sperrjahrs

5 Regelwerk eines Netzwerkes

Haben sich die Netzwerkpartner auf eine bestimmte Gesellschaftsform geeinigt sowie ihre gemeinsamen Ziele und organisatorischen Rahmenbedingungen erarbeitet, sollten die wichtigsten Regelungen vertraglich fixiert werden.

- Gesellschaftsvertrag
- Ggf. Beirats- oder Aufsichtsratsvertrag
- Geschäftsführervertrag / Angestelltenverträge
- Kooperationsvereinbarung bzw. Rahmenvertrag
- Werkverträge

Auf der einen Seite umfassen die Regelungen die gesellschaftsrechtlich „typischen" Elemente. Auf der anderen Seite kommen besondere Aspekte hinzu. Insbesondere die Vermarktungsstrategie, die Einbringung von Ressourcen, die projektspezifische Zusammenarbeit der Netzwerkpartner, Vereinbarungen über den Informationsfluss, die Finanzierung des Netzwerkes, die Qualitätssicherung sowie der Umgang mit Konflikten im Netzwerk sollten verbindlich geregelt werden. Eine klare Definition der genannten Bereiche trägt i.d.R. nachhaltig zum Erfolg eines Netzwerkes bei.

Tipps für die konkrete Umsetzung

Folgende Grundsätze sollten dabei beachtet werden:

- Nehmen Sie sich ausreichend Zeit für die Ausarbeitung. Hierbei gehören alle wichtigen - auch unbequemen - Punkte auf den Tisch.
- Erarbeiten Sie „Ihre" relevanten Regelungen. Musterverträge können sicherlich einige Anhaltspunkte liefern, ersetzen aber nicht die individuelle Gestaltung.
- Lassen Sie Ihre Verträge und Vereinbarungen in jedem Fall durch einen Spezialisten im Gesellschaftsrecht überprüfen oder binden Sie ihn von Anfang an in die Vertragsgestaltung ein.

Für die inhaltliche Ausgestaltung gilt

Kooperationsvereinbarung **und** Gesellschaftsvertrag

- Die Zusammenfassung von verbindlichen Regelungen, wie z.B. der Kooperationsvereinbarung und dem Gesellschaftsvertrag ist nur dann sinnvoll, wenn die Rechtsform der GbR gewählt wird.
- Bei Gründung einer GmbH oder AG sollte zwischen den o.g. Verträgen und Vereinbarungen sowie dem Gesellschaftsvertrag unterschieden werden. Grund: sobald ein notarieller Vertrag erforderlich ist, ist jede Änderung mit einem Notartermin und entsprechenden Kosten verbunden.
- Auch bei einem e.V. und bei der e.G. ist eine Änderung des Vereins- oder Genossenschaftsstatuts dem Register anzuzeigen und in Folge mit zusätzlichem Aufwand und Kosten verbunden.

Fazit

Zum Schluss noch einmal in Stichworten diejenigen Aspekte, auf die geachtet werden sollte:

- Entscheidung für die Kooperationsart
- Beschreibung der Organisation und Beziehungen
- Analyse der haftungsrelevanten Aspekte
- Rechtsformwahl
- Ausarbeitung des Regelwerks

Neben der rechtlichen Gestaltung des Netzwerkes sind für den Erfolg der Zusammenarbeit die Kooperationskultur und das gemeinsam entwickelte Leitbild der beteiligten Partner von entscheidender Bedeutung. Diese entziehen sich letzten Endes der „reinen" vertraglichen Gestaltung, sondern müssen von den Partnern ´gelebt´ werden.

Teil 2:

Kooperation konkret

Vernetzte Medien

Ingo Dammer, Achim Loose

1 Wissensintensive Dienstleistungen – wissensintensive Unternehmen

Ressource Wissen

Dass die Ressource Wissen in modernen „Wissensgesellschaften" (Stehr 1994) ein relevanter Produktionsfaktor ist und ein wissender Umgang mit Wissen ein zentraler Wettbewerbsvorteil für Unternehmen sein kann, ist gegenwärtig eine weithin akzeptierte Tatsache. Natürlich ist der Stellenwert dieser Ressource in unterschiedlichen Branchen und/oder Unternehmen differenziert zu beurteilen. Nicht grundsätzlich ist Wissen oder vernetztes Wissen die zentrale Grundlage für erfolgreiches unternehmerisches Handeln.

Wissensintensive Tätigkeiten

Wirft man einen genaueren Blick auf den Bereich der Dienstleistungsproduktion, so lassen sich zahlreiche Tätigkeiten identifizieren, die als „wissensintensiv" charakterisiert werden können. Hierzu gehören beispielsweise die Leistungen von Wirtschaftsprüfung und Steuerberatung, Unternehmensberatung, beratenden Ingenieurbüros, Rechtsanwaltskanzleien sowie von *Medienunternehmen*. In diesen Bereichen spielt neben dem Vorhandensein von individuellem, personalisiertem Fachwissen die Wissensorganisation eine wichtige Rolle. Soll die Organisation von Wissen gelingen, so muss in der Regel mit folgendem Widerspruch umgegangen werden:

Machtressource Wissen

„Auf der einen Seite sind wissensintensive Unternehmungen mehr als andere auf Expertenwissen und damit – wegen der mangelnden Kodifizierbarkeit dieses Wissens – auf Experten angewiesen. Auf der anderen Seite werden diese Unternehmungen versuchen, sowohl die Generierung als auch die Speicherung von Expertenwissen ein Stück weit von den Personen loszulösen, um nicht selbst von den Experten abhängig zu sein" (Sydow/van Well 1996, S. 193).

Ein Aspekt, der auf explizites oder implizites Wissen als Machtressource anspielt, die sowohl für die Beziehungen in Organisationen und/oder Netzwerken als auch für die Beziehungen zu weiteren externen Akteuren bedeutsam sein kann.

2 Medien: alt – neu – wissensintensiv?

Die Begriffe der „alten" und „neuen" Medien sind den Lesern vielleicht noch in Erinnerung – auch wenn der (Wachstums-) Mythos der „New Economy" in den vergangenen drei Jahren zunehmend verblasst ist.

„Medium" bedeutet ursprünglich „das Vermittelnde", was unverzüglich zu der Frage führt, zwischen wem oder was welche Inhalte wie vermittelt werden? Dies wird deutlicher, wenn man statt von Medien von Informations- und Kommunikationsprodukten spricht. Dann können drei Kernbereiche unterschieden werden:

1. Informations- und Kommunikationstechnik sowie -dienstleistungen: Datenverarbeitung (z.B. Personal Computer, Workstations und entsprechende Dienstleistungen wie u.a. service provider)
2. Telekommunikationsdienstleistungen: Datenübertragung (u.a. Kabel, Funk, Satellit)
3. Inhalte-Produktion („content")

Typen von Medienunternehmen

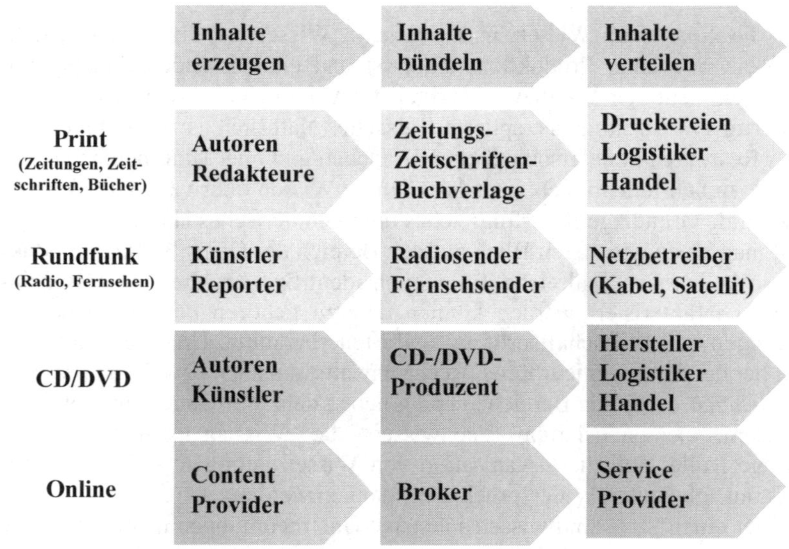

Abb. 1: Typen von Medienunternehmen

Konvergenz auf der digitalen Plattform

Obwohl noch nicht einmal vollständig (z.B. fehlen die TV-Produktion und der ganze Mediendesignbereich), gibt die vorstehende Abbildung doch einen guten Eindruck von der Vielfalt, die mit dem Übergang von der analogen bzw. prä-digitalen zur digitalen Technik in der Medienwirtschaft entstanden ist. Die Konvergenz auf der digitalen Plattform ermöglicht dabei die Nutzung neuer (!) Medien, die die alten Kanäle ergänzen oder ersetzen, sowie einen erheblich höheren Vernetzungsgrad der Produktion, Distribution und Nutzung von Medien als unter den Bedingungen analoger Technik.

3 Vernetzung und Kooperation in der Medienwirtschaft

Spezialisten der Medienproduktion

Die eigentliche Medienproduktion ist vor allem gekennzeichnet durch das Zusammenwirken zahlreicher Spezialisten wie beispielsweise

- Projektleitung (Koordination und Überwachung des Medienprojekts)
- Autor und Texter (Entwurf und Verfassen des Exposés bzw. Drehbuchs)
- Screen-Designer und Grafiker (Konzeption, Entwurf, Design der Benutzeroberfläche; Gestaltung der Grafiken; Erstellung der Animationen; Textgestaltung)
- Sprecher (Sprechertext)
- Übersetzer (Übersetzung der Sprechertexte und aller Texte)
- Videoteam (Produktion der Video- bzw. Filmaufnahmen; Mischung und Digitalisierung der Filmsequenzen)
- Programmierer

Diese branchenspezifische Kompetenz-Vielfalt spiegelt sich auch in den einschlägigen Stellenangeboten (vgl. Schellmann et al. 2001, S. 64).

Projektbezogene Netzwerke

In der Regel sind diese diversen Kompetenzen nicht in einem einzigen Unternehmen verfügbar, sodass zahlreiche spezialisierte, oftmals kleine und mittlere sowie Kleinst-Unternehmen im Rahmen einer Medienproduktion zusammen wirken müssen, in einem Projektnetzwerk aktiv werden (vgl. zur Notwendigkeit der Netzwerkformierung zwischen KMU in der IT- und Multimediabranche auch Howaldt/Kopp in diesem Band). Dies gilt im besonderen immer dann, wenn die Medienproduktion als „cross media production" organisiert wird, das heißt alle verfügbaren Medien (Print-, Audiovisuelle-, Offline- und Online-Medien) parallel genutzt werden: Film zum Buch, (Video-) Spiel zum Film, Zeitschrift zum Film, Musik zum Film, DVD zum Film usw. usf. Ein Blick auf die Wertschöpfungskette der Medien zeigt nochmals die Vielzahl der ggf. beteiligten Partner.
Beispielsweise arbeiten im Bereich der Content-Produktion - etwa bei Fernsehproduktionen - „Produzenten bzw. Produktionsfirmen, die teilweise Medienkonzernen angehören, mit freien Mitarbeitern, Technikdienstleistern und künstlerischen Dienstleistern in sog. ‚Projektnetzwerken' (Sydow/Windeler 1999) zusammen und produzieren Programminhalte" (Sydow/Wirth 2000, 1).

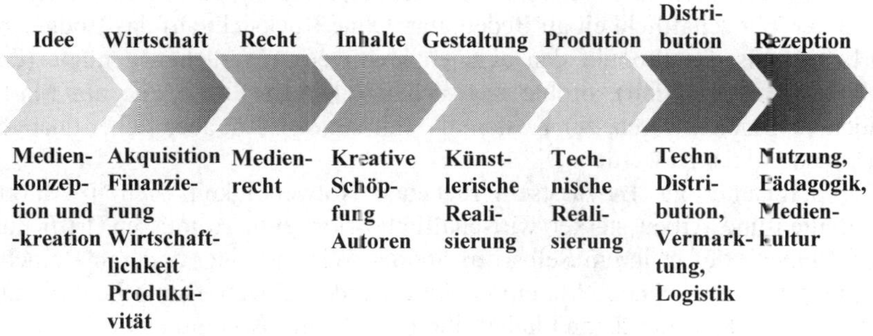

Abb. 2: Wertschöpfungskette Medien

Hinderliche Selbstverständlichkeit

Allerdings werden diese Netzwerke, in denen es zu durchaus stabilen Kooperationsbeziehungen kommen kann, von der Branche nicht als solche behandelt. Im Vordergrund steht die Projektlogik, nicht die Netzwerklogik, und wenn diesen „Projektnetzwerken" (was keineswegs die Regel ist) bewusste Managementaktivitäten gewidmet werden, dann solche des Projektmanagements, nicht des Netzwerkmanagements.

Hier schlägt sicher die Tatsache zu Buche, dass die Branche ‚immer schon' in netzwerkartigen Strukturen gearbeitet hat. Diese geschichtlich gewachsene Selbstverständlichkeit hindert die Medienwirtschaft offenbar daran, das Besondere an Netzwerken wahrzunehmen und die Nutzung ihrer Potenziale zu optimieren.

4 Das Spannungsverhältnis zwischen Kreativität und Wirtschaftlichkeit in der Medienwirtschaft

Wirtschaftlichkeit als relevantes Kriterium

Die unerfreuliche wirtschaftliche Entwicklung der letzten Jahre hat auch den einstmaligen Hoffnungsträger und Wachstumsgaranten - die Medienbranche - voll erfasst. Insbesondere die KMU der Branche wurden im Zuge dieser Entwicklung in immer stärkerem Maße mit der Anforderung konfrontiert, ihre Produkte und Leistungen unter dem Aspekt der Wirtschaftlichkeit zu analysieren und neu zu formatieren.

Natürlich war „Wirtschaftlichkeit" keine tatsächlich neue Anforderung für die Unternehmen. Aber das traditionelle, für selbstverständlich gehaltene Übergewicht der „Kreativität" im Verhältnis zur Wirtschaftlichkeit wurde zunehmend in Frage gestellt. Anders gesagt: die Produkte mussten schärfer kalkuliert werden und bei den branchenüblichen Versuchen der Kunden, unbezahlte Zusatzleistungen (am liebsten während der Auftragsbearbeitung) durchzudrücken, galt es nun, statt dem Ansinnen einfach nachzugeben, mindestens die Frage nach einem Nachtrag zu stellen.

Auch für die internen Prozesse der Leistungserbringung gewannen die Kriterien der Wirtschaftlichkeit an Bedeutung. Ohne Rücksicht auf das Budget zu arbeiten, bis das Produkt den eigenen kreativen Ansprüchen genügte (der klassische Normalfall), drohte angesichts sinkender Preise, die am Markt noch zu erzielen waren, zur Kostenfalle mit ungewissen, aber sicher unangenehmen Folgen zu werden.

Aktualisierter Grundkonflikt

Die prägnanter ins Bewusstsein rückende Notwendigkeit, sich in Marktverhalten und Arbeit stärker wirtschaftlich orientieren zu müssen, trifft nun die Branche tief in ihrem Selbstverständnis. Wie in keiner anderen Branche repräsentiert der schnöde Mammon hier die erdenschwere Dumpfheit, die die schaffenden Künstler daran hindert, ihrer kreativen Inspiration angemessenen Ausdruck zu verleihen. Ohne Zweifel würde kaum ein Mitglied der Branche dieser Formulierung seinen Segen erteilen, aber sie trifft die aktuelle Irritation ziemlich genau, und zwar im AV- wie im IT-Bereich. In Letzterem betrifft sie vor allem die ungebremste Spiellust zahlreicher Jungprogrammierer, die sich statt an Kundenbedürfnissen an den immensen Möglichkeiten zeitgenössischer Computertechnik orientieren.

Der Konflikt zwischen einem im Grunde künstlerischen Selbstverständnis und den demgegenüber als banausische Einengung auftretenden wirtschaftlichen Notwendigkeiten ist so alt wie die Branche. Auch heute noch erzählt man sich dort gerne, wie es Fritz Lang seinerzeit schaffte, mit einer einzigen Produktion drei Produktionsfirmen in den Ruin zu treiben. Die Erinnerung an diesen Triumph des Künstlers über den Krämer mag Balsam für die Seele der verunsicherten Branche sein, unterm Strich setzt sich jedoch immer stärker die nüchterne und meist schmerzhafte Einsicht durch, dass man, im Unterschied zu Fritz Lang, mit unwirtschaftlichem Arbeiten vor allem sich selber trifft.

5 Erste Schritte: gezielte Kooperation im Netzwerk

Von der Projekt- zur Netzwerkorientierung

Die Aussicht, mit einer gezielt als Netzwerk angelegten Kooperation die eigenen Schwächen beheben und die Stärken ausbauen zu können, hat eine Zahl von Kölner KMU der Medienbranche Ende 2003 dazu veranlasst, den Aufbau eines solchen Netzwerks schrittweise in Angriff zu nehmen[4]. Durchgängiges Motiv bei allen beteiligten Unternehmen war dabei, dem steigenden wirtschaftlichen Druck nicht defensiv, sondern gestaltend zu begegnen.
Dafür stellen sich zahlreiche Themen, die vor allem den Austausch von Problemlösungs-Know-how, die effizientere gemeinsame Nutzung von zum Teil sehr teuren technischen Ressourcen, gemeinsame Personalentwicklung und schließlich die Perspektive der gemeinsamen Generierung von neuem, qualitativ höherwertigem Geschäft betreffen. Gleichzeitig gehen die Partner die Themen an, die sich im Prozess der Netzwerkbildung quasi rückwirkend im eigenen Unternehmen als problematisch herausstellen (und zu guten Teilen natürlich schon lange bekannt waren, aber nie behandelt wurden). Hier geht es hauptsächlich um die Bereiche Organisation, Kommunikation und Personalmanagement.
Es ist selbstverständlich noch viel zu früh, um über Erfolg oder Misserfolg dieses Branchenprototypen urteilen zu können. Man kann jedoch bereits jetzt festhalten, dass allein die Tatsache, ein solches Projekt auf die Schiene gesetzt zu haben, in den beteiligten Unternehmen eine beachtliche Ideenfülle und Umsetzungsdynamik freigesetzt hat.
Und auf eins der zentralen Kooperationsthemen wollen wir - seiner branchenübergreifenden Bedeutung wegen - im folgenden noch etwas näher eingehen.

4 Die Aufbauphase wird vom Land NRW und der EU im Rahmen der Arbeitsmarktpolitik finanziell gefördert. Der Berufsverband VFFV multimedia unterstützt das Projekt.

6 Personalmanagement in der Medienbranche: ein Vorbild für andere (?)

Besonderheiten der Personalsituation

Es sind zwei Punkte, die die Medienbranche im Bereich Personalmanagement deutlich von anderen Branchen abhebt. Das ist zum einen die große Zahl der Quereinsteiger, d.h. Menschen, die ohne spezifische Aus- oder Vorbildung einen Arbeitsplatz in der Branche bekommen haben; sie zeichnen sich in der Regel durch praxisnahe Kompetenzen aus, die sie *on the job* erworben haben. Und zum anderen verfügen die meisten Medienunternehmen – wie zuvor bereits skizziert - über ein großes und weitverzweigtes Umfeld von ‚freien Mitarbeitern', Spezialisten, die projektbezogen eingekauft und, wenn sie sich bewähren, sehr häufig zu den bekannten ‚festen Freien' werden.
Was hat das nun mit anderen Branchen - und deren Zukunft gar - zu tun?

Branchen-Quereinsteiger

Zuerst die Quereinsteiger. Sie stellen zuerst einmal eine Gruppe dar, die mit mehr oder weniger zählbarem Erfolg, aber jedenfalls effektiv das duale Ausbildungssystem unterlaufen hat, auf das Deutschland mit einem gewissen Recht und ebenso viel Eigensinn beträchtlich stolz ist. Wegweisend daran ist, dass sich hier Menschen arbeitsplatzbezogene Qualifikationen erworben haben, ohne auf die staatlich bereitgestellten und normativen Wert beanspruchenden Ressourcen zurückzugreifen, während umgekehrt ihre institutionell beglaubigte (Aus-) Bildung kaum oder keinen Effekt auf ihre Berufssituation hat.
Im Fachjargon: es handelt sich um gebrochene Berufsbiographien. Und angesichts der Entwicklung von allgemein- und berufsbildendem Schulsystem auf der einen und Arbeitsmarktanforderungen auf der anderen Seite darf man einen erheblichen Anstieg solcher gebrochenen Berufsbiographien erwarten, die dann auch für andere Branchen relevant werden.
Soweit das Wegweisende. Ob die Medienbranche tatsächlich zum *Vorbild* für den Umgang mit dieser zu erwartenden Entwicklung wird, hängt davon ab, ob es ihr gelingt, für die negativen Konsequenzen dieser Situation (mangelnde Employability vieler Betroffener) konstruktive Lösungen zu finden. Das wird nicht ohne kooperative Partner im bildungspolitischen Lager möglich sein, denn es erfordert eine wesentliche Flexibilisierung insbesondere der beruflichen Aus- und Weiterbildung und eine stärkere Betonung der individuell wählbaren gegenüber der institutionell verbindlichen beruflichen Qualifizierung. Von einem solchen ‚Strukturwandel' würden dann auch viele, wahrscheinlich alle anderen Branchen profitieren, z.B. hinsichtlich des mittlerweile notorischen Fachkräftemangels.

Freie Mitarbeiter

Nun die ‚festen Freien'. Als selbständige Spezialisten können sie bei guter Auftragslage deutlich mehr verdienen als ihre festangestellten Kollegen. Im Unterschied zu diesen sind sie aber darauf angewiesen, sich am Markt zu profilieren und das wirtschaftlich nötige Auftragsvolumen aktiv zu akquirieren. Sie leben also in der Spannung zwischen höherem Einkommen und größerer beruflicher Ungewissheit. Und sie, als die Letzten in der Beauftragungskette, spüren negative Marktentwicklungen wie in den vergangenen Jahren als erste, sowohl betreffs der Auftragshäufigkeit als auch betreffs der am Markt erzielbaren Preise.

Umgekehrt sind die Auftraggeber - meist Sender, Produktionsfirmen oder Agenturen - auf die Kompetenzen dieser Spezialisten angewiesen. Hier zeigt sich exemplarisch, welche Formen der eingangs erwähnte Aspekt des Wissens als „Machtressource“ konkret annimmt. Die informelle, quasi-stabile Konstruktion der ‚festen Freien’ bringt für beide Seiten ein wenig Ruhe ins Geschehen: Die Auftraggeber können sich darauf verlassen, dass erprobte Kameraleute, Screen-Designer usw. bei Bedarf zur Verfügung stehen, während die Spezialisten mit einigermaßen verlässlichen Einkünften rechnen können.

Der Gewinn für die beauftragenden Unternehmen liegt auf der Hand: Sie haben Zugriff auf eine Gruppe hochqualifizierter Spezialisten, ohne dafür mit *Fixkosten* belastet zu sein. Der externe Kameramann kostet nur dann Geld, wenn auch der Auftrag da ist, der ihn finanziert. Hier liegt der denkbare Vorbildcharakter für andere Branchen: Ein intelligent organisierter Pool solch freier Spezialisten (die es in sehr vielen Branchen gibt) ist ein fruchtbarer Lösungsansatz für das von der Wirtschaft viel beklagte Problem der (zu) hohen Personalkosten. Dabei ist der Gedanke keineswegs neu. Die Einführung der „Ich-AG“ als staatlich definiertes Modell beruflicher Existenz zeigt, dass mittlerweile auch seitens der Politik dieser Form der sich frei anbietenden Spezialisten steigende Bedeutung beigemessen wird.

Bindung der ‚festen Freien’

Die Skepsis der Wirtschaft gegenüber diesem Modell wurzelt in der mit ihm einhergehenden Planungsunsicherheit: Stehen die Freien wirklich immer termingerecht und preissicher zur Verfügung? Dieses Problem kennt die Medienbranche sehr genau. Viele ihrer Unternehmen fragen sich, wie es gelingen kann, die Freien zu binden, ohne sie fest anzustellen. Auch hier wird die mögliche Vorbildwirkung, wie bei den Quereinsteigern, davon abhängen, wieweit die Branche kreative Lösungen entwickelt, die ihrerseits wiederum Organisation und Kultur der betreffenden Unternehmen verändern werden.

Herausforderung auch für andere Branchen

Ungeachtet der vielen Unwägbarkeiten kann man wohl guten Gewissens feststellen, dass die Medienbranche in diesen zwei Aspekten des Personalmanagements - Quereinsteiger und ‚Freie’ - schon seit geraumer Zeit Erfahrungen macht, die angesichts der Veränderungen in der Arbeitswelt auch auf viele andere Branchen zukommen und sich als zentrale Herausforderungen für das Personalmanagement herausstellen werden.

Wenn es der Medienbranche gelingt, hier kreative und tragfähige Lösungen zu finden, kann sie auf eine ganz andere Weise zum Vorreiter der wirtschaftlichen Entwicklung werden, als es ihr im Rahmen des New Economy Booms auf der Folie kollektiven Wunschdenkens angedichtet wurde.

7 Anforderungen an das Kooperationsmanagement: Versöhnung mit der Reproduzierbarkeit des Nicht-Reproduzierbaren

Verlust der „Aura"?

Der Titel dieses Schlussabschnitts ist nicht zufällig bei Walter Benjamin ausgeliehen. Seine zentrale These, dass das Kunstwerk im Zeitalter seiner Reproduzierbarkeit etwas Unschätzbares verliere, nämlich seine einzigartige, unverwechselbare „Aura", beschreibt zutreffend die Angst der Medienbranche, wenn es um das Thema Wirtschaftlichkeit im allgemeinen und Netzwerke im besonderen geht.
Der Zusammenbruch des Medienbooms beendete eine relativ lange Phase[5], in der es so schien, als könne die Branche ungehindert ihren kreativen Impulsen folgen und damit am Markt reüssieren. Die Furcht geht nun um, dass sie unter dem momentanen wirtschaftlichen Druck ihre Aura opfern muss, um ihr Überleben zu sichern, und dabei zu einer Branche unter zahllosen wird, die mit gesichtslosen, standardisierten, letztlich austauschbaren Produkten und Dienstleistungen um übersättigte Kunden buhlt.

Ent-Täuschung

Bei Lichte betrachtet wird aber durch die aktuelle Entwicklung nur etwas deutlich, was immer schon für die Branche galt: dass ihr auratischer Anspruch von der Frühzeit des Kintopps an gebrochen war in dem, was Benjamin als das strukturelle Merkmal der „Reproduzierbarkeit" bezeichnet. Und die dem Laien zuweilen vielleicht magisch erscheinende Leistungsfähigkeit von Computern ist sogar ‚nichts als' die extrem schnelle Wiederholung einiger weniger, wenn auch hochintelligent konfigurierter Grundprozesse. Darüber hinaus dienten AV- wie IT-Medien von jeher *auch* wirtschaftlichen Zwecken und haben es sich während des Booms ja auch gerne gefallen lassen, zu wirtschaftlichen Hoffnungsträgern stilisiert zu werden. Insofern kann man es als potentiell heilsame Ent-Täuschung betrachten, wenn die Branche durch die wirtschaftliche Situation auf diese Tatsache ihrer wirtschaftlichen Einbindung aufmerksam gemacht wird, die ebenso zu ihrem ureigenen Grundbestand gehört wie ihre Aura.
Netzwerkmanagement in der Medienbranche steht, abgesehen von den üblichen operativen Anforderungen, auch immer vor der Aufgabe, die Partner mit der immanenten Perspektive der „Reproduzierbarkeit" auszusöhnen. Allerdings ist auch zu bemerken, dass Medienunternehmen, die gezielte Netzwerkarbeit leisten wollen, in der Regel damit bereits die Entscheidung dokumentieren, einer unerfreulichen Entwicklung aktiv gestaltend zu begegnen, statt unwillig Schadensbegrenzung zu betreiben. Ein solcher Offensivgeist erleichtert dem Netzwerk-management die Arbeit erheblich.

Herausforderung oder Kränkung?

Der wohl entscheidende Dreh ist dabei, ob es gelingt, die wirtschaftlichen Anforderungen, die sich direkt zumeist in Kundenansprüchen niederschlagen, als *Herausforderungen* für die Kreativität der Unternehmen und nicht als schlichte (und in ihrem Kern böswillige) Einschränkungen zu verstehen. Im günstigen Fall, so lassen die ersten Erfahrungen hoffen, ist Netzwerkarbeit

[5] Sie beginnt im AV-Bereich etwa mit dem Markteintritt der privaten TV-Sender in Deutschland 1985, im IT-Bereich zu Anfang der 90er Jahre, verstärkt durch die wachsende Marktfähigkeit des Internet.

mit kreativen Menschen dann sogar besonders fruchtbar, vermutlich weil man das immanente kreative Potential von Netzwerken besser zur Geltung bringen kann, wenn man es gewohnt ist, kreativ zu arbeiten.
Typisiert zugespitzt kann man sagen: Medienunternehmen, die sich selbst ungebrochen als klassisch kreativ verstehen, werden kaum zur Netzwerkarbeit tendieren. Unternehmen mit einem Selbstverständnis als Dienstleister dagegen verhelfen dem Netzwerkgedanken zu weiterer praktischer Verbreitung in der Medienbranche. Dafür verhilft die Netzwerkpraxis den Unternehmen zu größerem Erfolg als Dienstleister - eigentlich ein gutes Geschäft für beide Seiten.

Literatur

Schellmann, B. et al. (2001): Medien verstehen – gestalten – produzieren. Haan-Gruiten

Schumann, M.; Hess, T. (2000): Grundfragen der Medienwirtschaft. Berlin – Heidelberg – New York

Stehr, N. (1994): Arbeit, Eigentum und Wissen. Frankfurt a.M.

Sydow, J.; van Well, B. (1996): Wissensintensiv durch Netzwerkorganisation – strukturationstheoretische Analyse eines wissensintensiven Netzwerkes. In: Schreyögg, G:/Conrad, P. (Hg.): Managementforschung 6. Wissensmanagement. Frankfurt a.M., 191-234

Sydow, J.; Windeler, A. (1999): Projektnetzwerke: Management von (mehr als) temporären Systemen. In: Engelhard, J.; Sinz, E. (Hg.): Kooperation im Wettbewerb. Wiesbaden, 211-235

Sydow, J.; Wirth, C. (2000): Produktionsformen von Mediendienstleistungen im Wandel - Von einer Variante der Netzwerkorganisation zur anderen. In: Kaluza, B.; Blecker, T. (Hg.): Produktions- und Logistikmanagement in Unternehmensnetzwerken und Virtuellen Unternehmen. Berlin etc., 147-174

Wissensbasierte Dienstleistungen

Jürgen Howaldt, Ralf Kopp

1 Einleitung

Wissensintensität erfordert Grenzüberschreitung

Die Entwicklung wissensintensiver Dienstleistungen und Produkte stellen das Netzwerkmanagement in doppelter Hinsicht vor Herausforderungen. Zum einen reicht der Rückgriff auf die Wissensressourcen einer Organisation alleine nicht mehr zur Bewältigung der anspruchsvollen, schnell wechselnden Anforderungen aus. Der steigende Innovationsdruck erzeugt wachsenden Bedarf an unverbrauchten Ideen und Wissen, welcher die Leistungsfähigkeit, kleiner und mittelgroßer Organisationen zu überfordern droht. Es entstehen fast zwangsläufig wandlungsfähige Netzwerke, in denen sich Akteure verschiedener Organisationen projektförmig zusammenschließen und nach Beendigung von Aufträgen neu formieren. Einigkeit dürfte wohl darüber bestehen, dass sich im Wettbewerb um Aufträge und bei der Entwicklung attraktiver neuer Dienstleistungsangebote in Zukunft immer weniger Organisationen als Einzelkämpfer gegenüberstehen, sondern zunehmend Netzwerke miteinander konkurrieren. Damit verschärft sich die Konkurrenz insofern, da bereits die Mitgliedschaft im Netzwerk Ausleseprozessen unterliegt.

Wenig Wissen über Wissen als Ressource

Zum anderen ist der zentrale Produktionsfaktor für den Wertschöpfungsprozess in derartigen Netzwerken „Wissen" (vgl. Stewart 1998; Sydow/van Well 1996). Gegenüber der optimalen Kombination von Wissen und Information, verlieren traditionelle Produktionsfaktoren (Boden, Kapital, Maschinen) an Bedeutung. Das Wissen über „Wissen als Ressource" und dessen netzwerkförmigen Organisationsprinzipien ist jedoch noch gering und bedarf weiterer Durchdringung praktischer Erfahrungen (vgl. Howaldt/Klatt 2003). Die Defizite haben bisher bspw. zu verheerenden Konsequenzen im Umgang mit Wissensmanagement geführt.

Das crosscomp-Projekt

In diesem Beitrag sollen ausgewählte Ergebnisse des Projektes cross company knowledge management (kurz: crosscomp)[6] vorgestellt werden. Das Projekt zielt auf die Erforschung und Erprobung neuer Konzepte und Methoden der Wissensgenerierung in organisationsübergreifenden Kooperationsnetzwerken entlang der „Wertschöpfungskette Wissen". Das besondere Interesse richtet sich auf den Modus der Wissensintegration unter Perspektive der effizienten Entwicklung qualitativ hochwertiger Dienstleistungsangebote bei

[6] Weitere Informationen zu diesem durch das Bundesministerium für Bildung und Forschung geförderten und vom Projektträger Arbeitsgestaltung und Dienstleistung (DLR) betreuten Projekt sind auf der Projekthomepage www.crosscomp.de zu finden.

kleinen und mittelgroßen Dienstleistungsunternehmen im Bereich Organisationsberatung und Multimedia.[7].

Im Rahmen unserer empirischen Vorarbeiten (Expertengespräche, Fallstudien, Intensivfallstudien) konnten wir erste Belege dafür sammeln, dass insbesondere für die kleineren, mittelständischen Unternehmen in wissensintensiven Branchen Netzwerkbildung und kooperatives Verhalten über Unternehmensgrenzen hinaus *eine* – wenn auch nicht die einzige – Handlungsstrategie ist, um Probleme der Wissensdynamik, der Personengebundenheit des Wissens und der Kontextabhängigkeit des Wissens unter der Voraussetzung begrenzter Ressourcen (Geld, Zeit) aufzulösen. Bei der Auswahl der Branchen war daher für uns entscheidend, dass Produkte oder Dienstleistungen zu einem überwiegenden Teil notwendig mit individuellem oder kollektivem Wissen im Sinne einer spezifischen Expertise oder Kompetenz verknüpft sind. Im Vergleich zu Unternehmen aus standardisierter Low Tech und/oder Massenproduktion mit hoher (Sach-)Kapitalquote stehen in der Beratungs- und IT-/Multimediabranche gleichermaßen das „Humankapital", also das Wissen in den „Köpfen" der Mitarbeiter, und das kollektive Wissen des Unternehmens, das über weitgehend immaterielle Dienstleistungen an Kunden vermittelt wird, im Vordergrund. Ein indirekter Indikator für die Wissensintensität ist im Verhältnis der Sach-/Anlagen-Kapitalquote und der Wertschöpfung eines Unternehmens zu finden. Je geringer diese Quote bei gleichzeitig hoher Wertschöpfung, desto „wissensintensiver" das Unternehmen.

Unstrittig scheint uns jedenfalls zu sein, dass Berater- und IT-/Multimedia-Dienstleister das Kriterium der Wissensintensität erfüllen und insbesondere die kleineren unter ihnen zur Bildung von Netzwerken neigen, um Probleme der Wissensgenerierung und –nutzung zu lösen.

2 Branchenspezifische Netzwerktypen

Drei Netzwerktypen

Vor dem Hintergrund unserer Fallstudien lassen sich drei zentrale Netzwerktypen ausmachen, die sich im Hinblick auf die Variablen Akteure, Kooperationsrichtung und Ziele unterscheiden lassen. Es sind dies:

- Strategische Netzwerke
- Virtuelle Unternehmen
- „Communities"

Während es sich bei den ersten beiden Typen um Formen von Unternehmenskooperationen handelt, die eine Reihe von Ähnlichkeiten mit den Netz-

[7] Fallstudien wurden u. a. durchgeführt beim Managementzentrum St. Gallen, Kienbaum Consulting, Kompetenzzentrum Netzwerkmanagement, Knowledge Park AG, Multimedia Community Märkische Region. Im Rahmen der Durchführung von vier Fallstudien in den USA nach der von Roth und Kleiner entwickelten Methode der „learning histories" sind Interviews mit Peter Senge, (Society of Organizational Learning, Massachusetts Institute of Technology), Edgar H. Schein (Massachusetts Institute of Technology), George Roth (Massachusetts Institute of Technology) und Jean Mc Donald (Society of Organizational Learning) geführt worden.

werken in anderen Branchen aufweisen, bilden die „communities" ein stark auf den Bereich IT-/Multimedia fokussiertes Phänomen (vgl. Klatt 2000).

Strategische Netzwerke

Vertikale Kooperation von Unternehmen

Strategische Netzwerke sind vertikale Kooperationen von Unternehmen entlang der Wertschöpfungskette des Wissens. Zentraler Akteur dieser Netzwerke ist ein Unternehmen, welches Struktur und Arbeitsweise des Netzwerkes bestimmt. Dieses Unternehmen wird auch fokales Unternehmen genannt. Innerhalb des Netzwerks unterhält das fokale Unternehmen Beziehungen zu anderen Mitgliedern, die Merkmale marktlicher und hierarchischer Koordination enthalten.
Ziel strategischer Netzwerke aus Perspektive des fokalen Unternehmens ist die Sicherung bzw. der Ausbau seiner Wettbewerbsposition durch eine kontinuierliche Innovation seiner „Produkte".

Die Erhöhung der eigenen Reputation durch die Kooperation mit kompetenten Partnern aus Wissenschaft und Wirtschaft steht hierbei im Vordergrund.

So bauen erfolgreiche Beratungsunternehmen wie Kienbaum, Diebold Consult oder das systemisch ausgerichtete OSB aus Wien seit Jahren systematisch ihre Netzwerke mit Kooperationspartnern aus Wissenschaft und Wirtschaft aus.

Virtuelle Unternehmen (Beratungs- und IT-/Multimediaverbünde)

Horizontale Kooperation von Unternehmen

Typisch für die Kooperation vieler kleiner bis mittelgroßer Unternehmen sind horizontale, gleichberechtigt kooperierende Beratungs- und IT-/Multimediaverbünde.

Hierbei handelt es sich um Kooperationsformen, deren zentrales Motiv die Schaffung von Synergien im Hinblick auf eine gemeinsame Produktentwicklung und Markterschließung ist. Eine besondere Bedeutung hat hierbei die Bündelung unterschiedlicher Kompetenzen, die es den beteiligten Partnern erlaubt, ihren Kunden umfassende Angebote „aus einer Hand" anzubieten.[8]

Im Gegensatz zu den strategischen Netzwerken steht hier kein „beherrschendes" Unternehmen im Zentrum. Vielmehr treten die beteiligten Unternehmen in der Regel als gleichberechtigte Partner auf, die ihre Kooperation nach vereinbarten Spielregeln gestalten. In der Regel orientieren sich die Partner dabei an gemeinsamen Leitbildern bzw. greifen auf ein gemeinsames Repertoire an Methoden, Instrumenten etc. zurück. Insbesondere im IT-/Multimediabereich basiert diese Kooperation häufig auf einer räumlichen Nähe im Rahmen von Medienzentren etc.

[8] Hierbei weisen diese Verbünde deutliche Ähnlichkeiten mit virtuellen Unternehmen auf, wie wir sie in den letzten Jahren in vielen KMUs und verstärkt auch im Handwerk vorfinden.

Es stellt sich die Frage, wie diese Gebilde zusammenhalten, ohne dass die Marktprinzipien aus der Kooperation eine maßlose Konkurrenz erwachsen lassen, die zu einem Auseinanderbrechen des Netzwerkes führt.

Virtuelle Unternehmen verfügen über wenig formale Koordinations- und Lenkungsstrukturen. Sie benötigen eine integrative Vision, die das Netzwerk zusammenhalten. Zudem ist es ratsam, bestimmte Spielregeln aufzustellen, um eine gemeinsame Grundlage zu schaffen. Sanktionsregeln eignen sich i.d.R. jedoch wenig. Wichtiger ist die Gewährleistung einer professionelle Koordination, die für eine adäquate Organisation der Wissensflüsse zwischen den Mitgliedern sorgt. Der Gefahr des unkontrollierten Know-how-Abflusses, lässt sich nur begrenzt entgegenwirken. So können Trittbrettfahrer ausgeschlossen werden, jedoch wichtige Wissensträger kaum am Verlassen des Netzwerkes gehindert werden. In der Regel ist es einfacher Ersatz zu finden als zu versuchen entsprechendes Know-how im Vorfeld zu archivieren.

Communities

Horizontale Kooperation von Personen

Anders als in den beiden oben beschriebenen Netzwerke sind die Partner in den „communities" nicht Unternehmen, sondern einzelne Personen. Communities sind nach außen nicht durch klar definierte Zielsetzungen oder Mitgliedschaftsregeln abgegrenzt.

Im Wesentlichen dienen communities dem Wissens- und Informationsaustausch. Dabei kann sich der Kontakt einzelner Personen fallweise zur konkreten Kooperation zwischen Unternehmen verdichten.

Insbesondere das Internet mit seinen Potenzialen, Information und Wissen unabhängig von Zeit, Raum und sozialer Herkunft frei verfügbar zu machen, hat im Medien/IT-Bereich die Bildung einer gemeinschaftsorientierten Branchenkultur unterstützt. Diese bildet den sozial-kulturelle Boden für lose gekoppelte, an den Rändern stark ausgefranste und oft über Einzelpersonen mediatisierte Netzwerke im Medien-/IT-Bereich. Dabei ist der Einfluss der normativen Muster der weltweiten Internet-Community nicht so groß, dass ökonomische Fragestellungen damit außer Kraft gesetzt werden. Aber begünstigt wird durch den gemeinsamen Erfahrungshintergrund dieser globalen Kultur der informelle Wissensaustausch, der Aufbau persönlicher Bekanntschaften und eine zwischen den Unternehmen und Mitarbeitern herrschende grundsätzliche Bereitschaft der Wissensweitergabe und des Wissenstausches. Auf die gemeinsamen Werte und Normen – zum Beispiel die freie Zugänglichkeit zu Information und Wissen und den ‚Glauben' an eine umfassende informationstechnische Durchdringung und Optimierung der Gesellschaft - kann der Wissensaustausch in communities zwischen Multimedia- und IT-Unternehmen aufbauen, um funktionierende Kooperationen und entsprechende Netzwerk-Institutionen zu entwickeln.

Communities stellen einen Netzwerktyp dar, bei dem die impliziten kulturelle Normen und Werte die Basis für eine explizite Gemeinschaft von mehreren, meist kleinen und jungen Unternehmen bildet.

Ökonomischer Nutzen ist in diesen Netzwerken nicht der erste und primäre Zweck. Er ergibt sich oft erst im Nachhinein als ein Nebeneffekt gegenseitigen Informations- und Wissensaustausch.

3 Besonderheiten der „Ressource" Wissen

In den von uns untersuchten Netzwerken hat sich gezeigt, dass der selbstverständliche Umgang mit der „Ressource" Wissen, kaum zum tieferen Verständnis derselben beigetragen hat. Insbesondere beim organisierenden Umgang mit Wissen haben traditionelle Vorstellungen (Wissen kann nie schaden; Viel hilft viel) zu Archivierungsexzesse geführt, die Innovationen, schnelle Reaktion und brauchbare Systemleistungen eher blockiert als gefördert haben (vgl. Kopp/Killich in diesem Band). Auf vier zentrale Besonderheiten des Wissens sei an dieser Stelle hingewiesen:

Wissen ist dynamisch

Wissen wird entwertet

Während technisierbares Wissen (z. B. technische Anleitungen, Wissen über Routinetätigkeiten) vergleichsweise leicht gesammelt, archiviert, abgerufen und gelernt werden kann, weil es statisch, ohne Kontext und auch in Zukunft unter veränderten Bedingungen gültig ist, ist das Medien-, IT- und Beratungswissen in den von uns untersuchten Netzwerken zu einem großen Teil einem ständigen, kontextabhängigen Erneuerungsprozess unterworfen.

Dies führt im Multimedia-/IT-Bereich und in der Beraterbranche zur ständigen Entwertung und Veränderung brauchbaren Wissens. Wissensentwicklung wird zur Daueraufgabe.

Die Vernetzung mit anderen Unternehmen wird zu einem wichtigen Bestandteil der Reduzierung von Unsicherheit im Innovationsverhalten und zu einem Medium effektiver Wissensgewinnung, ohne die kleinen, wenig kapitalkräftigen Unternehmen auf teure Weiterbildungsveranstaltungen oder auf den Einkauf externer Expertise über neue Fachleute angewiesen wären.

Wissen ist personengebunden

Wissen nicht von Personen trennbar

Sowohl in den Medien/IT- als auch in den Beraternetzwerken wird „Wissen" zuerst als eine personale „Kategorie" oder „Eigenschaft" verstanden. D. h. relevantes Wissen und Erfahrungen sind personengebunden und nur in geringem Maße und mit erheblichem Aufwand „abspaltbar".

Der prioritäre Weg zur Gewinnung von neuem Wissen führt daher über die Kontaktaufnahme zu personalen Wissensträgern im eigenen oder in anderen Unternehmen, daraus resultiert die wichtige Funktion informeller Erfah-

rungsaustausche, da diese die „doppelte Barriere"[9] *der Weitergabe von Wissen in Netzwerken am wirkungsvollsten umschiffen.*

Das spricht dafür, dass insbesondere das Fach-, Spezial- und Erfahrungswissen der IT-Experten, aber auch das kontextsensitive Erfahrungswissen der Berater sehr schwer standardisierbar ist, sich der Dokumentierbarkeit weitgehend entzieht und mithin über technische Datenträger kaum verfügbar wird. Viele der kontextsensitiven, personenorientierten Instrumente des Wissensmanagements sind für Einzelunternehmen entwickelt worden wie z. B. De-Briefings, lessons learned oder Mentoring-Modelle. Für Netzwerke sind sie oft ungeeignet, weil sie auf den zeitlichen und örtlichen Erfahrungszusammenhang und die Kultur einer Einzelunternehmung zugeschnitten sind. Techniken, die eine interorganisatorische Perspektive voraussetzen oder zumindest zulassen (z. B. Interorganisationale kollegiale Fallberatung), sind dagegen noch kaum verbreitet.

Wissen ist kontextgebunden

Wissen nicht verallgemeinerbar

Kontexte sind in dem hier zugrunde liegenden Verständnis immer dreierlei. Erstens „situativ", das heißt nicht beliebig reproduzierbar und wiederholbar: Im Beratergeschäft hat jeder Kunde seine besondere Problemsituation, Marktlage, Persönlichkeit. Zweitens „individuell", das heißt abhängig auch von der jeweiligen Erfahrungsgeschichte und den durchlaufenen Bildungsprozessen des Einzelnen. Drittens als Folge daraus: Kontexte enthalten nur eine begrenzte Anzahl an „generalisierbaren" Elementen, die für Lernen und Wissenstransfer herausdestilliert werden können.
Die untersuchten Netzwerke haben in der Regel keine gemeinsame Unternehmensgeschichte. „Kulturelle" Verbindungen gibt es eher über gemeinsame universitäre Wurzeln oder – im Falle der Multimedia-/IT-Unternehmen - über Teilhabe an der Internet-community oder gleicher Problemhorizonte (Probleme mit Behörden, Firmensitz in derselben Immobilie). Diese Faktoren können die natürlichen Schranken der Kontext- und damit auch Unternehmens- und Personengebundenheit - für das „Wissensmanagement" in Netzwerken partiell abschwächen.

Aber das Problem spiegelt sich dennoch in Verständigungsschwierigkeiten – etwa bei Arbeitskreissitzungen, in denen die Akteure häufig ihre Sicht der „Realität" vermitteln und keine Möglichkeit haben, die Problemsicht der anderen Unternehmen zu verstehen.

---

9 In Netzwerken ist gegenüber dem Wissensmanagement in Einzelunternehmen eine doppelte Barriere auf zwei Akteursebenen zu überwinden: Wie in Einzelunternehmen müssen die Mitarbeiter von den Ängsten des Wertverlustes durch die Weitergabe von Wissen geschützt werden. Darüber hinaus sind aber von Unternehmen zu Unternehmen die durch Konkurrenz und Sicherung eigener Kernkompetenzen bedingten Barrieren des Wissenstransfers und des Aufbaus einer gemeinsamen Wissensbasis zu überwinden. Diese Problemlage hat das Einzelunternehmen nicht, wenn auf einer gemeinsamen Unternehmenskultur und –identität aufgebaut werden kann.

Viele der vorhandenen Wissensmanagementkonzepte, -rezepte und –systeme, die das Problem der Kontextgebundenheit einbeziehen, sind auf die Belange von großen Einzelunternehmen zugeschnitten und müssen für Netzwerke völlig neu „erfunden“ werden. Dabei sind zentrale Rahmenbedingungen die Ressourcenknappheit (Personal, Zeit, Geld) von KMUs und die je spezifischen Typik der Netzwerke (strategisches Netzwerk, virtuelles Unternehmen, Community).

Belange von KMUs und Netzwerktypik zu wenig berücksichtigt

Wissen hat eine „andere Seite“

Ein angemessenes Verständnis des Wissens darf nicht allein an den beschriebenen Spezifika des Wissens und den teilweise in der Tradition der Aufklärung stehenden überhöhten Erwartungen an dessen Problemlösungspotential anknüpfen, sondern muss auch die „andere Seite des Wissens“ einkalkulieren (vgl. Baecker 2003). Im Rahmen des crosscomp-Projektes wurden eine Reihe derartiger Ambivalenzen und Paradoxien aufgedeckt bzw. empirisch unterfüttert. Dazu gehören u.a.

Wissen ist nicht per se „gut“

- Das exponentielle Wachstum von Informationen und das zum „Overload“ auf Seiten der Empfänger (Personen, Organisationen, Netze) führt und deren Verarbeitungskapazitäten um ein Vielfaches überschreitet. Wissen wird zur Last, bremst die Innovationsgeschwindigkeit und droht Kreativitätsimpulse zu erdrücken.

Overload

- Die erhöhte Komplexität der Wissensproduktion in wissensintensiven Branchen, das die Aufwände und Kosten enorm in die Höhe treibt. Insbesondere innovationsrelevantes Wissen unterliegt einer sinkenden Halbwertzeit. In der Beratungsbranche veraltet Wissen offenbar derart schnell, dass sich zumindest auf individueller Ebene der Aufbau von Fachwissen (Wissen erster Ordnung) kaum noch lohnt. Inhaltliches Wissen ist nicht mehr zu bewältigen. Aufgrund seiner Kurzlebigkeit kann dies aber verkraftet werden“.

sinkende Halbwertzeit

- Dass Phänomene der wissensbedingten Nichtwissenserzeugung (Wissen produziert immer auch Nichtwissen) sowie Phänomene unbeabsichtigter Folgen der Wissensexplikation (s. o.) unberücksichtigt bleiben. Organisationen können nur überleben, indem sie hoch selektiv mit Wissen umgehen, Daten nicht zur Kenntnis nehmen, und aus Informationen keine Schlüsse ziehen und fordert eine „positive Strategie“ im Umgang mit Nichtwissen. Es geht insofern im betrieblichen Kontext der Wissensorganisation immer auch um den bewussten Umgang mit Nichtwissen.

Wissen erzeugt Nichtwissen

4 Fazit

Vor dem Hintergrund dieser Ergebnisse lassen sich einige thesenförmige Schlussfolgerungen formulieren:

- Die Bildung von Netzwerken im Bereich von Beratungs- und IT-Dienstleistern ist primär eine Reaktion auf Wissensprobleme, die alleine nicht zu bewältigen sind. *Wissensaustausch und Generierung wird deshalb zur zentralen Zielsetzung der Akteure.*
- *Versuche personengebundenes Wissen zu explizieren ist enorm aufwendig und verfehlt oft den Zweck.* Die Stärke von Netzwerken ist die Herstellung unmittelbarer Verbindungen zwischen Wissensgebern und –nehmern.
- *Die Ausformung und Arbeitsweise in Wissensnetzwerken ist kulturabhängig.* Networking, Thinking in Networks und gewachsenes Community-Denken (im Medien-/IT-Bereich) ist bspw. so stark in den Alltagsstrukturen verankert, dass Wissensaustausch über Unternehmensgrenzen hinweg quasi zum selbstverständlichen Verhaltensrepertoire gehört. Es bedarf keinerlei besonderer Anreize. Freier Zugang und freie Weitergabe von Wissen gehört vielfach zum unhinterfragten Leitbild. Dazuzugehören und Ruhm (fame) für guten Ratschlag und intelligente Lösungen zu gewinnen, reichen oft aus.
- *Wissensnetzwerke und ersetzen keine konventionelle Unternehmensstrategien Sie ergänzen sie!* Markt- und hierarchieorientiertes Organisationshandeln wird nicht außer Kraft gesetzt. Networking ist niemals die einzige Handlungsmaxime, sondern sie wird als zusätzliches Instrument der Wissensgenerierung genutzt.
- *Die Bildung von zwischenbetrieblichen Wissensnetzen steht in Wechselwirkung mit der internen Struktur der beteiligten Unternehmen.* Je stärker sie nach innen netzwerkförmig aufgebaut sind, desto höher ist ihre Anschlussfähigkeit an externe Netze. Umgekehrt wirkt die Mitarbeit in Netzwerken auf die Einzelorganisationen zurück und fördert auch dort dezentrales arbeiten.
- Die Qualität der Wissensbasis von Netzwerken liegt in der Qualität ihrer Verbindungen (Knoten). Es kommt dabei nicht darauf an, dass alle Netzwerkpartner ihre Kompetenzen wechselseitig angleichen, sondern ihre Unterschiede optimal nutzen.

Als gemeinsame Wissensbasis reichen häufig Verzeichniswissen (Wer kann was?), Wissen über die Arbeitsweise und Arbeitsergebnisse im Netzwerke und Vernetzungswissen (Schaffung projektbezogener Schnittstellen und effiziente Verknüpfung der Schnittstellen auf Basis des Modularitätsprinzips).

Literatur

Baecker, D. (2003): Theorie und Praxis des Nichtwissens, in: Franz, H.-W.; Howaldt, J.; Jacobsen, H.; Kopp, R. (Hg.) (2003): Forschen – Lernen - Beraten. Der Wandel von Wissensproduktion und –transfer in den Sozialwissenschaften, Berlin, 93 - 101

Howaldt, J.; Klatt, R. (2003): Netzwerke des Wissens – Kooperationen im Kontext von Beratungs- und IT-/Multimediaunternehmen. In: Hirsch-Kreinsen, H.; Wannöffel, M. (Hg.): Netzwerke kleiner Unternehmen. Praktiken und Besonderheiten internationaler Zusammenarbeit, Berlin, 133 – 150

Klatt, R. (2000): Innovative Unternehmensnetzwerke in der Medienwirtschaft. Ein Essay über die seltsame Struktur wirtschaftlicher und gesellschaftlicher Wandlungsprozesse am Beispiel eines Modellprojektes. In: Walter R. H.; Kotthoff, H.; Peter, G. (Hg.): Soziale Räume, global players, lokale Ökonomien - Auf dem Weg in die innovative Tätigkeitsgesellschaft? Münster, 100 - 117

Stewart, T. A. (1998): Der vierte Produktionsfaktor. Wachstum und Wettbewerbsvorteile durch Wissensmanagement, München, Wien

Kooperationsnetze in der Gesundheitswirtschaft

Arno Georg

1 Einführung

Die Managementliteratur nennt eine Reihe differenzierter zwischenbetrieblicher Kooperationsformen auf einem Kontinuum zwischen unsystematischem, punktuellem Zusammenwirken bis zur Bildung eines „Gemeinsamen Betriebes“. Allen freiwilligen Kooperationen geht die Einsicht voraus, dass die gemeinsame Leistungsfähigkeit größer ist als die Summe der Einzelleistungen (Synergie) und damit geeignet, eine bessere Wettbewerbsposition zu erreichen.

Vielfalt der Kooperationen in „vermintem Gelände“

Auch wenn die Sozialökonomie die Leistungen des Gesundheitssystems insgesamt als meritorische Güter deklariert, die sich aus dem Sozialstaatsprinzip ergeben und daher – verkürzt – den Mechanismen des Marktes weitgehend entziehen, finden sich auch im Gesundheitssystem, oder neuerdings: in der Gesundheitswirtschaft zahlreiche Kooperationsnetzwerke, in denen zwischenbetrieblich Wissen, Technik oder Finanzen gebündelt werden, um Erfahrungstransfer, Leistungssteigerung und Kostensenkung, i. e. Erfolg am Markt, zu bewirken. In dem traditionell stark verrechtlichten und vermachteten System gibt es starke Barrieren, die einer sachorientierten Kooperation im Weg stehen können. Und wenn sich umgekehrt Netzwerke in der Gesundheitswirtschaft derzeit einer gesteigerten Beliebtheit erfreuen, so ist dies auch vor der „Drohkulisse“ zunehmender Deregulierung zu sehen (Rosenbrock 2003).

Bei der folgenden Darstellung praktischen Netzwerkens wollen wir in Anlehnung an Staudt (et al. 1992) drei Kooperationsformen unterscheiden:

Horizontale Kooperationen zwischen Unternehmen derselben Markt- oder Versorgungsstufe (etwa zwischen Arztpraxen), deren Produkte und Dienstleistungen ähnlich sein können. Dadurch ergeben sich Chancen der gemeinschaftlichen Aufgabenerfüllung: Austausch und konsiliare Beratung, gemeinsamer Einkauf, gemeinschaftliche Nutzung von (Groß-) Geräten etc.

Horizontal, vertikal, diagonal

Vertikale Kooperationen (z. B. zwischen niedergelassenen Ärzten und Krankenhäusern) führen Unternehmen unterschiedlicher Versorgungsstufen zusammen. Dadurch sollen Patientenströme besser gesteuert und Versorgungsprozesse besser koordiniert werden. Durch Know-how-Transfer werden darüber hinaus integrierte Verbundleistungen mit größerem Patientenservice angeboten.

Diagonale Kooperationen sind immer dort gegeben, wo Unternehmen branchenübergreifend zusammen arbeiten (z. B. Ärzte und Medizintechniker). Seltener geht es dabei um standardisierte Leistungen. Vielmehr wird die Integration verschiedener Wissensbestände hier eher zur Entwicklung neuer Produkte und Dienstleistungen (Entwicklung bildgebender Verfahren in der Diagnostik) oder betriebsindividueller Problemlösungen genutzt.

2 Strukturprobleme des deutschen Gesundheitssystems

„Sektorale Abschottung" produziert Über-, Unter- und Fehlversorgung

In internationalen Vergleichen der letzten Jahre ist mehrfach gezeigt worden, dass Deutschland zwar weltweit hinter den USA und der Schweiz die höchsten Pro-Kopf-Ausgaben für sein Gesundheitssystem hat, hinsichtlich vieler Output-Indikatoren allerdings kein qualitativer Vorsprung erkennbar ist (bei einem nur mittleren Rangplatz in der Lebenserwartung). Experten kritisieren die starke Orientierung auf die *kurative* Versorgung zu Lasten von Prävention und Gesundheitsförderung. So hat der Sachverständigenrat für die Konzertierte Aktion im Gesundheitswesen 2001 in seinem Bericht „Über-, Unter- und Fehlversorgung" insbesondere die defizitäre Versorgung chronisch Erkrankter kritisiert. Die sektorale Abschottung von ambulanter, stationärer, rehabilitativer und pflegerischer Versorgung behindere eine effektive wie effiziente Versorgung (nicht nur!) dieser vielfach multimorbiden Patientengruppe, deren Lebensqualität nur durch planvolle Institutionen übergreifende Behandlung erhöht werden könne.

Integrierte Versorgung ist nicht nur mit Geld zu bezahlen

Nun ist die Idee von der „integrierten Versorgung" nicht neu, aber bisher immer wieder gescheitert. Dafür werden viele Gründe versicherungs- und leistungsrechtlicher, organisatorischer oder qualifikatorischer Art angeführt, deren Stichhaltigkeit hier nicht weiter diskutiert werden kann. Nach Schönbach „fehlen für die Ärzte bis heute mit positiven Zielen motivierende Programme" zur Beteiligung an Modellen zur sektorübergreifenden Behandlung. Entsprechend hat primär die Realisierung von Verteilungszielen Bestand und unterbleibt die „Entmüllung der Medizin" (Schönbach 2003, 607).

Die Debatte über Optimierungen des Gesundheitssystems ist seit Jahren von Debatten über seine Finanzierbarkeit überlagert. Derzeit steht insbesondere der Krankenhaussektor im Blickfeld, da er den größten Ausgabenblock in der Gesetzlichen Krankenversicherung (GKV) bindet. Die Gesundheitsreform fördert den Wettbewerb der Krankenhäuser untereinander und könnte zu Verweildauersenkungen und reduziertem Patientenaufkommen im Krankenhaus führen. Krankenhausintern dürften sich daher Controlling, Prozessstandardisierung (clinical pathways) und Qualitätsmanagement verbessern.

Zukünftig zwingend mehr Vernetzung?

Inwieweit der demographische Wandel neben Umfang und Struktur des Erwerbspersonenpotentials auch eine Bedarfsentwicklung im Gesundheitswesen zugunsten der Vernetzung von Einrichtungen katalysiert, wird noch uneinheitlich diskutiert: So wird sich der Gesundheitszustand der nachkommenden Generation langfristig verbessern, gleichzeitig aber auch mit steigender Lebenserwartung der Anteil gesundheitlich beeinträchtigter und pflegebedürftiger älterer Menschen zunehmen.

3 Das Kooperationsfeld Gesundheitswirtschaft

„Gesundheitswirtschaft“: noch kein einheitlich definierter Begriff

Derzeit existiert (noch) keine einheitliche Definition des relativ neuen Begriffes „Gesundheitswirtschaft“. Vielfach wird der „weite“ Gesundheitsbegriff der Ottawa-Charta der Weltgesundheitsorganisation zugrunde gelegt, der Gesundheit als „Zustand eines vollkommenen körperlichen, geistigen und sozialen Wohlbefindens und nicht allein (als) das Fehlen von Krankheiten und Gebrechen“ definiert. Entsprechend dem ‚vergesellschaftlichenden’ Aspekt dieser Definition, mit dem auch die allgemeinen Lebensverhältnisse (Wohnen, Ernährung, Bildung etc) als Faktoren der Sicherung und Verbesserung von Gesundheit in den Blick kommen, können auch bisher häufig ausgeblendete Branchen und –segmente mit eher unspezifischem Gesundheitsbezug zur Gesundheitswirtschaft gezählt werden.

Wer dazu gehört

Im Kern der Gesundheitswirtschaft sind die „klassischen“ Leistungserbringer des Gesundheitssystems verortet: niedergelassene (Zahn-)Ärzte, Krankenhäuser, Apotheken etc. Sie erbringen Leistungen zu Prävention, Diagnose, Therapie, Rehabilitation und Pflege, i. d. R. als Leistungserbringer für die GKV. Darum gruppieren sich Einrichtungen behandlungsnaher ambulanter Pflege und Rehabilitation sowie die vielfältigen Einrichtungen der Patientenselbsthilfe. Hinzu kommen Einrichtungen der Forschung und Beratung, privatwirtschaftliche Anbieter gesundheitsorientierter Produkte und Dienstleistungen (Medizintechnik, pharmazeutische Industrie, Biotechnologie, etc.). Im o. g. Sinn werden auch solche Unternehmen zur Gesundheitswirtschaft gerechnet, die nur z. T. Bezüge zu gesundheitsrelevanten Aspekten haben, wie z. B. die Bereiche Ernährung, Freizeit- und Tourismus, „Lifestyle“, Immobilien, altengerechter Möbelbau.

Gesundheitswirtschaft NRW in Zahlen

Für Nordrhein Westfalen ist die Betriebs- und Beschäftigtenstruktur beispielhaft quantitativ aufbereitet worden (Ministerium für Frauen, Jugend, Familie und Gesundheit [MFJFG] 2002). Danach waren Mitte der 90er-Jahre etwa 957.000 Personen in der Gesundheitswirtschaft Nordrhein-Westfalens beschäftigt, wobei zwischen 1985 und 1998 ein Beschäftigungswachstum von über 20 % erreicht wurde.

	abs.	%
Gesundheits- und Arbeitsschutz	11.055	1,2
Ambulante Gesundheitsversorgung	373.081	39,0
Stationäre und teilstationäre Gesundheitsversorgung	362.351	37,9
Krankentransporte/Rettungsdienste	10.500	1,1
Verwaltung (ca.)	50.000	5,2
Ausbildungsstätten und Forschungseinrichtungen (ca.)	10.000	1,0
Vorleistungs-/Zulieferindustrien	113.293	11,8
Nachbarbranchen des Gesundheitswesens	27.000	2,8
Insgesamt (ca.)	957.280	100,0

Abb. 1: Gesamtbeschäftigtenzahlen im Gesundheitswesen in Nordrhein-Westfalen 1998

Heimlicher Superstar unter den Wachstums-branchen?

Von zahlreichen Experten wird die Gesundheitswirtschaft als eine weiterhin stark wachsende Branche angesehen. Ein bedeutsamer Wachstumsmotor dürfte der steigende Stellenwert von gesundheitlichem Wohlbefinden und Lebensqualität in der Bedürfnis- und Wertehierarchie der Bevölkerung sein (Schönheitschirurgie, Lifestyle Drugs wie Viagra oder Anti-Ageing-Salben). Bei gestiegener Lebenserwartung ist außerdem eine verstärkte zahlungsfähige Nachfrage nach Produkten und Dienstleistungsangeboten für die ‚aktiven Alten' erkennbar. Einrichtungen der „traditionellen" Gesundheitswirtschaft sind auf diese Entwicklung kaum vorbereitet.

4 Das Spektrum der Kooperationsnetzwerke

Für die buntscheckige Vielfalt der meist horizontalen Netzwerke in der Gesundheitswirtschaft erscheint ein vierstufiger Sortierungsvorschlag von Lingenfelder und Kronhardt (Lingenfelder/Kronhardt 2001) hilfreich, die in ihrer Arbeit nach Erfolgsfaktoren medizinischer Versorgungsnetze gesucht haben. Auch wenn Netzwerke nicht immer trennscharf zugeordnet werden können oder auch ihren Charakter dynamisch verändern, hilft diese Gliederung doch, Reichweite und Verbindlichkeit zu differenzieren (ohne dabei den spezifischen Nutzen für die Beteiligten zu bewerten).

Reichweite und Verbindlichkeit als Sortierkriterien

In die Kategorie *Informeller Erfahrungsaustausch* fallen Kontakte geringer Verbindlichkeit, wie z. B. „Ärztestammtische".

Kurzfristige monetäre Ziele stehen im Vordergrund der Kooperation, wenn Netzwerke zu Beschaffungs- oder Gerätegemeinschaften, zur gemeinsamen Buchhaltung oder dem Personalpooling gebildet werden.

Zahlreiche Netze, die hinsichtlich Aufbau, Größe und Beteiligtengruppen stark differieren können, verfolgen *Qualitäts- und Serviceziele*. Netze dieser Gruppe können z. B. gemeinsame Bereitschaftsdienste oder eine gemeinsame Leitstelle betreiben. Hier finden sich darüber hinaus engagierte Qualitätsmanagement-Programme und Bemühungen, Medizin evidence based zu betreiben.

Die größte Verbindlichkeit, den höchsten Aufwand, die höchsten Ansprüche an effiziente Versorgung – aber auch das größte (Scheiterns-)Risiko - bieten Netzwerke mit *strukturverträglichen Zielen.* Dazu gehören finanzielle Kooperationen mit Kostenträgern, die Durchführung von Disease Management Programmen (DMP), Kombinierte Budgets und Managed Care-Programme. Etwa in dieser Reihenfolge sind auch die Beispiele netzwerkförmiger Kooperation dargestellt. Zuliefernetze und regionale Netzinitiativen folgen abschließend als zukünftig an Bedeutung gewinnende ‚Sonderformen'.

Medizinische Kompetenznetze

Fachlicher Austausch und Laieninformation

Auf zahlreichen Fachgebieten haben sich Ärzte, Kliniken, (universitäre) Forschungseinrichtungen und Hersteller zu medizinischen Kompetenznetzen zusammengeschlossen. In diesen Netzwerken stehen Austausch, oder Entwicklung fachpolitischer Empfehlungen im Vordergrund (selten: gemeinsame Forschung/Evalu-ation. Zentral für den Informationsfluss sind dabei in steigendem Maß Internet und Intranets. Neben einem offenen Bereich, der jedem Interessierten/Laien die Möglichkeit gibt, sich z. B. über neue diagnostische oder therapeutische Methoden zu informieren, gibt es vielfach einen geschlossenen Bereich, der telemedizinische Dienstleistungen anbietet und dem fachlichen Austausch autorisierter Fachnutzer vorbehalten ist.

Deutsches Gesundheitsnetz (D/G/N)

Beispiel Deutsches Gesundheitsnetz

Ausgehend von Diskussionen innerhalb des von Bundesforschung- und -gesundheitsministerium gegründeten Forums ‚Info 2000' haben Einrichtungen der medizinischen Selbstverwaltung das „Deutsche Gesundheitsnetz" gegründet. Als erstes Projekt dieser Art versuchte es, auf breiter Basis die Interessen der beteiligten Gruppen und die ministeriellen Vorstellungen umzusetzen und ein attraktives Angebot telemedizinischer Dienste anzubieten. Das D/G/N-Konzept umfasste ursprünglich zwei – mittlerweile getrennte – Ebenen: ein patientenorientiertes Serviceangebot für Patienten mit dem Gesundheitsportal „YAVIVO" (inzwischen lifestyleorientiert in der Regie von „Lifeline") und ein intranetbasiertes medizinisches Informationszentrum als Service- und Kommunikationsforum für Ärzte, Apotheker und Zahnärzte (in Kooperation mit multimedica). Das inhaltliche Angebot des D/G/N enthält derzeit die Bereiche Intranet/Internet, Finanzen und Medizin. Neben 12 Fachportalen mit über 100 ansprechbaren Experten werden täglich Nachrichten aus Medizin und Gesundheitspolitik sowie monatlich über 50 internationale Studien komprimiert angeboten. „Kollegenforen" dienen dem Austausch ‚aus der Praxis für die Praxis'. Ergänzt wird das Angebot durch Finanz- und Steuerinfos und betriebswirtschaftliche Beratungswerkzeuge.

Selbsthilfe Für zahlreiche Krankheiten bzw. Fachgebiete haben sich darüber hinaus regionale Gruppierungen gebildet, wie das Onkologienetzwerk Ostsachsen oder Patienten-Verbünde, wie das Netzwerk Fibromyalgie (für eine noch relativ wenig erforschte Erkrankung). Auf das weite Felde der Selbsthilfekooperationen und ihr Zusammenwirken mit den medizinischen

Professionen und der Wirtschaft kann hier nicht weiter eingegangen werden (vgl. dazu Badura/von Ferber 1981).

Dortmunder PragMaGuS-Netzwerk

Arbeitsweltbezogene Prävention im Verbund zu organisieren ist der Zweck des Dortmunder PragMaGuS-Netzwerkes. Dortmunder Kleinunternehmen und alle für Gesundheit und Sicherheit im Betrieb kompetenten regionalen Handlungsträger (Berufsgenossenschaften, Amt für Arbeitsschutz, IHK, DGB, Gewerkschaften, AOK, Bundesanstalt für Arbeitsschutz und Arbeitsmedizin, etc.) entwickeln und betreiben ein internetgestütztes und auf die besonderen Bedarfe von Kleinbetrieben zugeschnittenes Modell des Gesundheits- und Sicherheitsmanagements.

Zahlungsbereite Nachfrage nach virtuellen Netzen überschätzt

Einige Kompetenznetze mussten allerdings bereits die Erfahrung machen, dass ihre Attraktivität für Experten wie Laien nur durch Aktualität dauerhaft gesichert werden kann. Finanzielle Aufwände des Dauerbetriebs wurden unter- und das konkurrenzfreie Interesse der ‚community' im vermachteten Gesundheitsbereich überschätzt, so dass thematische Umorientierungen und neue finanzstarke Partner gesucht werden mussten.

Krankenhaus - Netzwerke

Arbeitsteilung der Krankenhäuser

Neben der Nutzung betriebsgrößenbedingter Kostenvorteile in einem Verbund (Ressourcenpool, gemeinsamer Einkauf etc.) liegen horizontale Kooperationsnetze zwischen Krankenhäusern im medizinischen Bereich häufig in der Form vor, dass Krankenhäuser (einer Region) ihre Leistungskataloge so koordinieren, dass z. B. ein Krankenhaus alle operativen Fachrichtungen vorhält, ein anderes nur konservativ tätig ist und die Patienten entsprechend gesteuert werden. Die Koordination kann sich auch nur auf ausgewählte Leistungsarten beziehen.

So kooperieren die Kliniken Essen Mitte in einem onkologischen Klinikverbund mit dem Alfried-Krupp-Krankenhaus: Dieses übernimmt die Strahlentherapie, die Kliniken EM erbringen internistische onkologische Leistungen. Radiologie und Nuklearmedizin werden in Kooperation mit einer Gemeinschaftspraxis betrieben, wobei die Kliniken EM die Spitzendiagnostik in der Praxis einkaufen.

Gesundheitsnetze und Praxisnetzwerke

Weites Feld mit starker Dynamik

Vielerorts haben sich lokale Gesundheitsnetze zwischen – vorrangig – niedergelassenen Ärzten und anderen medizinischen Einrichtungen gebildet, um die Lücke zwischen Fachinformationssystemen, den (geschlossenen) Klinik- und Praxisnetzen und den Patienten zu schließen. Sie bieten unverbindlich und ohne Zugangsbarrieren über das Internet oder Infotelefone ein weites Spektrum meist gemischter Teledienstleistungen: von der reinen Patienteninformation über standespolitische Koordination und Fachaustausch. Aller-

dings können sie auch die „Keimzelle" für prozessoral dichter werdende Kooperation sein.
So bauten einige Netzwerk-Initiativen im ambulanten Sektor auf dem sog. „Hausarztmodell" auf, das die Steuerung zwischen Haus- und Fachärzten verbessern sollte. Wo der Hausarzt zunächst nur „Lotse" durch das Gesundheitswesen sein sollte, ist in vernetzten Praxen durch einen höheren Grad der Leistungsintegration und weitergehend: der gemeinsamen Qualitätssicherung oftmals eine enge und verbindliche Koordination und Kooperation, bis hin zur Erarbeitung gemeinsamer Behandlungsleitlinien, erreicht worden. Chancen (!) größerer Stabilität entstehen, wo das Netzwerk über ein eigenes Budget zur Steuerung der Leistungen verfügt.
Im Folgenden sollen zwei Beispiele ärztlicher Praxisnetze, ein existierendes und ein gescheitertes Projekt, vorgestellt werden, die versuch(t)en, durch wirtschaftliche Synergieerzeugung und fachlichen Austausch gute Versorgungsqualität für ihre Patienten zu gewährleisten.

Die „Ärztliche Qualitätsgemeinschaft Ried" (ÄQR)

Der Klassiker I: Ärzte im Ried für Qualität

Die ÄQR beschreibt die im Ried vernetzten Arztpraxen als eine Gruppe von Arztpraxen, die sich „zusammengesetzt" und sich vertraglich „zur verbesserten Versorgung ihrer Patienten verpflichtet" haben. Im Vordergrund steht die humane Krankenversorgung durch Vermeidung aller unnötigen Krankenhauseinweisungen. Dies wird erreicht durch eine gemeinsam betriebene Koordinationsstelle außerhalb der Sprechstundenzeiten, die lückenlose wohnortnahe Präsenz aller für die Akutversorgung notwendigen Fachgebiete bei zeitlicher Entlastung der Einzelpraxis sicherstellen soll.
Um die angezielte qualitätsgesicherte und zuwendungsorientierte Versorgung auch realisieren zu können, setzt die Initiative auf eine weitreichende schriftliche Selbstverpflichtung aller teilnehmenden Ärzte. Sie beinhaltet die Aufstellung von Präsenzplänen außerhalb der normalen Sprechstunden, Mitarbeit bei der Erstellung von Behandlungsempfehlungen, Konsiliartätigkeit bei Anforderung, den Einsatz von Patientenbüchern, Nutzung moderner Kommunikationsmedien, Kommunikation mit nichtärztlichen Heilberufen sowie regelmäßige interne Weiterbildung.

Das Praxisnetz Berliner Ärzte

Der Klassiker II: Berliner scheitern an internen Defiziten

Das Praxisnetz Berliner Ärzte war 1997 als Modellvorhaben nach §§ 63 ff. SGB V gestartet und lief bis 2001 (seitdem Weiterführung als Praxisnetz Berlin e. V.). Vertragspartner waren die Kassenärztliche Vereinigung Berlin, der BKK-Landesverband Ost und die Techniker Krankenkasse. Der Zugang zum Netz war freiwillig. Insgesamt beteiligten sich etwa 600 Ärzte aller Facharztrichtungen, die sich in elf regionalen Teams organisierten und ca. 25.000 Patienten versorgten.
Das Netzwerk erreichte zwischenzeitlich eine verbesserte Kommunikation der beteiligten Ärzte, organisierte eigene Hausbesuchsdienste und eine verlängerte Bereitschaft. Netzärzte trafen sich zu Netzkonferenzen und Qualitätszirkeln und erarbeiteten Behandlungsleitlinien. Krankenhauseinweisungen und Doppeluntersuchungen konnten vermindert werden, und der Strukturver-

trag machte zwei Jahre lang den wirtschaftlichen Betrieb möglich. Letztlich scheiterte das Netzwerk aber an der nicht dauerhaft stabilisierbaren Verbindlichkeit der Netzstrukturen, dem Fehlen klarer strategischer Steuerung und dem Scheitern der Übernahme von Budgetverantwortung.

Möglichkeiten der Netze nicht vorschnell überschätzen

Mittlerweile sind zwar Praxisnetze fast flächendeckend in der BRD entstanden und leisten gute Arbeit. Für eine aus der Sicht mancher Netzwerke formulierten „Reform von unten" allerdings sind sie u. E. allerdings oft zu wenig marktmächtig. Mangelnde Verbindlichkeit, lokale Wettbewerbskonflikte mit eigenen Verbänden und anderen gesundheitspolitischen Institutionen und die Tatsache, dass Netzarbeit Mehrarbeit ist, sind limitierende Bestandsfaktoren.

Netzwerke zur Kooperation von ambulanter und stationärer Versorgung

Trennung von ambulant und stationär: keine glückliche Entwicklung

Durch sozialpolitische Steuerung und standespolitische Egoismen haben sich vertragsrechtliche und Angebotsstrukturen wie Vergütungssysteme im deutschen Gesundheitssystem in den letzten Jahrzehnten überwiegend isoliert voneinander entwickelt. Insbesondere die Trennung der ambulanten und stationären Versorgung kann zu Behandlungsdiskontinuitäten und unangemessenen Versorgungslagen führen. Persönlich erfahrbar sind medizinisch nicht immer begründbare Wiederholungen von Untersuchungen oder Behandlungen im Krankenhaus, die bereits in der ärztlichen Praxis erfolgt sind. Suboptimale Versorgungsqualität für den Patienten kann auch entstehen, wenn in der Behandlungskette - 1. erste Diagnose: niedergelassener Arzt, 2. Behandlung im Krankenhaus, 3. Nachbehandlung durch den einweisenden Arzt – keine ausreichende Kommunikation zwischen den Leistungserbringern stattfindet. Neben den medizinischen Problemen ergeben sich durch die Trennung der Versorgungssektoren negative Auswirkungen auf die Kosten im Gesundheitssystem durch Doppelvorhaltung von Personal wie Großgeräten.

Viele Ansatzpunkte und unausgeschöpftes Potential für Kooperationsnetze

Dabei bietet die Kooperation des stationären mit dem ambulanten Bereich entlang der Versorgungskette zahlreiche Ansatzpunkte zur *vertikalen* Zusammenarbeit der ambulanten, prä-, teil-, voll- und poststationären Behandlung, Rehabilitation und Pflege. Tatsächlich existieren auch zahlreiche kleinräumig organisierte Netzwerke von Krankenhäusern und niedergelassenen Ärzten, die zumindest partiell kooperieren, sei es auch „nur" durch die zeitnahe Erstellung und Besprechung von Entlassungsbriefen oder die Organisation gemeinsamer Fortbildungsveranstaltungen.

Beispiel: Mit dem Krankenhaus vernetzte Praxen

Das Modell der *mit dem Krankenhaus vernetzten Praxen* erlaubt ausgewählten niedergelassenen Ärzten den Zugriff auf elektronische Patientendaten des Krankenhauses. So können schnell und ‚kostenlos' Ergebnisse bildgebender Verfahren ausgetauscht, ggf. der Rat des im Krankenhaus arbeitenden Spezialisten eingeholt werden oder durch Zugriff auf das Terminsystem ein freier OP-Termin durch den niedergelassenen Arzt per E-Mail blockiert werden. Neben der Steigerung der Versorgungsqualität ist dies eine gute Möglichkeit zur „Kundenbindung" einweisender Ärzte an das Krankenhaus. Denn wenn das neue Vergütungssystem für Krankenhäuser (auf „Disease Related Groups") tatsächlich dort Kapazitätsrückgänge zur Folge hat, wird der Arzt als ‚gate-keeper' bei der Wahl des Krankenhauses durch den Patienten für die Krankenhäuser von (auslastungs)strategischer Bedeutung.

Beispiel: Der Niedergelassene im Krankenhaus

Eine weitere Option zur Zusammenarbeit ist die *Vermietung* von Klinikräumen an niedergelassene Ärzte, die dort – im Unterschied zu Belegärzten - ihre eigene Praxis führen, klinikeigene Einrichtungen nutzen oder sogar selbst betreiben. Krankenhäuser versuchen auf diese Weise eine Diversifizierung ihrer Angebotspalette anzubieten, die u. U. Marktvorteile schafft (z. B. Dialyse-Einrichtungen, Orthopädiehandlung).

Netzwerke in Disease Management Programmen (DMP)

DMPs: bisher nur ein viel versprechendes Konzept

Vielfach gescheitert, hat das neue Gesundheitsmodernisierungsgesetz (GMG) nunmehr einen weiteren Versuch gestartet, eine integrierte Versorgung von Patienten möglich zu machen. War in der Vergangenheit kritisiert worden, versorgungspolitische Visionen seien rechtlich nicht so unterfüttert worden, dass sie auch alltagstauglich seien, es seien zu wenig oder falsche Leistungsanreize für Leistungserbringer gesetzt und nicht ausreichende Information der Patienten erfolgt, so könnte mit den DMPs in Zukunft mehr vernetzte Versorgung möglich sein.

Gesundheitsreform bietet neue Chance für DMP-Qualitätsnetze

Mit dem GMG hat der Gesetzgeber den Krankenkassen die Möglichkeit gegeben, DMPs für spezielle Krankheiten (zunächst für Diabetes mellitus Typ 2 und Brustkrebs) anzubieten. Damit kann eine systematische, evidenzbasierte [10] Versorgung der Patientengruppen qualitativ hochwertig und effizient erbracht werden. Alle Maßnahmen zu Prävention, Diagnostik, Behandlung, Rehabilitation, Pflege werden dauerhaft einbezogen und aufeinander abgestimmt. Die Steuerung der Behandlung erfolgt auf der Grundlage des besten aktuell verfügbaren Wissensstandes. Dazu formulieren medizinische Experten Mindestanforderungen, die ein DMP erfüllen muss sowie evidenzbasierte Behandlungsleitlinien. Parallel zur verpflichtenden Weiterbildung der Leistungserbringer sollen auch die Patienten, mit Unterstützung ihrer Krankenkassen, zum eigenverantwortlichen Umgang mit ihrer Krankheit befähigt werden.

Damit die DMPs angeboten werden können, sind Verträge mit Patienten und Ärzten erforderlich: Die Einschreibung der Patienten in ein Programm soll sie stärker an die besonders kompetenten Ärzte und Einrichtungen des DMP-Netzwerkes binden; Behandler verpflichten sich vertraglich, die definierten wissenschaftlich gesicherten Standards anzuwenden. Schließlich sind Qualitätssicherungsmaßnahmen und Evaluationen Teil aller DMPs.

Beispiel „Brust-Kompetenzzentrum Frankfurt/Rhein-Main"

So startet zu Beginn 2004 das brustkrebsbezogene DMP im „Brust-Kompetenzzentrum Frankfurt/Rhein-Main". Das Zentrum basiert auf der Kooperation von 10 Kliniken der Region, niedergelassenen Gynäkologen und Krankenkassen. Neben Routine in Diagnostik und OPs müssen alle beteilig-

[10] Nach Sackett (1997) ist evidenzbasierte Medizin „... der gewissenhafte, ausdrückliche und vernünftige Gebrauch der gegenwärtig besten externen, wissenschaftlichen Evidenz für Entscheidungen in der medizinischen Versorgung individueller Patienten. Die Praxis der evidenzbasierten Medizin bedeutet die Integration individueller klinischer Expertise mit der bestmöglichen externen Evidenz aus systematischer Forschung".

ten Klinikärzte über fundierte Spezialkenntnisse in der Versorgung von Brustkrebs verfügen. Regelmäßige Tumorkonferenzen im Universitätsklinikum Frankfurt, Qualitätszirkel, gemeinsame Fallbesprechungen und strukturierte Patientengespräche sollen die Koordination der Leistungsprozesse im Netzwerk von Klinik und niedergelassenen Ärzten verbessern. Die Qualitätssicherung der medizinischen Leistungen erfolgt über eine gemeinsame Einrichtung.

Case Management (CM)

Mit allen geeigneten Mitteln ...

Was in den DMPs erst noch breit aufgebaut werden soll, hat sich vereinzelt bereits kleinräumig mehr oder weniger selbständig als „case management" in robusten, aber sehr anspruchsvollen vertikalen Kooperationsnetzen entwickelt. Unter CM wird ein Ansatz verstanden, als erweiterte Einzelfallhilfe unter komplexen Bedingungen alle für bestimmte Zielgruppen erforderlichen medizinisch-pflegerischen oder psycho-sozialen Hilfemöglichkeiten zu identifizieren, zu koordinieren und so einen ungehinderten Zugang zu allen gesundheitsrelevanten Dienstleistungen innerhalb und außerhalb des Gesundheitssystems zu schaffen. CM soll das richtige Dienstleistungsbündel für den Menschen und seine spezielle Problemlage mit seiner Beteiligung zusammenstellen und Zusammenarbeit organisieren sowie darüber hinaus den optimalen Einsatz von Ressourcen im Gesundheits- und Sozialwesen sichern helfen. Dies ist insbesondere bei Erkrankungen wichtig, bei denen der Verlauf mehrfach neue, d.h. angepasste Diagnostik und Therapie erfordert. Dort hat der behandelnde Arzt neben seinen ‚üblichen' eine zusätzliche koordinierende Managementaufgabe in Richtung auf andere Fachärzte, Kliniken, nicht-ärztliche Berufe und Angehörige/Selbsthilfe.

Beispiel Arbeitskreis „Case-Management Demenz"

Familienpflege Pflegedienste Private Pflege Nachbarschaftshilfe Sozialstationen	Niedergelassene Ärzte und nichtärztliche Therapeuten, Nervenärzte, psychiatrische und psychotherapeutische Fachgruppen, Ambulante Physio- und Ergotherapie, Ambulante Rehabilitation, Soziotherapie	Selbsthilfegruppen für Angehörige, Beratungsstellen, Sozialpsychiatrischer Dienst der Gemeinden oder des Kreises, Alzheimer-Sprechstunde, Memory-Klinik, Alzheimer-Gesellschaften

Abb. 2: Versorgungsnetz für alte Menschen mit Demenzsyndromen (Arbeitskreis „Case-Management Demenz")

Diese sektorübergreifende Leistungserbringung erfolgt üblicherweise unter Federführung der Krankenkassen in freiwilliger Beteiligung von Ärzten und Patienten.

Zulieferbeziehungen in der Gesundheitswirtschaft

Gute Zulieferbeziehungen wachsen sehr langsam

Die Analyse und Optimierung von Zulieferbeziehungen mit dem Ziel der Integration externer Leistungserbringer in die eigene Organisation ist von Krankenhäusern in der Vergangenheit überwiegend zugunsten des internen Qualitätsmanagements vernachlässigt worden. Dabei können diese komplexen Beziehungen gravierende Auswirkungen auf Qualität und Kosten der Geschäftsprozesse haben. Schließlich hat ein Krankenhaus ca. 300 bis 500 Lieferanten pro Woche. Zwar liegen durch die Praxis des Outsourcing „patientenferner" Dienste (Gebäudereinigung, Sondermüllentsorgung, Wäscherei) bereits langjährig überwiegend gute Kooperationserfahrungen vor, es ist aber auch deutlich geworden, dass mit der Ausgliederung von Leistungen auch Schnittstellenprobleme entstehen können, deren Bearbeitung „neue" Kompetenzen voraussetzt. Entsprechend behutsam entwickeln sich langfristige Partnerschaften zwischen Kliniken und Lieferanten (wie sie etwa aus dem Supply Management der Elektroindustrie bekannt sind), in denen gemeinsame Problemlösungsteams von Klinik und Zulieferer ihre Systemlösungen passgenau an den Bedürfnissen der Krankenhäuser orientieren.

Beispiel Netzwerk „Zulieferinitiative"

So haben sich in Ostwestfalen 17 Unternehmen zum Netzwerk „Zulieferinitiative" zusammengeschlossen. In ihm sind Zulieferer der Sektoren Medizintechnik, Pharmazie, Logistik und Kommunikationstechnologien, Gebäudemanagement etc. vertreten, die durch gemeinsame Entwicklungsprojekte krankenhausorientierte Lösungen bzw. Produktverbesserungen entwickeln wollen.

Netzwerk bietet Chancen für Klein- und Mittelbetriebe

Insbesondere für Klein- und Mittelbetriebe liegen Chancen in der Einbindung in regionale Cluster vernetzter Einrichtungen der Gesundheitswirtschaft entlang der gesamten Wertschöpfungskette wie auch einschlägiger Verbände, Forschungseinrichtungen oder anderer regionaler Institutionen, um die besonderen Anforderungen (komplexe Produkte und Dienstleistungen mit immer kürzeren Innovationszyklen) zu bewältigen.

Regionale Profilierung

Wettbewerb der gesunden Regionen

„Bundeshauptstadt der Gesundheit und Medizin" Erlangen, die „Gesundheitsregion Ostwestfalen-Lippe" oder die „Gesundheits- und Fitnessregion Kreis Ahrweiler" kennzeichnen Aktivitäten der Gesundheitswirtschaft in Kombination mit innovativer Regionalpolitik ihre Marktchancen zu verbessern: Gesundheitsbezogener Know-how-Export, stärkere Vermarktung eigener Gesundheitseinrichtungen über die Region hinaus oder der Aufbau neuer Geschäftsfelder (Fremdenverkehr um gesundheitsbezogene Komponenten ergänzt) funktionieren per se nur im Verbund erfolgreich.

Beispiel „Initiative Seniorenwirtschaft"

Die „Initiative Seniorenwirtschaft" in Nordrhein-Westfalen, die zu Beginn des Jahres 2000 von den Ministerien für Arbeit, Soziales, Qualifizierung und Technologie (MASQT) sowie Frauen, Jugend, Familie und Gesundheit (MFJFG) initiiert wurde, soll die Entwicklung seniorenorientierter Produkte und Dienstleistungen multizentrisch unterstützen und zudem Beschäftigungsmöglichkeiten in diesem Segment fördern. Analysiert werden nicht nur Lebenssituationen älterer MitbürgerInnen, sondern auch betriebliche Bedingungen solcher Unternehmen, die Produkte und Dienstleistungen für Ältere anbieten sowie die Bedingungen zur Mobilisierung der Kaufkraft älterer BürgerInnen in NRW. Neben den direkten wirtschaftlichen Auswirkungen in NRW will sich das Land bundesweit damit als Kompetenzstandort für Fragestellungen profilieren, die das Altern der Gesellschaft betreffen.

5 Fazit

Kooperation als tragfähiges Leitbild etablieren

Unternehmen in Netzwerken stehen trotz einer Kooperation in Teilbereichen ihres Aufgabenfeldes weiterhin in einem Konkurrenzverhältnis zueinander. Trotz der zahlreichen Beispiele guter Praxis ist es in der Gesundheitswirtschaft bisher noch nicht gelungen, Kooperation als tragfähiges Leitbild breit zu etablieren. Vertrauen erarbeiten, klare Konzepte entwickeln und stringent steuern sowie „klein anfangen" dürften erfolgsförderliche Vorgehensweisen bei Netzaufbau und -betrieb sein.

Es gibt noch viel zu tun …

Entsprechend sind Anreizsysteme zur Förderung des Aufbaus medizinischer Versorgungsnetze, Bedingungskonstellationen des netzkonformen Verhaltens der Leistungserbringer sowie die Weiterentwicklung von Evaluationsinstrumenten für Versorgungsnetzwerke wichtige Themen weiterer Forschungsarbeit.

Literatur

Badura, B.; von Ferber, Chr. (Hg.) (1981): Selbsthilfe und Selbstorganisation, München, Wien

Hilbert, J.; Naegele, G. (Hg.) (1999): Qualifizierte Dienstleistungen, Dortmund

Lingenfelder, M.; Kronhardt, M. (2001): Marketing für vernetzte Systeme. In: Kreyher, V.: Handbuch Gesundheits- und Medizinmarketing, Heidelberg, 124 – 145

Ministerium für Frauen, Jugend, Familie und Gesundheit (Hg.) (2002): Gesundheitswesen und Arbeitsmarkt in NRW. Düsseldorf

Rosenbrock, R. (2003): Primäre Prävention, Begriffe und Begrenzungen, Konzepte und Klassifikationen, http://www.bvgesundheit.de/dokumente/primaerepraevention.pdf

Sackett, D. L. et al. (1997): Was ist Evidenz-basierte Medizin und was nicht? In: Münchner medizinischen Wirtschaftszeitung 139, Nr. 44, 644 – 645

Schönbach, K.-H. (2003): Verbesserte Bedingungen für die Integrierte Versorgung. In: Betriebskrankenkasse 12, 601 – 607

Staudt, E. et al.: Kooperationshandbuch (1992): Ein Leitfaden für die Unternehmenspraxis, Düsseldorf

Logistik als Bindeglied in Produktionsnetzwerken

Frank Ellerkmann

1 Bedeutung der Logistik als Bindeglied in Produktionsnetzwerken

Die Logistik bildet mit ihrer Aufgabe der Planung, Durchführung und Kontrolle des Material- und Informationsflusses vom Lieferanten zum Unternehmen, innerhalb des Unternehmens sowie vom Unternehmen zum Kunden hin das Bindeglied zwischen verschiedenen Akteuren in einer Wertschöpfungskette.

Die Ausgestaltung dieser Produktionsnetzwerke hat mit der zunehmenden Dynamisierung der Märkte einen immer größeren Stellenwert erhalten. So hat sich das Handlungsumfeld der meisten Unternehmen in den letzten zehn Jahren grundlegend gewandelt. Der Konkurrenzdruck ist nicht zuletzt durch die Internationalisierung der Märkte enorm gestiegen. Eine Vielzahl von Firmen kämpft mit ihren Produkten um die Konsumenten und bietet ihnen ein immer größer werdendes Angebot von Produkten an, verbunden mit ergänzenden Dienstleistungen. Das Ziel der Unternehmen, mit ihren Produkten möglichst als erste die Bedürfnisse der Konsumenten zu erfüllen, führt dabei zu einem Wettlauf, der in immer kürzer werdende Produktlebenszyklen mündet. Diese Entwicklungstendenzen führen dazu, dass die Produkte und die dahinter stehenden Wertschöpfungsketten mehr und mehr von den Konsumentenwünschen gesteuert werden. Der wettbewerbsentscheidende Faktor, dem Käufer sein individuelles Produkt so schnell wie möglich zu liefern, kann aber nicht mehr alleine von den letzten Gliedern der Kette, den Endproduzenten oder dem Handel, umgesetzt werden. Die Unternehmen des gesamten Produktionsnetzwerkes müssen Hand in Hand arbeiten, um die Ziele der Befriedigung des Kundenbedarfs im Hinblick auf Produktauswahl, Verfügbarkeit und Preis bei gleichzeitig rationellem Ressourceneinsatz und möglichst geringen Beständen zu erreichen.

Bewusstseinswandel in der Netzwerkgestaltung

Mit dieser Entwicklung ist inzwischen auch ein Bewusstseinswandel bei der Gestaltung der Netzwerke zu beobachten. So hat sich das geistige Umfeld der Logistik als Bindeglied zwischen den verschiedenen Akteuren in den Wertschöpfungsketten von einer einfachen Kunde-Lieferanten-Beziehung hin zu einer partnerschaftlichen Zusammenarbeit entwickelt. Haben in der Vergangenheit Hersteller ihre Zulieferer häufig geknebelt und als lästiges Übel angesehen, dem sämtliche Kostenkonzessionen abzuringen sind, baut sich in den Netzwerken inzwischen ein kooperativer Geist auf, der den Namen auch verdient. Ausgehend von den Bedürfnissen der Kunden gilt es nun, Bedarfsprognosen auf Endproduktebene über alle Wertschöpfungsstufen bis zum

Lieferanten des Rohmaterials aufzulösen, die Kapazitätsplanungen für eine Koordination offen zu legen und Ereignisse, die eine Anpassung der Planung erfordern, den anderen Partnern sofort mitzuteilen. Im Gestaltungsansatz für Produktionsnetzwerke nimmt diese unternehmensübergreifende und prozessorientierte Optimierung der Material- und Informationsflüsse entlang der Wertschöpfungskette die zentrale Rolle ein.

Diese vertikalen Partnerschaften erfahren durch die zuvor beschriebenen Veränderungstreiber noch eine weitere Dimension. Der gestiegene Kostendruck forciert die Konzentrationsbestrebungen auf die eigenen Kernkompetenzen und damit die Verlagerung bzw. Einbindung von Logistikdienstleistern in die Netzwerke. Diese Unternehmen möchten dabei sämtliche auszulagernden Funktionen aus einer Hand empfangen, um die Zusammenarbeit nicht zu kompliziert zu gestalten. Bei der immer größer werdenden Bandbreite logistischer Aufgaben führt dies wiederum auf der Anbieterseite zu der Notwendigkeit, über Kooperationen mit dem Wettbewerb diesem hinsichtlich Umfang und Vielfalt gestiegenen Bedarf gerecht werden zu können. Das „Angebot an Komplettlösungen" führt zu dem, was auch „Systembeschaffung" genannt wird. Ein Beispiel aus der Automobilindustrie ist das Front-End, das mittlerweile als komplettes System geliefert und montiert wird. Die unterschiedlichen Komponenten, die in ein solches System integriert sind, machen eine ebenso frühzeitige wie reibungslose Abstimmung der Lieferanten notwendig. Beginnend mit dem Engineering, über Produktion und Logistik bis zum technischen Service müssen alle Tätigkeiten eng verzahnt werden: eine enorme Herausforderung für die Zulieferbetriebe.

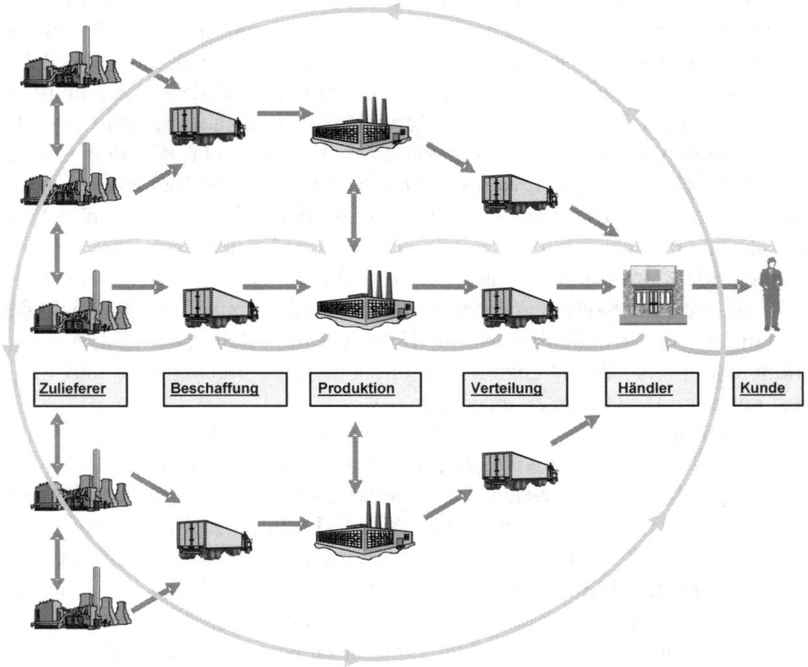

Abb. 1: Logistik als Bindeglied in Produktionsnetzwerken

Wettbewerb der Netzwerke

Die Aufgabe der Logistik, die Planung, Durchführung und Kontrolle von Material- und Informationsflüssen zwischen verschiedenen Akteuren in einer Wertschöpfungskette führt damit neben der vertikalen auch zu einer horizontalen Verknüpfung einzelner Unternehmen. Es entstehen komplexe Unternehmensnetzwerke, deren Erfolg in starkem Maße von der Qualität ihrer Zusammenarbeit abhängt.

Kennzeichen erfolgreicher Netzwerke

So sehen einzelne Autoren inzwischen einen Wandel vom Wettbewerb der Unternehmen zu einem Wettbewerb konkurrierender Unternehmensnetzwerke erreicht. In der Zukunft werden vor allem die Unternehmen erfolgreich sein, die Bestandteil eines funktionierenden Unternehmensnetzwerkes sind bzw. in der Lage sind, sich in erfolgreiche Netzwerke einbinden zu können. Kennzeichen und zugleich Wettbewerbsvorteil erfolgreicher Unternehmensnetzwerke sind

- **Die prozessorientierte Gestaltung der Wertschöpfungskette**
  Entsprechend dem Ansatz, dass das Gesamtoptimum immer besser als die Summe der Einzeloptima ist, kann nur eine unternehmensübergreifende Gestaltung der Aktivitäten entlang der gesamten Wertschöpfungskette dazu führen, dass Produkte schneller und kostengünstiger an den Markt gebracht werden. Die Prozessorientierung stellt sicher, dass die Produkte und die zu ihrer Erstellung erforderlichen Aktivitäten im Mittelpunkt der Betrachtung stehen.
- **Eine Kooperationskultur zur Förderung der Interaktion zwischen den Partnern**
  Mit der Sichtweise eines Wandels des Wettbewerbs der Unternehmen zu einem Wettbewerb der Netzwerke müssen die Unternehmen jederzeit in der Lage sein, Kooperationschancen zu erkennen und partnerschaftlich zu nutzen. Die Aufgabe der Entwicklung und Förderung einer Kooperationskultur ist daher als ein permanenter und iterativer Prozess zu verstehen.
- **Ein Kooperationsmanagement als Motor für den Kooperationsbetrieb**
  Der Teufel steckt im Detail und letzteres zeigt sich erst im Betrieb. Individuelle Ziele einzelner Partner müssen immer wieder auf ein Minimum an Konsens zusammengeführt werden, die Leistungsbeiträge der Akteure eingefordert und vor allem Vorteile der Partnerschaft aufgezeigt werden. Das Management der Unternehmensnetzwerke kann dabei aber nicht auf Weisungsbefugnisse zurückgreifen. Überzeugungsarbeit ist gefragt, das Ausbalancieren aller Interessen.

  Diese drei Säulen erfolgreicher Unternehmensnetzwerke sollen im Folgenden eine genauere Betrachtung erfahren.

2 Erfolgsfaktor Nr. 1: Unternehmensübergreifende, prozessorientierte Gestaltung der Wertschöpfungsketten

Folgen isolierten unternehmerischen Handelns

Wer heutzutage dynamisch, wandlungsfähig, mit seinen Produkten schnell am Markt sein oder schnell auf Veränderungen reagieren möchte, der ist gut beraten, in Prozessen zu denken und seine Organisation auch so aufzustellen. Dennoch sind die meisten Unternehmen noch immer funktional anstatt nach dem Fluss der wertschöpfenden Schritte (und damit prozessorientiert) aufgebaut. In der Regel findet man niemanden, der für den vollständigen Material- und Informationsfluss zuständig ist oder diesen zumindest auf operativer Ebene kennt.

Eine prozessorientierte Betrachtung des Unternehmens ist dabei sehr einfach herzustellen. Der Beobachter muss nur einen Kundenauftrag von seinem Eingang im Unternehmen bis zu seiner Fertigstellung und Übergabe des Produktes an den Kunden entlang der daran durchgeführten Tätigkeiten durch das Unternehmen begleiten und dokumentieren. Jeder Wechsel eines Bearbeiters, Funktionsbereiches oder Abteilung stellt eine Schnittstelle dar. Jeder dieser Übergabepunkte ist mit Wartezeiten und potenziellen Informationsverlusten verbunden.

Machen Sie sich einmal die Mühe, die Zeiten für jede wertschöpfende Aktivität entlang des Auftragsabwicklungsprozesses aufzuzeichnen und aufzuaddieren. Der Vergleich von gesamter Wertschöpfungs- oder Verarbeitungszeit mit der gesamten Durchlaufzeit deckt ein krasses Missverhältnis auf: Bei einem Unternehmen kann es durchaus vorkommen, dass die gesamte Verarbeitungszeit für ein Werkstück beispielsweise nur 188 Sekunden beträgt (etwas mehr als drei Minuten). Aber dieses Werkstück braucht 23,6 Tage, um das Werk zu durchlaufen.

Und dies ist nur eine Bestandsaufnahme für ein Unternehmen innerhalb einer gesamten Wertschöpfungskette. Welche Liegezeiten und Zwischenlagerbestände entstehen erst an den Übergängen von einem Unternehmen zum anderen im Produktionsnetzwerk? Welche Optimierungspotenziale können die Unternehmen aufdecken, wenn sie sich mit allen ihren Partnern einmal zusammensetzen, um die Material- und Informationsflüsse unternehmensübergreifend zu analysieren und zu optimieren?

Vor allem den Informationsflüssen und den dadurch bereitgestellten Informationen als Basis unternehmerischer Entscheidungen kommt ein besonderer Stellenwert zu, wie eine Beobachtung der Praxis immer wieder zeigt:

Ein Unternehmen produziert aufgrund einer isolierten Betrachtung und unvollständigen Informationsbasis mehr, früher und schneller, als es der nächste Prozess eigentlich benötigt. Überbestände und gebundenes Kapital sind die Folge. Die Menge von Teilen muss irgendwo gelagert werden. Dafür benötigt man Lagerplatz. Sie müssen hin- und herbewegt werden. Dafür benötigt man Mitarbeiter und Einrichtungen. Womöglich werden sie noch sortiert und nachbearbeitet. Diese Überproduktion führt letzten Endes zu einer Mangelsituation, da sie Kapazitäten für die eigentlichen Bedarfe blockiert. Dadurch verlängert sich die Gesamtdurchlaufzeit und die Reaktionsfähigkeit der Unternehmen auf Kundenanforderungen wird weiter herabgesetzt. Von Flexibilität keine Spur.

Die unternehmensinterne isolierte Betrachtung der Prozesse führt, wie man in der Praxis sehen kann, zu gesamtsystemrelevanten Problemen. In den traditionellen Bestandsmanagementsystemen, bei der jedes Unternehmen seinen eigenen Bedarf plant und Bestellungen an die jeweils nächste Stufe liefert, treten erhebliche Schwankungen in der Kette auf. Denn durch die lokale Optimierung, durch nicht abgestimmtes Drehen an unterschiedlichen Stellschrauben in der Wertschöpfungskette und durch ungenügende Informationsweitergabe zwischen den Kettenpartnern kommt es sehr häufig zum so genannten „Peitscheneffekt". So führen kleine Änderungen des Bedarfes beim Endkunden zu immer größeren Schwankungen in den Bedarfen, je weiter man die logistische Kette zurückverfolgt.

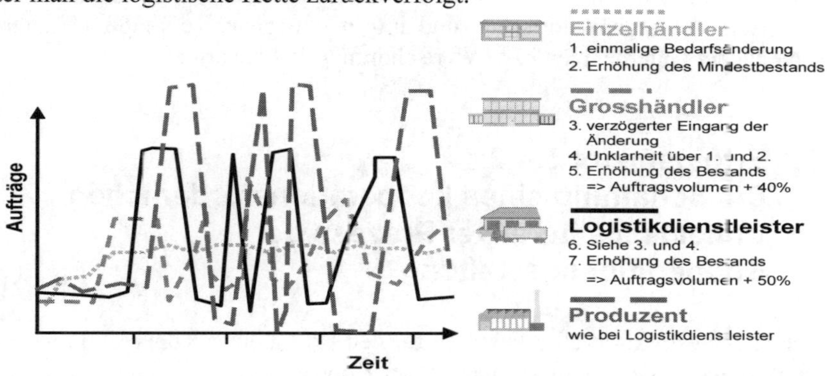

Abb. 2: Die Nachfrageverstärkung entlang der Wertschöpfungskette (Peitscheneffekt/Bullwhip-Effekt)

Der exakte Verlauf des Peitschenendes ist für den Betrachter der Kette nicht genau zu berechnen, da sich mehrere Effekte gegenseitig überlagern und dabei oft aufschaukeln (Lee et al. 1997).

Um wettbewerbsfähig zu bleiben und vorhandene Vorteile weiter auszubauen, müssen die wertschöpfenden Prozesse daher über die gesamte Wertschöpfungskette – vom Rohstofflieferanten bis zur Serviceleistung beim Endkunden des Produktes – betrachtet werden. Die Abläufe zwischen den Partnern in diesem Netz dürfen nicht mehr unberücksichtigt bleiben, damit ein Optimum nicht länger nur aus der Sicht jedes einzelnen Unternehmens, sondern über das ganze Netz hinweg erzielt wird. Erst diese globale Sicht erlaubt es, gegenüber den Kunden mit international wettbewerbsfähigen Leistungen und Preisen aufzutreten.

Prozessorientierte, integrierte Gestaltung der Wertschöpfungsketten

Ausgangspunkt sind die zukünftigen Bedarfe der Kunden. Die systematische Verzahnung aller Prozesse der Wertschöpfungskette über die beteiligten Unternehmen hinweg ermöglicht die Gestaltung, Lenkung und Weiterentwicklung des gesamten Produktionsnetzwerkes. Dies beinhaltet die integrierte Bearbeitung aller Aktivitäten innerhalb der Logistikkette, angefangen von der Prognose der Kundenbedürfnisse über die Auftragsverteilung und logistische Warenversorgung, die Produktion bis hin zum Teile- und Rohstoffeinkauf und deckt damit alle wichtigen logistischen Aufgaben ab. Übergeordnetes

Ziel ist die Verringerung von Beständen bei gleichzeitiger Erhöhung der Lieferbereitschaft und einer verbesserten Kapazitätsausnutzung.
Hier geht es vor allem darum, Zeit(en) zu verkürzen, schneller zu werden, alles im Fluss zu halten. Dabei helfen die Prozesskettenmethodik und die Referenzmodelle. Hier werden Kernprozesse definiert und nichtwertschöpfende Prozesse eliminiert, um partnerschaftlich abgestimmte stabile, robuste, stromlinienförmige, schlanke Geschäftsprozesse zu schaffen.
Die Gestaltung und Steuerung von Prozessketten bzw. Geschäftsprozessen wird seit langem als wichtigste unternehmerische Organisationsaufgabe betrachtet. Prozesskettenmanagement nutzt die Synergieeffekte sowohl bei der Integration einzelner Unternehmensbereiche als auch mehrerer Unternehmen in einem Netzwerk und hilft beim Abbau von Problemen an Schnittstellen und beim Informationsfluss. Potenziale zur Optimierung liegen in der Verbesserung der organisatorischen und informatorischen Verknüpfung unterschiedlicher Unternehmen bzw. Wertschöpfungskettenpartner.

3 Erfolgsfaktor Nr. 2: Die Schaffung eines kooperationsförderlichen Umfelds als iterativer Prozess der Kooperationsgestaltung

Kooperationskultur zur Steigerung des Kooperationserfolgs

Der Stellenwert kultureller Faktoren für den Erfolg einer Kooperation ist sowohl in der Wissenschaft als auch in der Kooperationspraxis inzwischen unumstritten. So identifizierte [FONTANARI 1995, S. 184] in einer empirischen Studie unter anderem die Vernachlässigung so genannter „Softfacts“ als Hauptursache einer hohen Misserfolgsrate. Ihr Stellenwert lässt sich daran erkennen, dass Kooperationen, auch wenn sie zwischen Organisationen eingegangen werden, von ihren Mitarbeitern getragen werden müssen. Daher

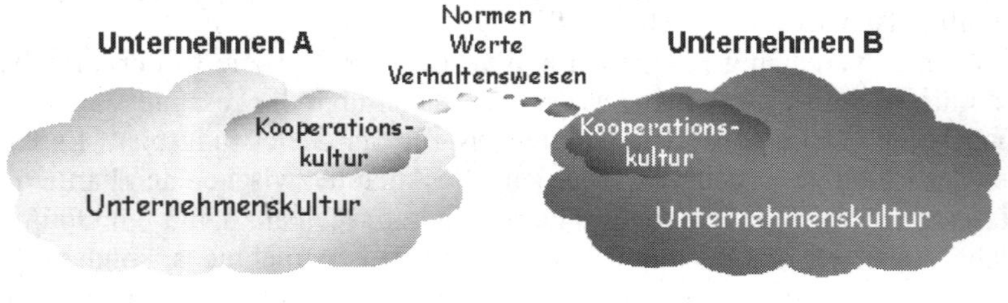

Abb. 3: Die Kooperationskultur als Bestandteil der Unternehmenskultur

kommt auch der „Chemie“ zwischen den Mitarbeitern, der Harmonie ihrer Zusammenarbeit, eine entscheidende Rolle zu. Diese wird in erster Linie vom Unternehmen und der dort vorhandenen Bereitschaft und Befähigung zur Zusammenarbeit geprägt.
Die unter dem Begriff der Kooperationskultur zusammengefassten Normen, Werte und Verhaltensweisen, die unabhängig vom Kooperationszweck und den aufeinander treffenden Kulturen eine Zusammenarbeit zwischen den Un-

ternehmen unterstützen sind nicht gottgegeben, sondern durchaus positiv beeinflussbar.

Die Aufgabe der Entwicklung und Förderung einer Kooperationskultur ist dabei als ein permanenter und iterativer Prozess zu verstehen. Vergleichbar mit einem Regelkreislauf müssen die Ausprägungen der Merkmale einer Kooperationskultur erfasst und durch gezielte Maßnahmen optimiert werden. Das Verständnis dieser Aufgabe als einen kontinuierlichen Verbesserungsprozess (KVP) ist damit zu begründen, dass Kulturen durch Meinungs-, Normen- und Wertgefüge oft über Jahre gewachsen sind und daher auch entsprechend langsam nur verändert werden können. Aus diesem Grund empfiehlt sich auch eine frühzeitige, gesteuerte Entwicklung einer Kooperationskultur in den Unternehmen, da eine zwischenbetriebliche Zusammenarbeit in der Zukunft einen immer größeren Stellenwert in der strategischen Planung erhalten wird. Eine ausgeprägte Kooperationskultur stellt dann einen strategischen Wettbewerbsvorteil dar, der nicht so ohne weiteres kopiert werden kann.

Maßnahmen zur Förderung der Kooperationskultur

Eine Optimierung der Kooperationskultur kann immer nur individuell, in Abhängigkeit von den identifizierten Defiziten in der Kooperationskultur erfolgen. Folgende Maßnahmen bieten sich jedoch besonders zu Beginn und auch während der Phase der Kooperationsgestaltung an.

Kooperationsbereitschaft (dürfen)		
Handlungsempfehlung	Ziel	Beschreibung und Vorgehen
Entwicklung einer die Kooperationsbereitschaft fördernden Unternehmensphilosophie	Schaffung eines Handlungs- und Verhaltensrahmens für die Mitarbeiter für die Interaktion mit anderen Unternehmen	Integration von Kooperationsbereitschaft signalisierenden Aussagen in die Unternehmensphilosophie Signalwörter: Marktoffenheit, Vertrauen, unternehmerisches Denken Veröffentlichung des Jahresabschlussberichtes mit strategischem Ausblick auf das nächste Jahr (Bsp. Wir wollen demnächst mit der Firma XY zusammen unsere Marketingaktionen bündeln)
Kooperationsbewusstsein (wollen)		
Entwicklung eines unternehmensinternen Anreizsystems für besondere Erfolge und Verdienste in Kooperationsprojekten	Verdeutlichung des Interesses des Unternehmens an Kooperationsprojekten	Mögliche Maßnahmen könnten sein: öffentliche Prämierung besonderer Verdienste Entwicklung einer kooperationsspezifischen Karriereplanung Beispiel: Einbindung von Kooperationsprojekten in Karriereplanung (Berücksichtigung individueller Interessen bei Auswahl der Projekte, Angebot einer Führungsposition in neu gegründeten Gemeinschaftsunternehmen, Verkürzung der Beförderungszyklen) Einführung eines kooperationsspezifischen Weiterbildungskonzeptes (fachliche Schulungen, kooperationskulturfördernde Maßnahmen)

Abb. 4: Maßnahmen zur Förderung der Kooperationskultur

Kooperationsfähigkeit (können)		
Förderung der Interaktion zwischen den Partnern auf allen Hierarchieebenen	Erhöhung des Lerneffektes, stärkere Verbreitung einer Kooperationskultur im Unternehmen, Beschleunigung der Abläufe, frühzeitige Ausräumung von Missverständnissen	Unterstützung der Interaktion durch anfänglichen sanften Druck zur Zusammenarbeit: Einführung von Arbeitskreisen gemeinsame Teilnahme/Durchführung von Schulungs- und Vorbereitungsmaßnahmen grundsätzlich eher mehr als weniger Mitarbeiter in ein Kooperationsprojekt mit einbinden)
Zielorientierung		
Offenlegung der Zielpolitik des Unternehmens	Steigerung des Bekanntheitsgrades	Durchführung von Informationsveranstaltungen, Veröffentlichung (Aushängen) der Abteilungsziele
Management-Know-how		
Einführung kooperationsfördernder Personalsysteme (Personalauswahl, Einsatz und Entwicklung)	Steigerung der Kooperationsfähigkeit	Kennzeichen einer kooperationsfördernden Personalpolitik: Auswahl von Führungskräften mit hoher Entscheidungskompetenz im eigenen Unternehmen (Hintergrund: Beschleunigung der Entscheidungsprobleme pro Kooperation) karriereförderndes Engagement der Mitarbeiter in Kooperation Sicherstellung der Wiedereingliederung in Unternehmen trotz Kooperationsscheitern

Abb. 4: Fortsetzung

Kooperationsförderndes Führungsverhalten		
Motivation der Mitarbeiter in einem (neuen) Kooperationsumfeld	Sicherstellung der Unterstützung der Kooperation durch die Belegschaft	Im Gegensatz zu Appellen positiv wirkende Motivationstechniken: Schaffen von Einsicht für Veränderungen (nicht zu verwechseln mit Überzeugung) gemeinsame Entwicklung neuer, strategieunterstützender Verhaltensweisen Vorbildfunktion der Führungskräfte Erarbeitung/Gewährung von Vorteilen für die Betroffenen Positive Verstärkung (Lob) als Anstoß zur Wiederholung
Delegationsfähigkeit		
Verständnis der Kooperation in erster Linie als Lernprozess	Entwicklung eines Umfelds geprägt von gegenseitigem Respekt und Wertschätzung der Partner (mit dem Ziel einer gleichberechtigten Partnerschaft)	Einstieg in die Kooperation mit der Einstellung/Willen, vom Partner etwas lernen zu können (Managementtechniken, Struktur des Unternehmens, etc.)

Abb. 4: Fortsetzung

Offenheit/Vertrauen		
Förderung der Zusammenarbeit und des Austauschs der Mitarbeiter untereinander	Entwicklung und Sicherung eines offenen und von Vertrauen geprägten Betriebsklimas	Eine Auswahl von Maßnahmen, um das Verhältnis der Mitarbeiter untereinander zu verbessern: offene Informationspolitik über Tätigkeiten, Probleme, Neuigkeiten in verschiedenen Bereichen Abbau von Konkurrenzdenken durch die Betonung der Gruppenleistung Honoration gemeinsamer Problemlösungen, Förderung gemeinsamer Lösungsversuche (Einrichtung von Freiräumen im Tagesablauf)
Teamfähigkeit		
Durchführung begleitender Schulungen/Seminare zur Förderung der Teamfähigkeit	Vermittlung verhaltens-theoretischer Grundlagen für ein Arbeiten in einer Mannschaft	Mögliche Schulungsinhalte können sein: Teamverhalten, Teammanagement, Konfliktmanagement Gemeinsame Erarbeitung teamfördernder Verhaltens- und Einstellungsmerkmale (Offenheit, Zuverlässigkeit, Kritikfähigkeit, Konfliktoffenheit etc.)
Kooperationserfahrung		
Unterstützung bei Kooperationsgestaltung durch externe Berater	Vermeidung “typischer Anfängerfehler”, beschleunigter Aufbau von Kooperations-kenntnissen	Beispiel: methodische Unterstützung bei der Partnersuche durch: gemeinsame Aufstellung eines Sollpartner-Profils Zugriffsmöglichkeit auf und Auswertung von Kooperations-datenbanken und -börsen Unterstützung/Abnahme erster Kontaktgespräche bei Partner-auswahl und Gewinnung

Abb. 4: Fortsetzung

4 Erfolgsfaktor Nr. 3: Kooperationsmanagementsysteme als Motor der Kooperation

Kooperationen in Wertschöpfungsketten zeichnen sich durch ihre ausgeprägte Intensität und Dauer der Zusammenarbeit aus. Die regelmäßig auftretenden Warenaustauschbeziehungen und damit verbundenen internen Verrechnungen der Leistungen zwischen wechselnden Partnern führen zu einer starken Abhängigkeit weiterhin autonomer Unternehmen und eine häufig anzutreffende, hohe Intransparenz der Geschäftsbeziehungen und bergen damit ein hohes Konfliktpotenzial.

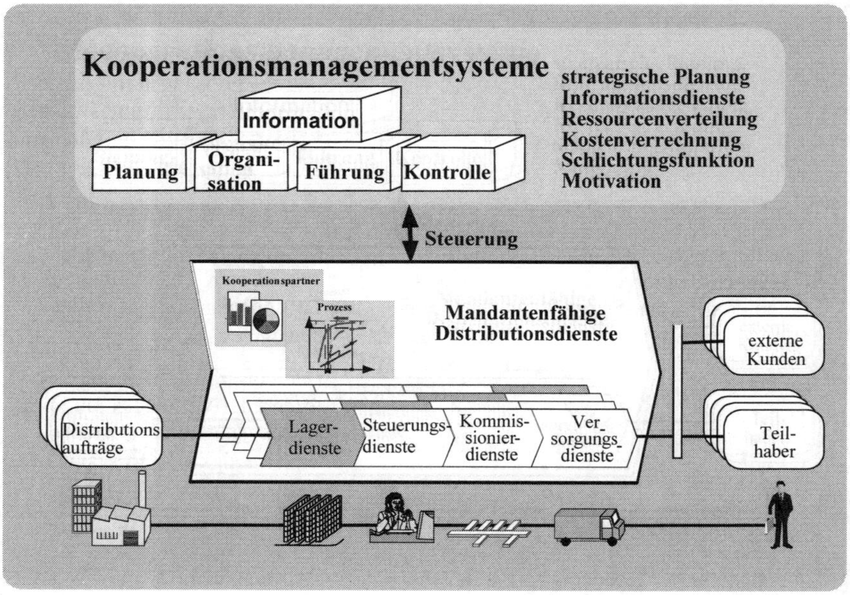

Abb. 5: Kooperationsmanagement zur Aufrechterhaltung des Kooperationserfolgs

Zur Sicherstellung der Handlungsfähigkeit von Kooperationsnetzwerken müssen daher zielorientierte, individuelle Managementkonzepte geschaffen werden, die in der Lage sind, die unterschiedlichen Interessen zusammenzuführen, um auf diese Weise gerade in Krisensituationen die Geschäftsfähigkeit der Kooperationsgemeinschaft aufrecht zu erhalten.

Maßgeschneidertes Kooperationsmanagement

Gelingt es dem Management als Motor der Kooperation nicht, die Partner zusammenzuhalten und unterschiedlichen Unternehmensinteressen gerecht zu werden, ist die Kooperation existentiell bedroht. Deshalb ist eine sensible Gestaltung und Steuerung erforderlich, die die Kooperation unter Berücksichtigung ihrer Vieldimensionalität so weit als möglich unter Kontrolle bringt.

Kooperationen sind dabei aufgrund ihres spezifischen Zwecks, den sie verfolgen, der Individualität der beteiligten Unternehmen und Unternehmensvertreter einzigartige Gebilde. Aus diesem Grund kann es nicht ein einziges Kooperationsmanagement für alle Kooperationsfälle geben. Diese müssen den individuellen Bedürfnissen des jeweiligen Verbundes und seiner beteiligten Unternehmen angepasst werden.

Der Erfolg eines Kooperationsmanagements lässt sich daran messen, wie es Kooperationsverbünden gelingt:

- durch eine geeignete Informations- und Kommunikationsstruktur Schnittstellenverluste aufgrund unterschiedlicher EDV-Systeme zu vermeiden. Die Bereitstellung sämtlicher erforderlicher Informationen (Bestände, Reservierungen, Warenverbräuche etc.) für den gesamten Verbund ist ein wichtiger Bestandteil zur Schaffung der notwendigen Transparenz im Netzwerk. Besondere Anforderungen sind auch an die Qualität der Daten (Aktualität) als Grundlage sämtlicher unternehmerischer Entscheidungen zu stellen.
- durch ein umfassendes, aber dennoch leicht nachvollziehbares *Controlling* eine verursachungsgerechte Erfassung und Verrechnung kooperationsinterner Kosten auf die Partner sicherzustellen, Leistungsanreize zu schaffen und eine Kooperationskultur aufzubauen. Die Aufgabe der *Führung* bezieht sich dabei nicht nur auf die Mitarbeiter, die unmittelbar in die Kooperation eingebunden sind. Die Zusammenarbeit mit einem anderen Unternehmen betrifft sämtliche Bereiche, wenn auch in unterschiedlichem Maße. Der Wille zur Unterstützung der Kooperation muss daher bei allen Mitarbeitern vorhanden sein.
- eventuellen Kooperationsmüdigkeiten bei den Partnerunternehmen durch ein Aufzeigen quantitativer Kooperationspotentiale entgegenzutreten. Lässt sich ein Ausstieg aus der Partnerschaft dennoch nicht vermeiden, der gerade bei einer hohen Vernetzung der beteiligten Unternehmen die gesamte Kooperation existentiell gefährdet, ist es Aufgabe der *Planung*, möglichst schnell einen Ersatz zu finden. An diesen neuen Partner sind, aufgrund der Notwendigkeit, ihn in eine bereits bestehende Struktur einzubinden, wesentlich schärfer formulierte Anforderungen zu stellen. Nur so ist es möglich, für den gesamten Verbund und damit auch für das neue Mitglied, die identifizierten Potentiale zu sichern.
- im Rahmen der *Organisation* über die Festlegung einer eindeutigen Struktur die betrieblichen Tätigkeiten, Rechte, Pflichten und Aufgaben der Kooperationspartner festzulegen und auf diese Weise präventiv Konflikte und Missverständnisse so weit es geht zu vermeiden. Mit der Einbindung einzelner Mitarbeiter und Bereiche in eine Kooperation muss unter Umständen auch in den Unternehmen eine neue Aufgabenverteilung vorbereitet werden. Die Mitarbeiter müssen mit höherer Eigenverantwortung die Informationsflüsse auf der Basis der vorhandenen Informationssysteme nach innen wie zu den Verbundpartnern sichern und verbessern. Daraus können sich Kompetenz- (und Macht-) Verlagerungen zu den Mitarbeitern und damit eine Verflachung von Hierarchien ergeben, die die gesamte Unternehmenskultur verändern. Die Aufgabe der Organisation eines Kooperationsverbundes bezieht sich damit wie auch die der Führung auf das gesamte Unternehmen und nicht nur auf die unmittelbar involvierten Bereiche.

Literatur

Beckmann, H. (2003): Supply Chain Management – Strategien und Entwicklungstendenzen in Spitzenunternehmen, Heidelberg

Bleicher, K. (1992): Der Strategie-, Struktur- und Kulturfit strategischer Allianzen als Erfolgsfaktor. In: Bronder/Pritzl: Wegweiser für strategische Allianzen. Wiesbaden

Bronder, C.; Pritzl, R. (1992): Wegweiser für strategische Allianzen - Meilen- und Stolpersteine bei Kooperationen, Frankfurt a. M.

Drucker, P. (1999): Management im 21. Jh., München

Ellerkmann, F. (2003): Horizontale Kooperationen in der Beschaffungs- und Distributionslogistik – Entwicklung eines Gestaltungsleitfadens unter besonderer Berücksichtigung verhaltenstheoretischer Gesichtspunkte, Dortmund

Fontanari, M. (1995): Voraussetzungen für den Kooperationserfolg - Eine empirische Analyse. In: Schertler, W.: Management von Unternehmenskooperationen, Wien

Goldmann, S.L.; Nagel, R. N.; Preiss, K.; Warnecke, H. J. (1996): Agil im Wettbewerb. Berlin, Heidelberg

Kuhn, A. (1995): Prozessketten in der Logistik - Entwicklungstrends und Umsetzungsstrategien. Dortmund

Lee, H. L.; Padmanabhan, P.; Whang, S. (1997): Information distortion in a supply chain: The Bullwhip Effect. Management Science, Chicago

Oetinger, B. v. (2000): Das Boston Consulting Group Strategie-Buch. Düsseldorf

Poirier, C. H.; Reiter, S. E. (1997): Wie Lieferanten, Produzenten und Handel bestens zusammenarbeiten. Frankfurt, New York

Riggs, D. A.; Robbins, S. L. (1997): Building Supply Chain Thinking into all Business Processes. New York, Atlanta, Boston

Rother, M.; Shook, J. (2000): Mit Wertstromdesign die Wertschöpfung erhöhen und Verschwendung beseitigen. Stuttgart

Unternehmenskooperationen und Netzwerke im Handwerk

Peter Flocken, Achim Loose

Wirtschaftsfaktor Handwerk

Das Handwerk ist der vielseitigste Wirtschaftsbereich Deutschlands und bildet mit seinen kleinen und mittleren Betrieben das Kernstück der deutschen Wirtschaft. In rund 851.000 Betrieben arbeiten fast 5,7 Millionen Menschen und mehr als 564.000 junge Menschen erhalten dort eine qualifizierte Ausbildung. Damit sind nahezu 15% aller Erwerbstätigen und ca. 34% aller Auszubildenden im Handwerk tätig.

Struktureller Wandel

Allerdings ging aufgrund der strukturellen Entwicklung auch im Handwerk seit 1996 fast jeder fünfte Arbeitsplatz verloren. Nach Angaben des statistischen Bundesamtes waren Ende Juni 2002 19,1% weniger Personen bei selbständigen Handwerksunternehmen beschäftigt als im Sommer 1996. Gleichzeitig lagen die Umsätze im zweiten Quartal 2002 um 5,1% unter denen des vergleichbaren Zeitraumes 1996. Die stärksten Rückgänge gab es in diesem Zeitraum im Bau- und Ausbaugewerbe; hier waren die Beschäftigung um 30,6% und der Umsatz um 20,8% niedriger als im zweiten Quartal 1996. Auch der Konjunkturbericht des Zentralverbandes des Deutschen Handwerks spricht für das Jahr 2002 von Umsatzrückgängen von rund 4,5% und von einem Verlust von fast 300.000 Arbeitsplätzen. Die drastische Verschlechterung der Geschäftslage ist auch daran abzulesen, dass sich in vielen Gewerken die Auftragsreichweite gegenüber dem Vorjahr stark reduziert hat. Auch für das Jahr 2003 lagen die Prognosen für das deutsche Handwerk im negativen Bereich. Die Spannweite bei den Umsatzerwartungen reichte - laut einer Umfrage des ZDH Ende 2002 - von minus 1 bis minus 3 Prozent. Weitere 100.000 bis 300.000 Stellen könnten im Handwerk verloren gehen Von dieser Entwicklung bleibt auch das Handwerk in Nordrhein-Westfalen nicht verschont. In NRW gehören mehr als 158.000 Betriebe dem Handwerk an, die mit rund 1.290.000 Beschäftigten einen Umsatz von ca. € Mrd. 111 erzielen. Darüber hinaus ist das Handwerk auch in NRW einer der wichtigsten Ausbildungsgeber. Im NRW-Handwerk finden derzeit etwa 112.000 Auszubildende eine qualifizierte Lehrstelle.

Zusammenarbeit und Kooperationen

Die anhaltend schlechte Konjunktur, die Zurückhaltung auf dem Verbrauchermarkt, Auftrags- und Umsatzrückgänge zwingen auch das Handwerk, sich nach neuen Maßnahmen der wirtschaftlichen Stabilisierung umzuschauen. Unternehmenskooperationen und Netzwerke haben sich im besonderen für kleine und mittlere Betriebe des Handwerks als probates Mittel herausgestellt, neue Geschäftsfelder zu schaffen, Kundenstämme zu vergrößern und Auftragsbestände mittelfristig zu sichern. In der Kooperation ergeben sich speziell für Klein- und Kleinstbetriebe (Mikrounternehmen) neue Möglichkeiten, Zugang zu sonst nicht verfügbaren Ressourcen zu erhalten, wichtige strategische Aufgaben neben dem operativen Geschäft anzugehen und

Marktversprechen an die Kunden auch einzuhalten. Darüber hinaus verschaffen sie dem Handwerk erhöhte Chancen, sein schlechtes Image vor allem im Service, bei der Kundenfreundlichkeit sowie der Termin- und Preiszuverlässigkeit zu verbessern.

Allerdings ist die Kooperation und Zusammenarbeit von kleinen und mittleren Unternehmen im Handwerk ist kein grundsätzlich neues Thema. Immer schon war und ist beispielsweise die Bau- und Ausbaubranche geprägt von unterschiedlichsten Formen der Zusammenarbeit wie beispielsweise Bieter- und Arbeitsgemeinschaften, Einkaufsgenossenschaften oder Werbe-/Marketinggemeinschaften. Aufgrund der, in der Handwerksordnung geregelten Arbeitsteilung bzw. arbeitsteiligen Spezialisierung - nicht nur im Bau- und Ausbauhandwerk – bieten sich Maßnahmen einer unternehmensübergreifenden Koordination und gewerkeübergreifenden Zusammenarbeit an. Bisher wurde allerdings die hierfür erforderliche, zwischenbetriebliche Koordinationsleistung nur selten von den ausführenden Handwerksunternehmen erbracht.

Kooperation: Ein aktuelles Thema

Neu ist allerdings das Interesse, mit dem Themen wie die gewerkeinterne und/oder gewerkeübergreifende Kooperation sowie die Zusammenarbeit mit weiteren Partnern der Wertschöpfungskette gegenwärtig aufgegriffen und unter verschiedenen Gesichtspunkten und Fragestellungen diskutiert bzw. bearbeitet werden (vgl. handwerk magazin 08/98 u. 03/99; manager magazin 05/98; Schwarz, W.U. (1998): Strategische Unternehmensführung im Handwerk. München; Bergdoll, R.E. (1993): Kooperationen in der Bauwirtschaft. Eschborn). Und neu ist auch die Rolle des Handwerks bzw. das Selbstverständnis der Handwerker in dieser Diskussion. Diese wollen die Verantwortung für den Ablauf eines Produktionsprozesses sowie dazu gehörige Dienstleistungen zunehmend weniger den Partnern der Wertschöpfungskette überlassen, sondern entdecken aktiv neue Zuständigkeiten und Aufgabenbereiche, gestalten neuerdings die hiermit verbundenen Tätigkeiten eigenverantwortlich (mit) und besetzen kompetent die sich hierdurch ergebenden kundenorientierten Serviceangebote.

Neue Kundenerwartungen

Neue Anforderungen, wie die von den Kunden des Handwerks zunehmend erwartete Ausweitung des vorhandenen Know-hows und der angebotenen Dienstleistungen, gehen Hand-in-Hand mit der Notwendigkeit einer umfassenden Verfügbarkeit und Kontrolle über zwar handwerksspezifische, aber oftmals gewerkeübergreifende Ressourcen, die von einzelnen kleinen und mittleren Handwerksunternehmen nicht, nur unvollständig und/oder nicht kurzfristig ihren Auftraggebern zur Verfügung gestellt werden können. Ein vielversprechender Weg, der u.a. zu einer Lösung derartiger Ressourcenprobleme in mittelständischen Unternehmen führen kann, liegt – wie bereits angedeutet - in der Kooperation zwischen kleinen und mittleren Handwerksunternehmen, liegt in der Etablierung regionaler Netzwerke im Handwerk zur gemeinsamen Akquisition und Abwicklung von innovativen Projekten.

1 Das ist ein Stück Zukunft .....!

Organisation von Expertise

„Das ist ein Stück Zukunft!" — mit diesen Worten kommentieren Handwerker wiederkehrend sowohl erste Überlegungen, als auch weitergehende konzeptionelle Ansätze und praktische Versuche einer unternehmens- und gewerkeübergreifenden Kooperation und Zusammenarbeit. Werden Handwerker als Initiatoren einer dauerhaft angelegten Zusammenarbeit bzw. als Netzwerkorganisatoren ´in eigener Sache´ tätig und knüpfen sie u.a. Beziehungen zu anderen Handwerksbetrieben, so experimentieren sie immer auch mit einer "kooperativen Organisation von Expertise" (Sydow et al. 1995, 345). Gleiche und/oder unterschiedliche Gewerke werden projektspezifisch gebündelt, kundenindividuell zusammengestellt und die Leistungserbringung wird auf mehrere Handwerksunternehmen verteilt. Das Engagement eines Handwerkers zur Gründung einer Kooperation im Handwerk kann — so unsere Erfahrungen im Verlauf zahlreicher Beratungsprojekte — unterschiedliche Ursachen haben. Wiederholt wurden entsprechende Initiativen und Aktivitäten mit folgenden Argumenten begründet:

Warum Kooperation?

1. Die zunehmende – auch internationale – Konkurrenz durch Großunternehmen.
2. Die Abwicklung von Großaufträgen, die ohne — in der Regel horizontale, das heißt gewerkeinterne — Kooperation nicht realisiert werden können.
3. Die steigenden Ansprüche der Kunden, die zunehmend qualitativ hochwertige und zugleich kostengünstige Leistungen „aus-einer-Hand", mit nur einem Ansprechpartner erwarten.
4. Die Akquisition neuer Kunden und Aufträge durch gegenseitige Vermittlung und Empfehlung (´Kundenpooling´) sowie gemeinsame Marketingmaßnahmen.
5. Die Entwicklung weiterer, innovativer und kundenorientierter Dienstleistungen.

Geduld und Durchhaltevermögen

Oftmals ist von der Kooperationsidee bis zum ersten gemeinsamen Projekt ein langer Weg zurückzulegen, der viel Geduld und Durchhaltevermögen bei allen beteiligten Partnern erfordert. Im Verlauf eines derartigen Gründungsprozesses sind zahlreiche Fragen zu beantworten, Probleme zu lösen und Aufgaben abzuarbeiten, auf die im folgenden genauer eingegangen werden soll.

2 Ziele

Kooperationen sind jedoch nicht jedes Handwerkers Sache. Zunächst einmal müssen passende Kooperationspartner gefunden werden, die einerseits das Leistungsspektrum der Kooperation durch ihren Beitrag sinnvoll ergänzen, die andererseits von ihrem unternehmerischen Selbstverständnis und von der Leistungsfähigkeit ihrer Organisation her kooperationsfähig sind und die drittens zur vertrauensvollen Zusammenarbeit in der Lage sind. Von diesen Grundsatzproblemen lassen sich viele Handwerksunternehmer zunächst abschrecken. Sie fürchten den Verlust ihrer unternehmerischen Selbständigkeit, haben Angst vor zusätzlichen und unkalkulierbaren finanziellen sowie administrativen Belastungen und sind selten in der Lage, ein entsprechendes Netz von Partnern aus eigener Kraft und auf eigene Initiative hin zu organisieren.

Was gilt es zu berücksichtigen?

Darüber hinaus muss geklärt werden, welche Rechts- oder Gesellschaftsform eine solche Kooperation haben soll. Hinzu kommt, dass mit der Gründung einer Kooperation die sachlichen Probleme eigentlich erst richtig anfangen. Die Form der Zusammenarbeit, das gemeinsame Generieren von Geschäft, die Vereinheitlichung von Angebot und Kalkulation, der interne Leistungsausgleich bis hin zum gemeinsamen Projektmanagement – für all dies müssen entsprechende Regelungen gefunden und Vereinbarungen getroffen werden.

Aber die Betriebe müssen diese Probleme nicht alleine lösen. Sie können sich durch die Möglichkeit regionaler Verbundprojekte Hilfe bei der Gründung einer Kooperation oder für den Einstieg in eine solche verschaffen. Sie erhöhen damit ihre Chancen, in einem längerfristigen Entwicklungsprojekt die Weichen von Anfang an richtig zu stellen und die Grundvoraussetzungen für das spätere Gelingen der Kooperation zu legen.

Leistungen aus-einer-Hand

Wichtigstes Ziel einer Handwerkskooperation ist und bleibt es aber, dem Kunden Leistungen aus einer Hand anzubieten und sich so für den Markt im Vergleich zu Einzelkämpfern attraktiver zu machen. Dies erhöht die Zukunftschancen der Betriebe und hilft, dauerhaft Beschäftigung zu sichern.

3 Chancen und Risiken von Unternehmenskooperationen

Chancen

Dem zuvor bereits erwähnten Wunsch der Kunden nach Leistungen „aus-einer-Hand" können derzeit in der Regel nur Großunternehmen entsprechen. Nur diese sind zur Zeit in der Lage, die von den Kunden geforderten ganzheitlichen Dienst- Leistungen zu erbringen. Daher stehen zahlreiche Handwerksbetriebe vor dem Problem, zukünftig einen Großteil ihrer potenziellen Aufträge an Komplettanbieter zu verlieren. Um diesem Trend entgegenzuwirken bzw. um bereits verlorene Marktanteile zurückzugewinnen, eröffnet die zuvor skizzierte gewerkeübergreifende Kooperation oder auch die Zusammenarbeit gleicher Gewerke Handwerksunternehmen die Chance, ihre gemeinsame Konkurrenzfähigkeit zu erhöhen. Zudem bietet eine Kooperation den einzelnen Unternehmen die Chance, am Markt als Komplettanbieter aufzutreten und somit dem Wunsch des Kunden nach Leistungen „aus-einer-Hand" zu entsprechen. Ebenso können durch bessere Kapazitätsauslastung und Kostensenkungen sowie durch eine verbesserte Koordination der Leistungserstellung dem Kunden konkurrenzfähige Preise angeboten werden. Darüber hinaus besteht für Kooperationen die Möglichkeit der Akquisition und Abwicklung größerer Projekte, an denen ein einzelner Handwerksbetrieb bisher nur als Subunternehmer beteiligt worden ist.

Chancen
• Angebot umfassender und gebündelter Fachkompetenz „aus-einer-Hand“ • Zurückgewinnung verlorener und/oder Stabilisierung bedrohter Märkte • Erschließung neuer Märkte oder Marktsegmente • Gewinnung neuer Kundengruppen durch Kundenzusammenführung • Erhöhung der Wettbewerbsfähigkeit • Vernetzung von Kompetenzen ermöglicht die Konzentration auf Stärken und eine Substitution von Schwächen • Verbesserung der Kapazitätsauslastung • Verbesserung des Serviceangebots • Kosten- und Effizienzvorteile durch eingespielte Teams • Hohes Innovationspotenzial durch gewerkeübergreifenden Austausch

Abb. 1: Chancen von Kooperationen

Risiken

Neben den zuvor skizzierten Chancen bestehen ebenso Risiken der Zusammenarbeit. Entscheidendes Erfolgskriterium der Zusammenarbeit — rechtlich und wirtschaftlich selbständig bleibender Handwerksbetriebe — ist die Wahl der richtigen Partner. Ein erfolgreiches Agieren am Markt setzt die Fähigkeit und die Bereitschaft der einzelnen Partner zu einer vertrauensvollen Zusammenarbeit sowie den Willen zum gemeinsamen Erfolg voraus. Dies bedeutet insbesondere, dass die gemeinschaftlich vereinbarten Ziele der Kooperation den Eigeninteressen der einzelnen Handwerksbetriebe übergeordnet werden müssen. Zur Sicherung einer dauerhaften Zusammenarbeit ist daher der Abschluss entsprechender Kooperationsvereinbarungen unverzichtbar. Je enger die wirtschaftlichen Verflechtungen der Partner werden, um so detaillierter sollten die Rechte und Pflichten der Partner einvernehmlich vereinbart werden. Grundvoraussetzung einer erfolgreichen Kooperation ist jedoch das Vertrauen der einzelnen Beteiligten gegenüber ihren Partnern. Dies gilt im besonderen für das eingebrachte Know-how der Unternehmen und dessen ausschließliche Nutzung zum Vorteil aller Beteiligten. Neben dem Risiko eines Know-how Verlustes und der damit verbundenen Stärkung eines Konkurrenten — sofern dieser aus der Kooperation ausscheidet oder bewusst eigene, gegen die Kooperation gerichtete, Interessen verfolgt — besteht ein weiteres Risikopotenzial in einem Flexibilitätsverlust hinsichtlich der Akquisition und Abwicklung eigener Aufträge. Diese Einschränkung wird jedoch bei erfolgreicher Zusammenarbeit durch den zusätzlichen wirtschaftlichen Nutzen der Kooperation für jeden Partner ausgeglichen.

Risiken
• Partnerauswahl • Verlust von Know-how an ′Trittbrettfahrer′ und/oder Gefahr der Stärkung eines Wettbewerbers • Flexibilitätseinbußen: Aufträge der Kooperation gehen vor! • Zusätzlicher Kommunikations-, Abstimmungs- und Organisationsaufwand • Fehlendes oder mangelhaftes Kooperations- und Netzwerkmanagement

Abb. 2: Risiken von Kooperationen

Erfolgsfaktoren von Kooperationen

Eine vergleichende Betrachtung bestehender Kooperationen im Handwerk ermöglicht die Identifikation von zentralen Erfolgsfaktoren derartiger Netzwerke — unabhängig von ihrer konkreten Organisations- und Rechtsform.

Erfolgsfaktoren
• Räumliche Nähe der kooperierenden Unternehmen (kurze Wege) • Vergleichbare Betriebsgröße der Kooperationspartner • Externe Moderation sowie Kooperations-, Projekt- und Netzwerkmanagement • Frühzeitige Festlegung der (Rechts-) Form der Zusammenarbeit • Formulierung einer verbindlichen Kooperationsvereinbarung • Festlegung von Geschäftsfeldern sowie Ziel- / Kundengruppen • Frühzeitige Einbindung der Mitarbeiter in den Partnerunternehmen • Zielgerichtete Öffentlichkeitsarbeit und Vermarktung der Kooperation in der Ziel-Region

Abb. 3: Erfolgsfaktoren von Kooperationen im Bau- und Ausbauhandwerk

Räumliche Nähe der kooperierenden Unternehmen

Auch wenn die Globalisierung der Wirtschaft bzw. der Märkte ein aktueller Trend ist, entstehen erfolgreiche Kooperationen in der Regel in einem regionalen Umfeld. Die beteiligten Partner des Handwerks kennen sich durch gemeinsame Aktivitäten und wissen oftmals um ihre Stärken und Schwächen. Hinzu kommt, dass durch die räumliche Nähe Abstimmungsprozesse in Form informeller oder formeller Treffen erleichtert werden, und der Zeitaufwand für die Koordination überschaubar bleibt.

Vergleichbare Betriebsgröße der Kooperationspartner

Ein relevantes Problem, welches es beim Aufbau von Kooperationen zu überwinden gilt, ist die Angst vor dem Verlust der unternehmerischen Selbständigkeit der beteiligten Akteure. So wird ein wirtschaftlich dominierender Kooperationspartner von den kleineren Partnern oftmals als Bedrohung empfunden — selbst dann, wenn keine Übernahmeabsichten bestehen. Aus diesem Grund sollten sich vor allem diejenigen Unternehmen vergleichbarer Betriebsgröße zu Kooperationen zusammenschließen, die anschlussfähige Geschäftsprozesse und vergleichbare interne Organisationsstrukturen haben.

Externe Moderation sowie Kooperations-, Netzwerk- und Projektmanagement

Zur Moderation des Kooperationsaufbaus sollten sich Kooperationen eines externen Prozess- bzw. Projektmanagers bedienen. Ausschlaggebend für die Einbindung eines externen Beraters ist die Tatsache, dass der organisatorische und administrative Aufwand für den Aufbau einer Kooperation vergleichsweise hoch ist und durch die aktuellen Anforderungen des Alltagsgeschäftes oftmals nicht problemlos parallel zu diesem zu leisten ist.

Frühzeitige Festlegung der (Rechts-) Form der Zusammenarbeit

Eine verbreitete Form der Kooperation im Handwerk ist die Zusammenarbeit unterschiedlicher Gewerke im Rahmen von Arbeitsgemeinschaften (ARGE) mit dem Ziel der Nutzung von Synergieeffekten. Eine eher dauerhaft angelegte Kooperation sollte demgegenüber frühzeitig - u.a. aus Haftungsgründen - eine verbindliche Rechtsform wählen. Auf diesem Wege kann beispielsweise eine höhere Verbindlichkeit geschaffen, können Synergieeffekte effektiver genutzt und Arbeitsabläufe durch regelmäßige Kommunikation zwischen den Partnern (Feedback, konstruktive Kritik) effizienter organisiert werden.

Formulierung einer verbindlichen Kooperationsvereinbarung

Im Vordergrund der Zusammenarbeit steht auch die dauerhafte Verbesserung der Wettbewerbsfähigkeit der beteiligten Unternehmen. Da die kooperative Zusammenarbeit jedoch veränderte Arbeitsprozesse zwischen den einzelnen Partnern und gegebenenfalls auch in den beteiligten Unternehmen erforderlich macht, ist es von entscheidender Bedeutung für den langfristigen Erfolg einer Kooperation, frühzeitig verbindliche Regelungen der Zusammenarbeit in einer Kooperationsvereinbarung oder einem Kooperationsstatus festzulegen.
Auch die Ausarbeitung und Formulierung einer Kooperationsvereinbarung kann durch die Einbindung eines externen Beraters wirksam unterstützt werden. Von der vor-vertraglichen, eher informellen Regelung der Zusammenarbeit bis hin zur Ausarbeitung gesellschaftsrechtlicher Verträge werden mög-

liche Interessenkonflikte in der Initiierungs-, Konsolidierungs- und Betriebs-/Entwicklungsphase einer Kooperation durch einen neutralen Mittler in der Regel einfacher und mit weniger Reibungsverlusten bewältigt.

Festlegung von Geschäftsfeldern sowie Ziel-/Kundengruppen

Durch das gemeinsame Auftreten am regionalen Markt eröffnen sich für eine Handwerkerkooperation nicht nur neue Nischen und innovative Tätigkeitsbereiche. Ebenso gilt es, weitere Geschäftsfelder kompetent zu besetzen. Um hier vor unangenehmen Überraschungen oder sogar existenzbedrohenden Fehlentscheidungen geschützt zu sein, sollten mögliche Projekte, deren Marktfähigkeit und Auswirkungen auf die Betriebe (z.B. im Bereich der betriebsinternen Organisation sowie der Qualifizierung) frühzeitig von Experten geprüft werden.

Frühzeitige Einbindung der Mitarbeiter in den Partnerunternehmen

Eine Kooperation ist nur so gut wie ihr schwächstes Mitglied. Die Idee der kooperativen Zusammenarbeit muss vom Geschäftsführer über die Meister und Gesellen bis zum Lehrling transportiert werden. Nur so werden eine funktionierende Zusammenarbeit, Qualitäts- und Terminsicherheit, effizienter Informationsfluss sowie das Ausschöpfen vorhandener Innovationspotenziale und ebenso ein besseres, effektiveres Kooperationsklima (Netzwerkkultur) möglich. Wesentlich hierbei ist, dass Ziele und Hintergründe der Kooperation allen Mitarbeitern der einzelnen Betriebe mitgeteilt werden und dort offen diskutiert werden können. Die Idee der Kooperation darf nicht auf der Ebene der Geschäftsführung hängen bleiben.

Zielgerichtete Öffentlichkeitsarbeit und Vermarktung der Kooperation in der Ziel-Region

Auch die beste Kooperation bringt für die Beteiligten kein Mehrgeschäft, wenn sie als Differenzierungsmerkmal gegenüber den Wettbewerbern nicht aktiv und überzeugend in den Markt kommuniziert, an die Kunden herangetragen wird. Dieses Kooperations-Marketing kostet Geld und muss von den beteiligten Kooperationspartnern (vor-) finanziert werden. Wichtig ist in diesem Zusammenhang eine frühzeitige Berücksichtigung der hierbei entstehenden Kosten und deren gerechte Verteilung auf alle Kooperationspartner.

Literatur

Bergdoll, R.E. (1993): Kooperationen in der Bauwirtschaft. Eschborn

Handwerk Magazin 08/1998 zum Thema Kooperation

Handwerk Magazin 03/1999 zum Thema Kooperation

manager magazin 05/1998 zum Thema Kooperation

Schwarz, W.U. (1998): Strategische Unternehmensführung im Handwerk. München.

Sydow, J./Windeler, A./Krebs, M./Loose, A./van Well, B. (1995): Organisation von Netzwerken. Opladen

Westdeutscher Handwerkskammertag (WHKT): Internetseiten www.whkt.de

Zentralverband des Deutschen Handwerks (ZDH): Internetseiten www.zdh.de

Virtuelles Kaufhaus der Region

Ralph Klocke

1 Einleitung

Branche mit Kooperationstradition

Kooperation hat Tradition im Einzelhandel. Dass heute Verbundgruppen die Zulieferseite im Facheinzelhandel beherrschen, zeigt schon ein Blick auf die Mitgliederlisten des Zentralverbandes Gewerblicher Verbundgruppen (www.zgv-online.de). Bundesweit tätig sind Gruppen wie „ep: electronic partners“ oder der Textileinkaufsverbund Katag, um nur zwei Beispiele aus Hunderten solcher Verbundgruppen zu nennen. Auf der Verkaufsseite treten neben die teilweise schon historischen Kooperativen heute zunehmend Franchise-Gruppen.

Dennoch gibt es in der Branche das geflügelte Wort „Einzelhandel kommt von einzeln handeln“. Um die Berechtigung dieser Aussage zu überprüfen, ist es zunächst einmal notwendig festzulegen, von welchem Einzelhandel hier die Rede sein soll. Dieser Beitrag meint, solange nicht anders erläutert, den kleinen und mittelständischen Facheinzelhandel im Non-Food-Sektor. Gerade diese Händler stehen unter einem enormen Druck, sich verändern zu müssen, um überleben zu können, wie noch darzulegen sein wird.

Wie sieht es also mit kooperativen Ansätzen zwischen solchen Facheinzelhändlern aus? Allgegenwärtig sind Werbegemeinschaften, in denen sich Händler einzelner Straßenzüge oder Stadtviertel zusammen geschlossen haben, um gemeinsam Anzeigen zu schalten, Straßen- oder Stadtteilfeste zu veranstalten oder andere „Events“ zu organisieren. Diese zielen in der Regel darauf, ihre Umgebung attraktiv zu machen, im Gespräch zu halten und möglichst viel potenzielle Laufkundschaft in die Nähe ihrer Geschäfte zu bringen. Darüber hinaus ist jedoch kaum eine Zusammenarbeit zu erkennen. Verglichen mit ähnlich großen Handwerksbetrieben fällt die Kooperationsbilanz z.B. im Bereich der gemeinsamen Leistungserbringung sehr mager aus.

Dabei besteht insbesondere beim Dienst am Kunden dringender Handlungsbedarf. Nicht ohne Grund wird beim Stichwort „Servicewüste Deutschland“ gerade der Facheinzelhandel, der sich eigentlich als serviceorientiert positionieren müsste, regelmäßig an erster Stelle genannt.

Bevor auf die Kooperationspotenziale näher eingegangen wird, sollen einige Eindrücke von der wirtschaftlichen Situation dieser Branche die Notwendigkeit von Veränderungsprozessen unterstreichen.

2 Die Situation im Einzelhandel

Die Tageszeitung „Die Welt" berichtete am 22. Januar 2004:

„Einzelhandel 2003 das zweite Jahr im Minus

Die Einzelhandelsumsätze sanken insgesamt um rund einen Prozent. Es wurden zwar mehr Nahrungs- und Genussmittel verkauft als im Vorjahr, alle anderen Waren verzeichneten jedoch ein deutliches Minus

Einzelhandel in der Talsohle?

Wiesbaden - Der deutsche Einzelhandel ist auch 2003 nicht aus der Talsohle gekommen. Das Statistische Bundesamt in Wiesbaden berichtete am Donnerstag auf Basis der Umsatzergebnisse, bis einschließlich November 2003 seien die Umsätze um rund ein Prozent zurückgegangen. Damit wären die Einzelhandelsumsätze – ohne Kfz und Tankstellen - das zweite Jahr in Folge gesunken

Wie die Statistiker weiter mitteilten, ergab sich für den Zeitraum Januar bis November real ein Minus von 0,8 Prozent und nominal von 1,0 Prozent. Der Einzelhandel mit Nahrungsmitteln, Getränken und Tabakwaren stieg zugleich real um 1,2 und nominal um 1,7 Prozent. Der Einzelhandel mit Nicht-Nahrungsmitteln verzeichnete real ein Minus von 2,1 und nominal von 2,4 Prozent."

Das letzte echte Erfolgsjahr des Einzelhandels war 1992, in den Jahren zuvor profitierte der Handel vom Wiedervereinigungsboom. Beschäftigt man sich mit Zahlenreihen[11], die etwas weiter zurückreichen, wird das gesamte Ausmaß der Krise noch deutlicher. Der durchschnittliche Umsatz im Einzelhandel betrug 2003 noch fast genau 90% des durchschnittlichen Umsatzes von 1995. In dieser Zahl sind auch die Gewinner (Food, KfZ) enthalten. Im Handel mit Herrenbekleidung, typischer Vertreter der hier betrachteten kleineren und mittelständischen Facheinzelhändler, sank der Umsatz auf nur noch 70% des Umsatzes von 1995.

Ein weiterer Blick auf die Kostenseite verdeutlicht, dass den stetig sinkenden Umsätzen neue Aufgaben gegenüber stehen, die sich in höheren Kosten nieder schlagen. Allgemein geläufige Stichworte wie verlängerte Ladenöffnungszeiten, E-Commerce, Kundenkartensysteme sollen genügen, dies zu belegen.

Ohne an dieser Stelle weiteres Zahlenmaterial zu präsentieren, kann man die Situation des kleinen und mittleren, filialungebundenen Einzelhandels als sehr schwierig bezeichnen.

Ursachen

Zwei wesentliche Tendenzen sind als Ursache auszumachen. Zum einen herrscht ein vor allem durch den allgemeinen Kaufkraftrückgang geprägtes Konsumklima, das zu bisher neun Jahren mit Umsatzrückgang bzw. -stagnation seit 1992 geführt hat. Zum anderen unterliegt der Einzelhandel seit Jahren einem enormen Konzentrationsprozess, der sich an der zunehmenden Prägung der Innenstädte durch Filialunternehmen, am Zusammenschluss von Kaufhaus- und Versandkonzernen und an der Ausweitung der peripheren Flächen ("Grüne Wiese") ablesen lässt.

[11] Genesis-Datenbank des Statistischen Bundesamtes, Wiesbaden 2004

Für die kleineren eigenständigen Einzelhandelsunternehmen verschärfen sich die Auswirkungen des Kaufkraftrückgangs dadurch, dass die größeren Handelshäuser über einen aggressiven Preiswettbewerb größere Anteile des kleiner werdenden Gesamtmarktes für sich gewinnen konnten.
Vor allem in ländlich geprägten Regionen sind bereits heute z.T. nur noch wenige Einkaufsmöglichkeiten vor Ort vorhanden. Die kleinflächigen und mit Fachkräften agierenden Einzelhändler befinden sich größtenteils in einem Überlebenskampf, der zunehmend zu Geschäftsaufgaben und damit zu einer Verödung der Innenstädte und zu einer Verschlechterung der Vor-Ort-Versorgung führt.

3 Kooperation als Zukunftsperspektive im regionalen Einzelhandel

Ein bereits realisiertes Projekt soll hier zunächst stellvertretend für eine zukunftsorientierte Strategie im Facheinzelhandel geschildert werden, bevor ein Ausblick auf weitere Ansatzpunkte gegeben wird. Die sichtbaren Ergebnisse dieses Projektes „Kooperation im Regionalen Einzelhandel", das gefördert vom Land Nordrhein-Westfalen und der Europäischen Union von 1998 bis 2000 entwickelt wurde, sind im Internet unter www.karee.de zu finden.

Das Konzept karee

Das Konzept karee

Unter der Überschrift dieses Kapitels fanden im Oktober und November 1998 zwei Workshops statt, an denen neben dem Geschäftsführer des Einzelhandelsverbandes Ostwestfalen sieben Einzelhändler aus der Region Minden-Lübbecke teilnahmen. Ziel dieser Workshops war es festzustellen, ob in der Kooperation von kleinen und mittleren Einzelhandelsunternehmen eine Chance liegt, diese Unternehmen gegenüber dem wachsenden Wettbewerbsdruck von Seiten der Filialisten und der "grünen Wiese" zu erhalten. Die beiden Workshops ergaben zwei Schwerpunkte der zukünftigen Kooperation.

Schwerpunkte

Der erste Schwerpunkt bestand im Aufbau von Netzwerkstrukturen zwischen den beteiligten Unternehmen, um durch bessere Ressourcennutzung und gemeinsames Marketing sowie gemeinsame Personalentwicklung ein qualitatives Gegengewicht zu Handelsketten und -konzernen bilden zu können.
Die als mittelfristig bzw. langfristig bezeichneten Maßnahmen waren als dauerhafte Kooperationen geplant. Hierzu zählten vor allem das gemeinsame Marketing mit der Entwicklung einer regionalen Einzelhandels-Identität und gemeinsame Personalentwicklung bis zur Ausbildung von Einzelhandelsfachkräften im Verbund.
Außerdem ist auch an den gemeinsamen Einsatz von Verkaufspersonal und die gemeinsame Nutzung von Verkaufsflächen durch zwei oder mehr Einzelhändler gedacht. Dies zielt auf die Orte, an denen wesentliche Produkte heute aus Gründen mangelnder Rentabilität nicht mehr angeboten werden.
Der zweite Schwerpunkt wurde unter dem Stichwort "Kaufhaus der Region" dargestellt und ist zuvor in Deutschland noch nicht realisiert worden

In diesem Regionalkaufhaus sollten vielfältige erfolgreiche Vertriebsideen von Handelskonzernen auf ein Netzwerk regionaler Einzelhändler übertragen werden.
Die Grundidee bestand darin, den Kunden der Region ein umfassendes Sortiment der regionalen Einzelhändler in Form eines Versands und mit Agenturen auch in kleinen Orten zu bieten. Der Kunde kann so bequem in seinem Wohnort einkaufen und bekommt die Ware geliefert. Trotzdem muss er nicht auf das Einkaufserlebnis und die persönliche Beratung verzichten, die er von Fachgeschäften gewohnt ist.
Über die Grundidee der lokalen Agenturen hinaus wurden weitere Vertriebsinstrumente geplant, die teilweise ergänzend, teilweise aber auch alternativ zu verstehen waren, in jedem Fall aber an der Größe des jeweiligen Ortes und an den Zielgruppen ausgerichtet werden sollten.
So kann in sehr kleinen Orten auf vorhandene Räume in Bäckereien oder Postagenturen zurückgegriffen werden. Besonders für ältere Menschen, denen der Einkauf mit dem PKW nicht oder nur schwer möglich ist, wäre dieses Angebot eine interessante Alternative. Ergänzend kommen Katalogbestellungen und, ähnlich wie bei "Tupper-Parties", die Beratung Zuhause in Frage. Für jüngeres Publikum könnte in etwas größeren Orten eine andere Lösung mit Anschluss an ein gastronomisches Umfeld und mit Online-Terminals bzw. Bildschirmen gewählt werden. Die Möglichkeit, neben der Katalogbestellung auf das Internet als virtuelles Kaufhaus der Region zurückzugreifen, ist ebenfalls im Konzept vorgesehen.

Ziele

Die wesentlichen Ziele dieses Kooperationsprojektes waren:

- Bessere Nutzung vorhandener Kompetenzen durch Poolbildung;
- effektivere Marktbearbeitung durch den gemeinsamen Einsatz erfolgreicher Marketingmethoden (Internet, Regionalkaufhaus, Versand);
- Schaffung innovativer Strukturen und Einsatz moderner Instrumente sowie die Schulung der Mitarbeiter, um Wettbewerbsnachteile (Größe, Finanzkraft) auszugleichen und vorhandene Wettbewerbsvorteile (Kompetenz der Mitarbeiter hinsichtlich Produkten und Kundenorientierung) zu erhalten;
- kreative Übertragung erfolgreicher Konzepte aus dem Handel und Nutzbarmachung für kleine und mittlere regionale Einzelhändler;
- Kundenbindung und Frequenzerzeugung durch gezielte Entwicklung von innovativen Serviceangeboten.

Als Summe dieser Ziele steht der Erhalt bzw. Wiederaufbau regionaler Strukturen im Einzelhandel und von Arbeitsplätzen.

4 Die Ergebnisse

Im Oktober 2000 wurde die karee GmbH von sechs Einzelhändlern mit Sitz in Lübbecke (Kreis Minden-Lübbecke) gegründet. Zwei weitere Unternehmen haben sich sofort als Partner beteiligt, weitere sind inzwischen eingestiegen, so dass die Kooperation mittlerweile aus 15 Unternehmen besteht.

Die Marke karee

Die Marke karee wird durch vielfältige Kommunikation des Logos regional bekannt gemacht. Neben regelmäßigen gemeinsamen Anzeigen geschieht dies u.a. durch große Banner in und an den Geschäften, durch Preisausschreiben, Präsenz auf lokalen Festen, gemeinsame Verkaufsaktionen und Pressearbeit. Zu den Verkaufsaktionen zählt auch der Abverkauf von „Schnäppchen" in einer gemeinsam angemieteten leerstehenden Kaufhausetage. Dies geschieht zweimal jährlich für jeweils eine Woche durch das Fachpersonal der beteiligten Händler.

Das karee Vertriebskonzept

Das karee Vertriebskonzept besteht im Zusammenspiel von Ladengeschäften, ausgerüstet mit Multimedia-Terminals zur Warenpräsentation und qualifiziertem Beratungspersonal, einem Internet-Auftritt, der im Kern aus einem regionalen Online-Shop besteht, und karee Verkaufsberatern (karee points). Anders als bei vielen vergleichbaren Internet-Auftritten handelt es sich nicht um eine Ansammlung von Einzelshops sondern um ein gemeinsames Angebot. Kunden wissen zwar, wer zu karee gehört, kaufen aber nicht im Jeans-Shop Gauselmann ihre Levis, sondern bei der karee GmbH.

Über das Internet oder aber mit Hilfe des Multimedia-Terminals kann sich der Kunde sowohl selbständig als auch mit Beratung durch entsprechendes Fachpersonal über das Gesamtsortiment der Einzelhandels-Kooperation karee informieren und gleich bestellen. Die Ware wird dann innerhalb von maximal 3 Tagen nach Hause geliefert.

Der erwartete Effekt ist ein doppelter: es kann sowohl direkt über den Terminal-Verkauf als auch indirekt durch das Verweilen der Kunden im Laden und der Möglichkeit, dadurch Kaufwünsche zu wecken, zusätzlicher Umsatz realisiert werden.

Karee points sind eigenständige Agenturen, die jedoch in Zusammenhang mit anderen Produkt- und Dienstleistungsangeboten stehen können, z.B. Bäckereien, Postagenturen usw.

Der karee Service

Der karee Service ist ein grundlegender Bestandteil des Konzeptes. Die alte Stärke des Facheinzelhandels, qualifizierte Beratung für gute Produkte zu „fairen" Preisen zu bieten, ist in Zeiten des Smart Shopping durch Schnäppchenjäger und der Handelsmarken nicht ausreichend. Beim Online Shopping ist zwar das Vertrauen des Kunden ausschlaggebend für den Erfolg, aber hier ist der Konzentrationsdruck noch weitaus größer als im stationären Handel.

Nur die Ergänzung der alten Stärken durch Entwicklung neuer, kundennaher Serviceleistungen, möglichst ohne spürbarem Niederschlag in den Verkaufspreisen, bietet Erfolgsperspektiven für den Facheinzelhandel. Im Folgenden werden die einzelnen Bausteine des Servicekonzeptes kurz geschildert.

Slogan

„Einfach persönlicher" – der karee Slogan drückt die wichtigste USP gegenüber anderen Anbietern aus: karee ist kein anonymer Internet-Shop, sondern eine innovative Kooperation lokal ansässiger Facheinzelhändler mit zum Teil langer Tradition. Das Vertrauen, das den Partnern aus dem stationären Handel entgegengebracht wird, überträgt sich durch die gemeinsame Marke auf die anderen Partner. Jeder Partner steht mit seinem Namen und seinem qualifizierten Personal für die gesamte Leistung ein.

Lieferservice

Der Kunde hat die Wahl zwischen Lieferung der Waren zum nächsten karee-point ohne Lieferkosten und der Lieferung nach Hause. Dafür wird im Kreis Minden-Lübbecke bei einem Bestellwert unter 25,- € eine Portopauschale von 2,50.- € berechnet. Ab 25,- € Warenwert wird frei Haus geliefert. Bestellungen dauern in der Regel nicht mehr als 48 Stunden; wenn es länger dauert, wird per Email oder telefonisch ein Liefertermin bekannt gegeben.

Umtauschservice

Umzutauschende Ware muss nicht wie bei anderen Versendern wieder eingesandt werden, sondern kann bei jedem karee point abgegeben werden.

Telefonberatung

Persönliche Beratung am Telefon kann der Kunde auf zwei Wegen in Anspruch nehmen. Entweder ruft er direkt bei der karee Servicenummer an, oder er schickt eine Email und wird umgehend zurück gerufen.

Neben den beschriebenen Verkaufsaktionen und einer Online-Reinigung (s.u.) bieten die karee Kooperationspartner immer wieder Serviceaktionen an, z.B. kostenlose Sehtests oder Informationen.

Das karee Partnerkonzept

Das karee Partnerkonzept sieht vor, dass weitere Partner aus dem Facheinzelhandel, aber auch passende Dienstleister zur Ergänzung der Angebotspalette integriert werden. Diese Partner unterscheiden sich von der Kerngruppe dadurch, dass sie nicht Gesellschafter werden, und dass für sie bessere Abrechnungskonditionen gelten. Für karee Kunden besteht kein sichtbarer Unterschied zwischen Gesellschaftern und Partnern.

Vier Ziele verfolgt karee mit dem Partnerkonzept:

- die Vervollständigung des Sortimentes zu einem Vollsortiment im Bereich Non-Food;
- die Sicherstellung der Lieferfähigkeit durch Vorhandensein von mehreren Lieferanten in den Kernsortimenten;
- die Verbreitung in der Fläche – karee will idealerweise im Kreis Minden-Lübbecke in allen Gemeinden mit mindestens einem Partner vertreten sein und so den Bekanntheitsgrad der Marke steigern;
- die Einbindung von Dienstleistern, um den Servicecharakter der Marke karee zu positionieren.

Beispiele für karee-Partner aus dem Facheinzelhandel kommen aus den Randbereichen, wie ein Kamin- und Ofenhändler, aber auch aus den Kernbereichen, wie Schuhgeschäfte. Der interessanteste Dienstleistungspartner ist eine Großreinigung, die es karee ermöglicht, die erste (und vermutlich einzige) Online-Reinigung in Deutschland anzubieten. Natürlich kann der Kunde seine zu reinigenden Bekleidungsstücke nicht per Email einsenden, aber er kann im Online Shop die Reinigungsdienstleistung genau wie alle anderen Waren bestellen. Der Lieferservice holt die Bekleidungsstücke dann zu einer vereinbarten Zeit beim Kunden ab und liefert sie in der Regel innerhalb von sieben Tagen auch wieder aus. Dieser Service kann durch die Nutzung von freien Kapazitäten der Großreinigung zu absolut konkurrenzfähigen Preisen geboten werden.

Erfolg

Der Erfolg von karee ist am besten am andauernden Engagement der beteiligten Unternehmen abzulesen. Auch drei Jahre nach Projektende finden regelmäßige Sitzungen der Gesellschafter, im Schnitt alle zwei Wochen, statt, auf denen das Konzept weiter entwickelt wird. Nach Meinung des karee Geschäftsführers, Christian Jockheck, hat die Markenbildung mit den beschriebenen Aktionen zu einem deutlich höheren Bekanntheitsgrad geführt und vor allem die Aufmerksamkeit und das Interesse der Zielgruppe für diese ungewöhnliche Kooperation geweckt. Im Ergebnis ist das vorrangige Ziel, für eine gesteigerte Frequenz in den Geschäften zu sorgen, eindeutig erreicht worden.

5 Perspektiven für Kooperationen im Einzelhandel nach dem Beispiel des Virtuellen Kaufhauses der Region

Trends im Handel

Ein Ausblick auf erfolgversprechende zukünftige Strategieoptionen im Einzelhandel sollte nicht ausschließlich auf den Erfahrungen eines erfolgreichen Modellprojektes fußen. Daher wird hier exemplarisch für verschiedene Studien eine Untersuchung der KPMG Beratung ergänzend herangezogen[12], in der neben anderen die folgenden Key Trends ausgemacht werden:

- Kooperationen und strategische Allianzen sichern das Überleben des nicht filialisierten Einzelhandels und solcher Unternehmen, die aufgrund ihrer mangelnden Größe und/oder Regionalität keine Differenzierung durch strategisch positionierte Eigenmarkenprogramme erreichen können bzw. eine im Branchenvergleich ungünstige Kostenstruktur aufweisen.
- Kooperationen mit heterogener Struktur sind solchen unter Gleichartigen überlegen, da sie ein höheres Synergiepotenzial beinhalten.
- Keine Chance haben „Einzelkämpfer“, es sei denn, sie haben aufgrund eines Innovationsvorsprungs oder einer starken Marke eine marktbeherrschende Stellung.
- Konzepte, die sich auf die Herausstellung der Preis-Leistungs-Komponente spezialisiert haben, werden die Polarisierung des Marktes branchenübergreifend beschleunigen und das jeweilige Marktsegment outperformen.

Als Wachstumsstrategien für die Zukunft werden u.a. abgeleitet:

- Diversifizierung im Verbund mit andersartig gelagerten Unternehmen.
- Mit gezieltem Branding zum Erfolg.

[12] Trends im Handel 2005, KPMG, Köln 2003 zu finden u.a. bei www.lz-net.de

Mit Blick auf die karee Konzeption können diese Aussagen als Bestätigung der eingeschlagenen Richtung interpretiert werden. Der gemeinsame Aufbau einer Einzelhandelsmarke durch Unternehmen aus verschiedenen Einzelhandels-Segmenten, die Ergänzung des Angebotes (Diversifizierung) um für den Handel neuartige Dienstleistungen unter besonderer Berücksichtigung der für Konsumenten besonders bedeutsamen Preis-Leistungs-Argumentation. Für den Facheinzelhandel wird hier der Aspekt Leistung aufgrund der nachteiligen Kostensituation gegenüber den Großen der Branche dem Aspekt Preis in der strategischen Ausrichtung und in der Kommunikation immer vorgezogen werden müssen.
Neben den Fokus Marke treten in einer solchen (regionalen) Kooperation weitere Möglichkeiten, Synergieeffekte zu erzielen. Sinnvoll erscheinen z.B. Maßnahmen, die bei karee konzipiert oder bereits begonnen wurden, wie:

- Kundenbindungsprogramme, beispielsweise mit Hilfe von Kundenkarten, auch wenn deren besondere Problematik (Datenschutz, viele konkurrierende Systeme) ein sorgfältiges Abwägen bedingen;
- gemeinsame Ausbildung von Nachwuchskräften;
- gemeinsames Vorhalten von notwendigen (Rand-)Kompetenzen, wie z.B. Dekoration (Personal und Material), Verwaltung, Auslieferung;
- Kundeninformationsangebote etc.

Ansätze lassen sich viele finden, Beispiele für deren Umsetzung eher wenige. Das verwundert angesichts der kritischen Situation des Facheinzelhandels zunächst, lässt sich aber erklären, wenn man die Organisationsstrukturen der hier betrachteten Unternehmen kennt. In der Vielzahl der Unternehmen existiert kaum ein Überbau, der das Management von Veränderungsprozessen übernehmen könnte. Diese Rolle spielt i.A. alleine der Besitzer, der häufig im Geschäft präsent ist und dort, weil er so etwas wie eine Identifikationsfigur für die Stammkunden darstellt, auch nicht abkömmlich zu sein scheint. Auch wenn diese Funktion kritisch zu hinterfragen ist, muss festgestellt werden, dass ein Prozess wie der oben beschriebene nicht ohne externe Unterstützung zu managen sein wird.
An dieser Stelle könnten die eingangs erwähnten Verbundgruppen des Handels eine neue Rolle für die angeschlossenen Unternehmen spielen. Sie bündeln bisher vor allem den Einkauf und gewisse beratende Kompetenzen (Schwerpunkt: Personalbereich), wären aber relativ mühelos in der Lage, ihre Position auszubauen und als „Strategieentwicklungsabteilung" für ihre Kunden zu fungieren. Ihre einzige, allerdings schwerwiegende Einschränkung liegt in der überwiegenden Ausrichtung auf ein Teilsegment des Handels. Um, wie bei karee geschehen und wie auch von KPMG empfohlen, die „Diversifizierung im Verbund mit andersartig gelagerten Unternehmen" zu erreichen, muss also zunächst eine Kooperation verschiedener Verbundgruppen entstehen.
Es bleibt also noch vieles zu tun. Die anhaltende Krise des kleinen und mittleren Facheinzelhandels und der Ausblick in die Zukunft lässt aber Unternehmern, die mittelfristig erfolgreich sein wollen, kaum eine andere Wahl als zu kooperieren.
Hier bieten die Tradition der Kooperation im Einzelhandel und einzelne gelungene Beispiele insgesamt gute Voraussetzungen für eine Bewältigung der

Krise durch aktives Gestalten der notwendigen Veränderungsprozesse. Diese Voraussetzungen zielgerichtet zu nutzen, ist unter branchenstrategischen Gesichtspunkten das Gebot der Stunde.

Vernetzt – Kooperationen in der Textil- und Bekleidungsindustrie

Thomas Becker

1 Ausgangslage in der Textil- und Bekleidungsindustrie

Es gibt wenige Branchen, die so tief greifend und nachhaltig von einem radikalen Strukturwandel betroffen waren und sind wie die Textil- und Bekleidungsindustrie; Nähmaschinen können eben auch in Nordafrika, Indien oder Rumänien von Näherinnen bedient werden. Nur wenige Unternehmen der Bekleidungsindustrie haben in der Folge den Wandel überlebt, und diejenigen, die bis heute am Markt bestehen, sehen sich auch weiterhin einem verschärften internationalen Wettbewerbsdruck ausgesetzt, auch zurzeit werden weitere Arbeitsplätze abgebaut. Heute sind in einigen Regionen Deutschlands die Folgen sichtbar: wo in den Sechziger Jahren noch Hunderte arbeiteten, liegen heute Industriebrachen, oft in zentralen Lagen der betroffenen Städte. Betroffen sind allerdings nicht die Ballungsgebiete, sondern oft ländlich geprägte Räume, der Strukturwandel in diesen Branchen vollzog sich deshalb weitestgehend unbeachtet von der Öffentlichkeit.

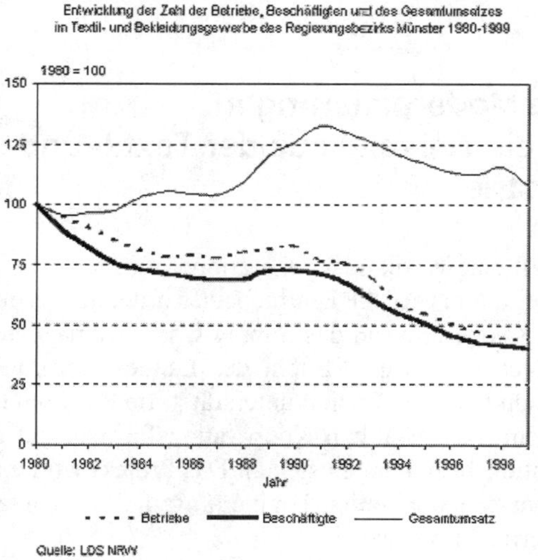

Abb. 1: Betriebe, Beschäftigte und Gesamtumsatz (aus: Becker/Reckfort 2001)

Hoher Veränderungsdruck

Die Branche steht nach wie vor unter hohem Veränderungsdruck, der durch zunehmenden internationalen Wettbewerb ausgelöst wird. Zusätzlich stehen Textil- und Bekleidungsindustrie vor der Herausforderung, sich immer weiter verkürzenden Innovationszyklen stellen zu müssen. In der Bekleidungsindustrie beobachten wir mehr Kollektionen pro Jahr, neue Stoffe und Ausrüstungen bei gleichzeitig hohem Preisdruck am Markt, der durch den Handel weiter unterstützt wird. Auch die Textilindustrie folgt verkürzten Innovationszyklen, die Produktentwicklung orientiert sich an den Entwicklungsstandards der Kundenmärkte wie z.B. der Automobilindustrie. Das gilt sowohl für Qualität und Innovationsgeschwindigkeit als auch für technischen Standard.

In diesem Umfeld suchen Betriebe der Textil- und Bekleidungsindustrie gleichermaßen zunehmend Kooperationsmöglichkeiten. Dabei sind sowohl horizontale als auch vertikale Kooperationen von strategischem Interesse. In horizontalen Kooperationen bündeln Einzelunternehmen z.B. Entwicklungskapazitäten, um schneller und flexibler auf Markterfordernisse reagieren zu können. Beispiele sind darüber hinaus auch Innovationszirkel, die – häufig in Branchenclustern zu beobachten – Erfahrungswissen der Einzelunternehmen bündeln und so Wissenstransfer auf verschiedenen Ebenen sicherstellen. Oft sind solche Zirkel auch informell organisiert, als Erfahrungsaustausch auf Branchentreffen, regelmäßigen Austauschen zwischen benachbarten Unternehmen und ähnlichen Kooperationsformen. Organisatorisch sind solche *Informations-Kooperationen* meistens eingebunden in Strukturen der regionalen Wirtschaftsförderung oder der Wirtschaftsverbände. Vertikale Kooperationsformen dienen vor allem der Prozessoptimierung entlang der Wertschöpfungsstufen in der textilen Kette mit dem Ziel, höhere Gewinne abschöpfen oder zumindest auf den zunehmenden Preisdruck reagieren zu können.

2 Arbeitsorientierte Modernisierung in Kooperationen – ein Beispiel aus der Textil- und Bekleidungsindustrie

Im Folgenden wird beispielhaft eine vertikale Kooperation vorgestellt, die im Rahmen des europäischen Programms ADAPT aufgebaut wurde, als vertikale Kooperation lässt sich die Kooperation in das Supply-Chain-Management einordnen. Das Projekt TexNet wurde mit Mitteln des Landes Nordrhein-Westfalen und der Europäischen Union finanziell unterstützt. Im Zentrum der Betrachtungen sollen vor allem die gewählten Kooperationsformen und die Organisation der Kommunikationsbeziehungen stehen. Das Projekt wurde erfolgreich beendet, eine dauerhafte Kooperation konnte aufgrund der damaligen Marktentwicklung nicht erreicht werden.

Ziel der Kooperation war der Aufbau einer Informationsplattform für die Herstellung von ökologisch produzierter Bekleidung und Heimtextilien. Dabei sollten zum einen die Speicherung und Bereitstellung von Informationen entlang der Herstellungskette für interne Zwecke als auch die Präsentation von kundenrelevanten Daten am Verkaufsdisplay sein (z.B. Herkunftsort von

Faser und Kleidungsstück, Inhaltsstoffe, Hinweise für Allergiker etc.). An diesem Projekt beteiligten sich ein deutscher Spinn- und Webereibetrieb, ein Hersteller von ökologischen Damen- und Kinderkollektionen, ein Lieferant von ökologischen Farbstoffen für die Textilindustrie, weitere Bekleidungs- und Heimtextilunternehmen, die meisten von ihnen aus der traditionellen Textilregion des westlichen und nördlichen Münsterlandes. Aufgrund des erfolgreichen Verlaufs wurde der internationale Anteil dieses EU-Projekts durch die nationale Koordinierungsstelle als best-practise Beispiel ausgewählt. Der engere wirtschaftliche Verbund war ebenfalls als regionales Projekt auf der EXPO 2000 in Hannover vertreten. Neben der Orientierung an ökologischen Produkten waren auch Erfahrungsaustausch in Bezug auf die Einführung von elektronischem Geschäftsverkehr und die Nutzung von internationalen Standards Gegenstand der Kooperation.

Erfahrungen

Auch wenn die Zusammenarbeit nach Projektende aufgrund veränderter Rahmenbedingungen nicht fortgeführt werden konnte, lassen sich jedoch einige Erfahrungen beim Netzwerkaufbau verallgemeinern und als Wissensressource für neu zu etablierende Kooperationen nutzen. Unter Hinzuziehung qualifizierter, mit den besonderen Anforderungen der Branche vertrauten externen Beratern sollte im Rahmen der Kooperation:

- Informationsdefizite über die Nutzungspotentiale des Electronic Commerce (EC) abgebaut,
- über die neuesten EC-Entwicklungen in der Textilwirtschaft, aber auch in anderen Wirtschaftsbereichen informiert,
- interessierte Unternehmen individuell bei der rationalen Entscheidungsfindung über die Einführung von EC-Anwendungen unterstützt,
- qualifiziertes technisches und organisatorisches Know-how für die erfolgreiche Umsetzung von EC-Anwendungen bereitgestellt und
- die von den technologischen Neuerungen berührten Beschäftigten bereits im Vorfeld sowie in der Einführungsphase durch geeignete Qualifizierungsmaßnahmen auf die neuen Arbeitsanforderungen vorbereitet werden.

Einen direkten praktischen Wettbewerbsvorteil versprachen sich die beteiligten Unternehmen vom Aufbau einer webbasierten Datenbank, die Informationen entlang der textile Kette aufnehmen und darstellen sollte:

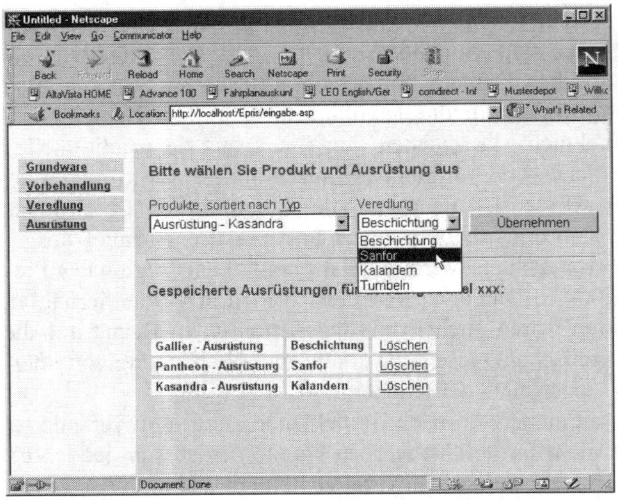

Abb. 2: Screenshot der webbasierten Datenbank für den Informationsaustausch entlang der textilen Kette

Bestandteile des Projektes

Ein wesentlicher Bestandteil des Projektes war somit die Einführung von Systemen, mit denen in den beteiligten Unternehmen EDI eingesetzt werden konnte. Dieser elektronische Austausch von Geschäftsdaten (Electronic Data Interchange, EDI) ist eine Form der Kommunikation, bei der kommerzielle und technische Daten zwischen Computern bzw. Anwendungsprogrammen verschiedener Geschäftspartner unter Anwendung offener elektronischer Kommunikationsverfahren ausgetauscht werden. Die Einführung von EDI im Rahmen des Projektes verlief auf zwei Ebenen:

1. die Anpassungen, Integration und Testphase für eigenständige EDI-Lösungen und die dazu notwendige begleitende Qualifizierung und
2. die Begleitung der Kooperationspartner, die eine firmenübergreifende Kommunikation für die Vermarktung neuer Produkte geplant hatten.

EDI ermöglicht es den beteiligten Unternehmen strukturierte Geschäftsdaten zwischen verschiedenen Computern so auszutauschen, dass diese von der Anwendung des empfangenden EDI-Partners direkt und in vielen Fällen automatisch verarbeitet werden können. Strukturierten Geschäftsdaten sind Informationen, die sich in Form von Formularen abbilden lassen und z.B. in der textilen Kette zwischen den verschiedenen Fertigungsstufen – vom Spinnen bis zum Handel – ausgetauscht werden, zum Beispiel Rechnungen, Bestellungen, Lieferscheine, Lieferbestätigungen u.a. Diese Dokumente lassen sich durch EDI-Systeme elektronisch austauschen und ohne manuelle Eingriffe direkt verarbeiten.

EDI ist also ein Teilaspekt des elektronischen Geschäftsverkehrs, der auch in Deutschland immer mehr Verbreitung findet. Um diese Art des Datenaustausches zu gewährleisten, werden standardisierte Datenformate genutzt, die die Strukturen für die Darstellung du Übermittlung der Informationen bilden. (EDIFACT: Electronic Data Interchange For Administration, Commerce and Transport) stellt dabei einen weltweit gültigen, branchenübergreifenden

Standard dar. Neben EDIFACT existieren noch eine Vielzahl von so genannten Subsets, exakt definierte Untermengen, die lediglich nationale oder branchenweite Bedeutung besitzen, zum Beispiel EDITEX, der besonders in der Textilbranche eine weite Verbreitung gefunden hat.

Falls EDI so im Unternehmen eingeführt wird, dass es in bestehende Strukturen eingefügt, können optimierte Geschäftsprozesse modelliert werden, die dem bisherigen Informationsaustausch auf Papier überlegen sind. Die Umsetzung eins EDI-Projekts ist daher allerdings oft auch Auslöser für eine notwendige Reorganisation bestehender Geschäftsprozesse.

3 Erfolgsbedingungen für Kooperationen

Die vorgestellte Kooperation wurde begleitet durch ein externes Unternehmen, das für das Projektmanagement verantwortlich war, die notwendigen Umstrukturierungen mit den Unternehmen analysierte und notwendige Qualifizierungsmaßnahmen plante und durchführte. Auf regelmäßigen Treffen mit den beteiligten Partnern konnte der Projektfortschritt kontrolliert und notwendige Maßnahmen erarbeitet werden. Ein Hauptteil der formalen Kommunikation lief allerdings über das Projektbüro. Die Auswahl der Kooperationspartner orientierte sich dabei an bereits bestehenden Geschäftsbeziehungen zwischen den beteiligten Unternehmen und strategischen Gesichtspunkten.

Kooperationsziele

Ausgangspunkt für Kooperationen ist in allen Fällen ein klar definiertes Ziel für die Zusammenarbeit; dabei bleibt festzuhalten, dass der Nutzen für die einzelnen Kooperationspartner klar beschrieben werden muss. Auch in der hier vorgestellten Kooperation konnten alle Akteure beobachten, dass der ausschlaggebende Punkt für eine Beteiligung der Einzelunternehmen vornehmlich im besten Sinne egoistische Interessen waren: Teilhabe an innovativen Entwicklungen wie der Einführung von elektronischem Geschäftsverkehr, Qualifikationsgewinn für die eigene Organisation, Imagegewinn und die Festigung von Geschäftsbeziehungen waren einige Ziele, die von den Beteiligten genannt wurden. Im vorgestellten Projekt konnte verfolgt werden, dass die Intensität der Kooperation nachließ, sobald Ziele der Einzelorganisationen erfüllt schienen: Einige Einzelunternehmen, die ihre Ziele erfüllt sahen, verließen die Kooperation oder reduzierten die Intensität ihrer Beteiligung. Aufgabe des Kooperationsmanagement ist vor dem Hintergrund dieser Beobachtungen die fortlaufende transparente Neudefinition von Zielen in Zusammenarbeit mit den relevanten Akteuren. Wichtig erscheint vor dem Hintergrund der Erfahrungen die klare Unterscheidung von kurzfristigen operationalen Zielen und langfristigen strategischen Zielen.

Ausgangspunkte der Kooperation

Ausgangspunkt für Kooperationen sind stets die individuellen Interessen der beteiligten Partner. Dabei kann in der Praxis auch zwischen persönlichen Zielen der individuellen Akteure und strategischen Zielen der beteiligten Organisationen unterschieden werden.

Insbesondere weil die Personaldecke in den beteiligten Betrieben ausgesprochen dünn war, standen nur begrenzt Personalressourcen für die eigentliche Verbundarbeit zur Verfügung. Alle am Netzwerk beteiligten Personen aus den Unternehmen standen erheblich unter Zeitdruck, der sehr stark durch das Tagesgeschäft bestimmt war. Arbeit für die Kooperation, d.h. die Planung und Durchführung von Qualifizierungsmaßnahmen, die Teilnahme an Treffen der Steuerungsgruppe, die Erhebung und Analyse der Daten, die für das Informationssystem notwendig waren, all diese Aktivitäten rangierten auf der Wichtigkeitsskala der Unternehmen eher am unteren Ende der Skala, weil sie durch die vordergründige Wichtigkeit – suggeriert durch die Dringlichkeit – des Tagesgeschäfts in den Hintergrund traten. Kurzfristige Zeile überlagerten langfristige Strategien, eine Verhaltensweise, die als eine Form von „defensiven Routinen" viele Organisationsentwicklungsprojekte beeinflusst.

Voraussetzung für die erfolgreiche Zusammenarbeit im Rahmen des Netzwerks war auf der anderen Seite die Organisation als vertikale Kooperation, d.h. im Rahmen der Zusammenarbeit musste auf direkte Wettbewerbssituationen zwischen den Kooperationspartnern keine Rücksicht genommen werden. Solche Wettbewerbssituationen können den Aufbau von öffentlichem, d.h. allen Partnern zugänglichem, Netzwerkwissen behindern, indem relevante Informationen zurückgehalten werden, insbesondere dann, wenn – wie im vorliegenden Fall – gemeinsam auch Produktentwicklung betrieben werden soll, was eben auch die gemeinsame Nutzung von technischem und Entwicklungs-Know-how beinhaltet. Im vorgestellten Verbund gab es hingegen nur geringfügige Überschneidungen im Angebot der beteiligten Unternehmen, so dass Wettbewerbsprobleme keine oder nur eine untergeordnete Rolle spielten.

Die beteiligten Unternehmen standen auch vor der Etablierung des Verbundes in Geschäftsbeziehungen zueinander, so dass die Hauptakteure bereits auf eine gemeinsame Geschichte zurückblicken konnten und weitgehend vertrauensvoll (d.h. oft, die Beteiligten wissen, wie ihre Partner in verschiedenen Situationen wahrscheinlich reagieren werden) miteinander umgehen konnten. Diese Beobachtung deckt sich auch mit Erfahrungen aus anderen Kooperationen:

Vertrauen

Kooperationen etablieren sich häufig aus bestehenden Beziehungen zwischen einzelnen Akteuren. Das bereits bestehende Vertrauen dient als Grundlage für eine Kooperation der beteiligten Organisationen.

So auch Siebert (1999, 12): „Erstes Hierarchiemerkmal von Unternehmensnetzwerken ist Vertrauen zwischen den Netzwerkpartnern und der erklärte Verzicht auf die Realisation eigener Vorteile auf Kosten von Partnerunternehmen."

Das hast für die praktische Netzwerkarbeit im Wesentlichen zwei Konsequenzen, (a) sichert eine solche gemeinsame Vorgeschichte den Kooperationserfolg und (b) ist es Aufgabe eines Netzwerkmanagements, auf der einen Seite die Beziehungen zu festigen, auf der anderen Seite aber die Kooperation organisatorisch so weit zu festigen, dass sie unabhängiger von individuellen Beziehungen werden kann. Damit wird auch eine langfristige Kooperationsbeziehung unterstützt. Umgekehrt konnte in der praktischen Arbeit festgestellt werden, dass häufig informelle Informationswege benutzt wurden, sicherlich mit dem Ziel, Informationswege abzukürzen, allerdings mit der Konsequenz, dass Netzwerkmanagement und nicht direkt beteiligte Partner nicht immer auf dem aktuellen Stand einzelner Projektentwicklungen gewesen sind. Insbesondere die Kernakteure, die bereits persönliche Beziehungen hatten, nutzen diese informelle Kommunikation im Netzwerk.

Letztlich bleibt mit Kadritzke (1999, 84) festzustellen: „Auch wenn in den neuen, hybriden Organisationsformen Markt und Hierarchie auf neue Weise zusammenspielen, sind – zumal auch Märkte keine machtfreien Räume sind – moderne Unternehmensnetzwerke durch Herrschaft gekennzeichnet." Gerade in vertikal aufgebauten Kooperationen sind traditionelle Abhängigkeiten zwischen den beteiligten Organisationen als latente Systemstrukturen vorhanden, besonders wenn die Kooperationen wie im vorliegenden Fall aus bereits bestehenden traditionellen Geschäftsbeziehungen entstanden sind. Dabei spielen nach wie vor wirtschaftliche Interessen der Einzelunternehmen die entscheidende Rolle. Dass Kooperationsstrukturen trotzdem erfolgreich umgesetzt werden, ist demnach auch unter dem Gesichtspunkt der damit verbundenen Transaktionskosten erklärbar. Macht ist dennoch ein entscheidender Faktor innerhalb von Kooperationen: „Die wirtschaftlichen Kalküle und die Mechanik der Macht sind selbst nicht mehr in freundlichen Netzwerken zu zähmen. Letztlich erweisen sich dezentrale Strukturen und Unternehmensnetzwerke als fremdbestimmte und flexible Organisationslösungen, deren Autonomiespielräume […] wohl dosiert und auf Abruf gewährt sind." (Kadritzke 1999, 90) Deutlich wird dies bei strategischen Entscheidungen der Einzelunternehmen, die sich häufig auch opportunistisch den bereits bestehenden ökonomischen Beziehungen zwischen den Beteiligten unterordnen.

In der hier vorgestellten Kooperation überlagerten diese ökonomischen Beziehungen immer wieder die Kooperationsstrukturen, notwendig wäre eine transparentere Thematisierung dieser Strukturen, die nicht allen Netzwerkpartnern gleichermaßen bekannt gewesen sind.

Ökonomische Beziehungen

Ökonomische Beziehungen beeinflussen Kooperationsstrukturen, weil sie Machtstrukturen definieren, in denen Kooperationspartner opportunistisch handeln.

In dem Spannungsfeld zwischen Vertrauen, das eine wesentliche Grundlage für erfolgreiche Netzwerkarbeit zu sein scheint und dem ökonomischen Beziehungen, die das wirtschaftliche Eigeninteresse der Akteure begründet, besteht die Herausforderung für das Netzwerkmanagement darin, die verschiedenen Beziehungsebenen zu erkennen und für alle Akteure transparent werden zu lassen.

Eine weitere Beobachtung scheint auch für andere Kooperationen bedeutsam zu sein: Ergebnissicherung ist eine zentrale Funktion des Netzwerkmanagements. Dazu gehören sowohl Informationssammlung und –dokumentation, als auch die Schaffung von bewusst gestalteten Abschlussphasen für Einzelprojekte innerhalb der Kooperation. Da das Tagesgeschäft der Einzelunternehmen den Arbeitseinsatz für die Kooperation bestimmt, neigen Kooperationspartner dazu, Energien aus Einzelprojekten abzuziehen, sobald sich erste verwertbare Resultate ergeben. Für einen Abschluss, der entsprechende Ergebnisse zusammenfasst und sichert, fehlen häufig notwendige Ressourcen.

An der vorgestellten Kooperation konnten zentrale Wirkmechanismen in Netzwerken und Kooperationen beschrieben werden, wichtige Beobachtungen waren die Zielorientierungen der einzelnen Partner, die Auswirkungen von bestehenden wirtschaftlichen Beziehungen zwischen den Partnern und das Spannungsverhältnis zwischen Tagesgeschäft der Einzelunternehmen und Ressourcen für die notwendigen Arbeiten innerhalb der Kooperation. Sicherlich lassen sich diese Beobachtungen auch für andere Netzwerke verwenden.

Literatur

Becker, Thomas; Reckfort, Jürgen (2001) ADAPT-Projekt TexNet – Reorganisation und Qualifizierung zum Zweck der informationellen Vernetzung der textilen Kette. Rheine

Becker, Thomas; Reckfort, Jürgen (1998) Organisationsentwicklung und Qualifizierung in kleinen und mittleren Unternehmen der münsterländischen Textilwirtschaft. (CD-ROM, Bottrop)

Kadritzke, Ulf (1999) Herrschaft in Unternehmensnetzwerken. Vom Schwinden einer Kategorie in Theorie und Praxis. In: Jörg Sydow, Carsten Wirth (Hg.) Arbeit, Personal und Mitbestimmung in Unternehmensnetzwerken. München

Reckfort, Jürgen (1999) Der Markt für Textilien und Bekleidung - Strukturen, Entwicklungen, Trends, in: A. Hermanns; W. Schmitt; U.K. Wißmeier (Hg.), Handbuch Mode-Marketing

Siebert, Holger (1999) Ökonomische Analyse von Unternehmensnetzwerken. In: Jörg Sydow (Hg.) Management von Netzwerkorganisationen. Wiesbaden 7 - 27

Netzwerke und Kooperationsverbünde im Weiterbildungsbereich

Ursula Wohlfart, Rainer Bovelet

In der Weiterbildung werden schon seit langem zur Bewältigung vielfältiger Herausforderungen und notwendiger Veränderungsprozesse Kooperationen aufgebaut und gepflegt. Dabei überwiegen Kooperationen einzelner Weiterbildungsanbieter untereinander oder mit Partnern (Institutionen, Vereinen, usw.) aus den Bereichen Arbeit, Soziales, Gesundheit und Kultur.

Netzwerke gewinnen an Bedeutung

Netzwerke von Weiterbildungsanbietern oder von Weiterbildungsanbietern mit anderen lokalen und regionalen Akteuren - verstanden als eine spezifische, auf einen längeren Zeitraum hin angelegte Kooperation von Personen mehrerer Organisationen zur Erreichung gemeinsam festgelegter Ziele und zum Gewinn von „Mehrwert" für die einzelnen Organisationen - sind eine andere Art von Kooperation, die im Weiterbildungsbereich zunehmend an Bedeutung gewinnt.

Bestandsaufnahmen fehlen

Allerdings wissen wir noch wenig darüber, wer, an welchem Ort, mit welchen Zielen und mit welchen Akteuren an lokalen und regionalen Netzwerken beteiligt ist. Es gibt bisher kaum systematische Erfassungen von Netzwerken und Kooperationsverbünden mit Beteiligung von Weiterbildungsanbietern auf lokaler oder regionaler Ebene und sehr wenige landes- oder bundesweit (vgl. z.B. Faulstich u.a. 2000, Frank 2003).

Warum Netzwerkarbeit? Es werden folgende Fragen aufgegriffen: Welche Vorteile und Gewinne von Netzwerkarbeit sind für den Weiterbildungsbereich zu benennen? Inwiefern können bestimmte Herausforderungen für die Weiterbildung besonders gut mit Netzwerkarbeit bewältigt werden? Für welche Herausforderungen ist Netzwerkarbeit quasi zwingend?

Netzwerkatlas Weiterbildung NRW

In welchem Ausmaß sind Weiterbildungsanbieter vernetzt? Es wird eine erste Bestandsaufnahme der aktiven Netzwerke der nordrhein-westfälischen Weiterbildungslandschaft anhand quantitativ-strukturierender Faktoren vorgestellt wie Größe, Einzugsbereiche, Alter, Organisationsform, Leitziele und operative Ziele, Finanzierungsform.

Wie kann die Beteiligung von Weiterbildungsanbietern an Netzwerken erhöht werden? Es werden vier Strategien entfaltet, um Weiterbildungsanbieter für die Mitarbeit in Netzwerken und Kooperationsverbünden zu motivieren und sie bei konkreter Netzwerkarbeit zu unterstützen.

1 Vorteile und Gewinne von Netzwerkarbeit

Es gibt vielfältige Herausforderungen im Weiterbildungsbereich, für deren Bewältigung Netzwerkarbeit deutliche Vorteile und Gewinne bringt, denen aber auch z.B. mit bilateralen Kooperationen, Organisationsentwicklung, Qualitätsmanagement und Personalentwicklung begegnet wird. Diese Herausforderungen sind insbesondere in Netzwerken der Weiterbildungsanbieter untereinander Leitlinie für die Bestimmung von Aufgaben und Zielen, deren wichtigste im folgenden erläutert werden.

Steigerung und Sicherung der Qualität des Angebots

Netzwerke fördern Qualität

Für die Akzeptanz und Annahme der Angebote durch die Teilnehmenden oder Kunden ist es unerlässlich, ein aktuelles und qualitativ gutes Bildungsangebot zu machen. Steigerung und Sicherung der Angebotsqualität sind deshalb Daueraufgaben. Viele Weiterbildungsanbieter praktizieren einzelne Verfahren der Qualitätssicherung (oft mit dem Ziel der Zertifizierung) zur Verbesserung ihrer Produkte (Veranstaltungen), ihrer Geschäftsprozesse und ihrer Kundenorientierung. In Netzwerken hingegen kann darüber hinaus folgendes zur Steigerung und Sicherung der Qualität meist besser geleistet werden als allein:
Verständigung auf bestimmte gemeinsame Qualitätsstandards, um im Lokalen oder in der Region möglichst gleichwertige Angebote für Bildungsinteressierte vorzuhalten.

- Durchführung gemeinsamer Veranstaltungen, um unterschiedliche Kompetenzen einzelner Anbieter zusammenzuführen.
- Gemeinsame Fortbildung von Dozentinnen und Dozenten. Dies ist häufig für kleine Weiterbildungsanbieter vorteilhaft, damit überhaupt eine ausreichend große Lerngruppe zustande kommt.
- Initiierung von Innovationen durch die gemeinsame Entwicklung und Erprobung neuer Konzepte. Dies ist gemeinsam besonders vorteilhaft, wenn z.B. integrierte Angebote entwickelt werden sollen (z.B. Verknüpfung beruflicher und allgemeiner Weiterbildung), die einzelnen Anbieter aber ein ausgewiesenes Profil in einem der Weiterbildungsbereiche haben.

Themenorientierte Netzwerke

- Manche Weiterbildungsanbieter bilden auch Netzwerke, um bestimmte Bildungsbereiche zu koordinieren, deren Qualität zu entwickeln, Transparenz über die Angebote herzustellen und gemeinsam neue Adressaten und Adressatinnen gezielt zu gewinnen (z.B. Netzwerke der beruflichen Weiterbildung, der Familienbildung, des Sprachlernens und der Gesundheitsbildung). In solchen themenorientierten Netzwerken wird zunehmend auch mit anderen Partnern/Organisationen im lokalen und regionalen Umfeld zusammengearbeitet. Z. B. arbeitet das Netzwerk „Gesundheitsbildung Köln" mit Organisationen aus dem Bereich Gesundheitsförderung wie Krankenkassen, Sportvereinen, Selbsthilfegruppen usw. zusammen.

Herstellung einer nutzerorientierten Transparenz des Bildungsangebots

Transparenz durch Netzwerke

Viele Weiterbildungsanbieter haben ein ausreichendes Potential an Stammpublikum und gewinnen neue Teilnehmende über eigene Marketingstrategien. Für viele Bürgerinnen und Bürger jedoch ist der Weiterbildungsmarkt in ihrer Stadt oder ihrer Region ein undurchsichtiger „Dschungel". In ihrem Sinne fordert die Weiterbildungspolitik mehr Transparenz bezogen auf das Bildungsangebot.

Aber für einzelne Anbieter ist es ebenfalls vorteilhaft, wenn ihr Angebot auch denen bekannt wird, die z.B. zum Stammpublikum einer anderen Einrichtung gehören oder noch gar nicht an Weiterbildung teilgenommen haben. Insbesondere Netzwerke können dazu beitragen, mehr Transparenz für die Nachfrageseite zu schaffen, indem die beteiligten Weiterbildungsanbieter z.B.

- gemeinsame Werbung und Öffentlichkeitsarbeit betreiben (Herausgabe gemeinsamer Veranstaltungskalender und Flyer usw.);
- einen gemeinsamen Internetauftritt realisieren;
- gemeinsame Events und Lernfeste zur Präsentation von Weiterbildung organisieren.

Stärkung der gemeinsamen Interessenvertretung

Interessenvertretung durch Netzwerke

Einrichtungen der öffentlich verantworteten Weiterbildung in unterschiedlicher Trägerschaft (Kommunen, Kirchen, Gewerkschaften, usw.) sind i. d. R. in Landesorganisationen organisiert, die die Vertretung ihrer Interessen im Feld der Weiterbildungspolitik und in Förderangelegenheiten wahrnehmen. Interessenvertretung im lokalen oder regionalen Bereich und dann trägerübergreifend kann gut durch Netzwerke gelingen. Hier stehen im Vordergrund:

- Positionierung und Behauptung der Weiterbildung im Lokal- oder Regionalgeschehen;
- Kontaktpflege zu örtlichen und regionalen Entscheidungsträgern und politischen Abgeordneten;
- Positionierung bezogen auf finanzielle Förderungen der Kommune, des Kreises oder bestimmter regionaler Institutionen.

Ressourcenbündelung und bessere Ressourcennutzung

Netzwerke als ‚Finanzierungshelfer'

Angesichts immer knapper werdender öffentlicher Finanzierungen (insbesondere Finanzierungen nach den Weiterbildungsgesetzen der Länder) bietet Netzwerkarbeit vielfältige Chancen, Kosten zu reduzieren, aber auch Arbeitsaufwand zu bündeln und Synergieeffekte zu schaffen z.B. durch:

- gemeinsame Finanzierung von Veranstaltung, Aktionen, Lernfeste;
- Fortbildung von Personal im Verbund;
- Gestaltung gemeinsamer Öffentlichkeitsarbeit und Werbematerialien;
- Beantragung und Realisierung gemeinsamer Projekte mit Drittmitteln;
- gemeinsame Ansprache und Akquise potenzieller Sponsoren und Förderer.

2 Netzwerkarbeit: die beste Lösungsstrategie zur Bewältigung von Herausforderungen

Weiterhin gibt es Herausforderungen, für deren Bewältigung Netzwerkarbeit zwingend notwendig ist, die ohne Netzwerke nur schwer (wenn überhaupt) bewältigt werden können. Diese Herausforderungen sind insbesondere in Netzwerken der Weiterbildungsanbieter mit anderen lokalen und regionalen Akteuren Leitlinie für die Arbeit.

Förderung und Unterstützung lebensbegleitenden Lernens

Lebensbegleitendes Lernen

Im bildungspolitischen Fokus steht seit geraumer Zeit die Förderung lebensbegleitenden Lernens, verstanden als die Gesamtheit allen formalen, nichtformalen und informellen Lernens über den gesamten Lebenszyklus eines Menschen hinweg. Hierbei steht die Förderung lebenslangen Lernens bildungsbereichsübergreifend im Vordergrund. Sie kann nur realisiert werden, wenn Bildungsanbieter wie allgemein- und berufsbildenden Schulen, Hochschulen und Weiterbildungsanbieter untereinander und in Kooperation mit anderen Akteuren aus den Bereichen Wirtschaft, Soziales, Kultur usw. dauerhaft zusammenarbeiten.
In diesem Zusammenhang spielt insbesondere die lokale bzw. regionale Kooperation eine bedeutende Rolle, denn Menschen nehmen vorwiegend in ihrem konkreten Lebensumfeld Lernangebote wahr. Lokale und regionale Kooperation und Vernetzung sind deshalb als wesentliche Elemente einer kohärenten Strategie zur Verwirklichung lebensbegleitenden Lernens für alle hervorzuheben.

Erhöhung der Weiterbildungsbeteiligung

Angebots-Nachfrage-Abstimmung

Damit sich mehr Menschen als bisher an Weiterbildung beteiligen, ist es besonders wichtig, dass sie Angebote wahrnehmen können, die auch ihren Bedarfen und Interessen entsprechen. Deshalb hat die OECD bereits 1996 gefordert, dass lebensbegleitendes Lernen die Nachfrager und Nutzer in den Mittelpunkt stellen soll. Um eine von der Angebots- zur Nachfrageorientierung übergehenden Strategie in der Weiterbildung gezielt Vorschub zu leisten, muss es in den Regionen zu einer verbesserten Abstimmung von Angebot und Nachfrage kommen. Dies ist nur möglich, wenn Weiterbildungs-

nachfragende und Weiterbildungsanbietende kooperieren und in Netzwerken eine lokale oder regionale Planung der Angebote am Bedarf realisieren.
In NRW ist ein zentrales weiterbildungspolitisches Ziel, die Weiterbildungsbeteiligung von Betrieben und ihren Beschäftigten zu erhöhen und deshalb für Betriebe passgenaue Qualifizierungsangebote zu entwickeln und durchzuführen.

Weiterbildungsnetzwerke mit Betrieben

Netzwerke mit Partnern aus Weiterbildung und Betrieben gibt es in der Praxis jedoch noch wenige. Ausgangspunkt solcher Netzwerke ist die Überlegung, dass insbesondere kleine und mittelständische Unternehmen (KMU), die i. d. R. keine eigenen Personalentwickler/innen haben, Motivation, Hilfestellungen und Angebote benötigen, um Weiterbildung im Betrieb zu organisieren und zu systematisieren.
Aber insbesondere KMU haben wenig Kapazitäten für die Beteiligung an Netzwerken mit Weiterbildungsanbietern. Es gelingt eher, größere Betriebe mit einer eigenen Personal- und oder Aus- und Weiterbildungsabteilung aktiv in Netzwerkarbeit einzubeziehen (vgl. Wegge 1996, 192 f; Frank u.a. 2003, 10).
Das zentrale Ziel von Netzwerken mit Weiterbildungsanbietern und Betrieben ist die Förderung der beruflichen Qualifizierung in KMU, z. B. durch

- Ermittlung der Qualifizierungsbedarfe als Grundlage für Qualifizierungen in und für KMU;
- Unterstützung bei der Planung, Entwicklung und Umsetzung von Personalentwicklungskonzepten;
- Entwicklung und Durchführung passgenauer Angebote von Weiterbildungsanbietern für KMU;
- Förderung der Kooperation von Unternehmen mit dem Ziel der gemeinsamen Qualifizierung ihres Personals.

Gezielte Ansprache von in der Weiterbildung unterrepräsentierten Bevölkerungsgruppen

Zielgruppen erschließen

An der Weiterbildung nehmen bestimmte Bevölkerungsgruppen, wie z. B. sozial Benachteiligte, Migranten und Migrantinnen, junge Erwachsene, noch nicht in wünschenswertem Umfang teil. Eine zentrale Empfehlung für die verstärkte Einbeziehung von in der Weiterbildung unterrepräsentierter Gruppen ist folgende: Die Weiterbildungsanbieter sollten gezielter mit denjenigen Institutionen, Vereinen und Initiativen aus dem Sozial-, Bildungs- und Kulturbereich kooperieren, die diese unterrepräsentierten Gruppen erreichen und schon lange mit ihnen arbeiten. Die Institutionen, Vereine und Initiativen können z. B. bei der Ansprache von Teilnehmern unterstützen. Noch wirkungsvoller aber ist es, wenn die Weiterbildungsanbieter Beratung und Veranstaltungen mit den Kooperationspartnern gemeinsam initiieren bzw. Aspekte von Weiterbildung in die Angebote und Veranstaltungen der Kooperationspartner einfließen lassen.

Entwicklung der Bildung als wichtiges Element des Profils einer Region und regionaler Identität

Inzwischen gilt es als unbestritten, dass gesellschaftliche Problemlagen - wie Arbeitslosigkeit, Armut, soziale und gesundheitliche Benachteiligungen, technologische und ökonomische Umbrüche, Umweltkrisen - räumlich betrachtet Unterschiede zeigen, lokale und regionale Differenzierungen und Polarisierungen von Berufs-, Bildungs- und Lebenschancen mit sich bringen (vgl. Oehlke 2001, 290) und deshalb regionalspezifischer bzw. lokaler Entwicklungsprozesse bedürfen.
Seit ungefähr 20 Jahren entwickelt und fordert die Politik deshalb Entwicklungsstrategien zur Bearbeitung lokaler und regionaler Problemlagen (Stichwort Regionalisierung). Dabei spielen kooperative Beziehungen lokaler und regionaler Akteure, die sich häufig in einem vorwettbewerblichen Raum „jenseits von Markt und Hierarchie" auf gemeinsame Entwicklungserfordernisse verständigen, eine herausgehobene Rolle (vgl. Adrian 2003).

Systeme lebensbegleitenden Lernens

Die zentrale Bedeutung von Bildung als wesentlicher Zukunftsinvestition, der Kontext PISA und die mit einem raschen gesellschaftlich und wirtschaftlichem Wandel einhergehenden neuen und zusätzlichen Qualifikationsanforderungen fordern die Regionen heraus, sich auch mit attraktiven Systemen lebensbegleitenden Lernens zu profilieren. Bildung und insbesondere Weiterbildung sollen zentrale Triebkräfte gesellschaftlicher und vor allem regionaler Entwicklung werden. Es liegt also auf der Hand: der Aufbau lokaler und regionaler Systeme lebensbegleitenden Lernens kann nur durch Kooperation und Vernetzung der Bildungsakteure mit Partnern im lokalen und regionalen Umfeld gelingen.

Aus den Empfehlungen des Forums Bildung

Das Forum Bildung, 1999 eingesetzt von Bund und Ländern zur Sicherstellung von Qualität und Zukunftsfähigkeit des deutschen Bildungssystems (vgl. www.forum-bildung.de), formuliert in seinen Empfehlungen von 2001 den „Ausbau regionaler Netzwerke, die Anbieter und Nachfrager sowie die für Bildung, Kinder- und Jugendhilfe, Arbeitsmarkt und Sozialpolitik Verantwortlichen in der Region zusammenzuführen".

Bildungspolitische Stellungnahmen

Es betont: „Netzwerke sind ein wesentliches Element der Entwicklung von lernenden Regionen. Sie führen Anbieter/innen und Nachfrager/innen von Bildung und Qualifizierung sowie die für Bildung, Kinder- und Jugendhilfe, Arbeitsmarkt und Sozialpolitik in der Region Verantwortlichen zusammen. Regionale Netzwerke können insbesondere dazu beitragen, jeder Frau und jedem Mann ein Bildungs- und Qualifizierungsangebot zu machen, das ihren Fähigkeiten und Interessen entspricht. Regionale Initiative, trägerunabhängige Koordinierung und Zusammenführen von Bildungs-, Jugend-, Arbeitsmarkt- und Sozialpolitik sind wichtige Voraussetzungen für den Erfolg von regionalen Netzwerken" (Arbeitsstab Forum Bildung 2001, 37f.).

3 Lernende Regionen – das Zukunftsmodell für Netzwerkarbeit im Bildungsbereich

Lernende Regionen

Zur Bewältigung o.g. Herausforderungen, für die Netzwerkarbeit eine zwingende Schlussfolgerung ist, gibt es inzwischen ein Modell in Erprobung. Dies sind die Lernenden Regionen, Netzwerke, die durch das im Frühjahr 2001 gestartete Bundesprogramm „Lernende Regionen – Förderung von Netzwerken" des Bundesministeriums für Bildung und Forschung ins Leben gerufen wurden.

Aufgabe und Kernstück des Programms

Aufgabe des Programms ist die Förderung und Unterstützung lebensbegleitenden Lernens.

Entwicklung regionaler Lernkulturen

Kernstück des Programms ist der Auf- und Ausbau von bildungsbereichs- und trägerübergreifenden Netzwerken in Regionen, mit denen die Zusammenführung, der Informationsaustausch und ergebnisorientierte Zusammenarbeit von Akteuren aus unterschiedlichen gesellschaftlichen Handlungsfeldern gestärkt werden soll. Dabei geht es um die Entwicklung von regionalen Lernkulturen, in denen allgemeinbildende, berufsorientierte und weiterführende Schulen, Weiterbildungsanbieter, Unternehmen, Arbeitsmarkakteure wie Arbeitsämter, Wirtschaftsförderung, Kammern, Kommunen, Sozialpartner, Akteure aus den Bereichen Soziales, Gesundheit und Umwelt die bildungsbezogene Infrastruktur einer Region gemeinsam gestalten.

Zielsetzungen des Programms

Ziele der Lernenden Regionen

Ziele der Herausbildung einer neuen Lernkultur durch die Förderung von Netzwerken sind im Einzelnen:

- Erhöhung der Bildungsbeteiligung und Stärkung der Bildungsteilnahme von bildungsfernen und benachteiligten Gruppen;
- verbesserte Durchlässigkeit der Bildungsbereiche sowie verstärkte Verzahnung allgemeiner, beruflicher politischer und kultureller Bildung;
- nutzerorientierte Transparenz des Bildungsangebots sowie Erhöhung seiner Qualität und Verwertbarkeit;
- Stärkung passgenauer Qualifizierungen für die Bürgerinnen und Bürger sowie für die Betriebe in den Regionen;
- Förderung der Beschäftigungsfähigkeit zur Erleichterung des Zugangs zum bzw. der Rückkehr auf den Arbeitsmarkt;
- Entwicklung und Erprobung von Verfahren gemeinsamer Zertifizierung des Lernerfolgs bei formellen und informellen Lernaktivitäten;
- Erhöhung der Medienkompetenz sowie Erprobung neuer Lernarrangements.

Lernende Regionen in NRW

Von den ca. 70 geförderten Projekten kommen 10 Projekte aus NRW (vgl. Landesinstitut für Qualifizierung NRW 2003).

Landespolitischer Stellenwert der Lernenden Regionen

Kruse (Ministerium für Wirtschaft und Arbeit NRW) betont den Stellenwert der Projekte für NRW: „Ziele und Instrumente des Bundesprogramms entsprechen der Strategie, die Modernisierung des nordrhein-westfälischen Bildungs- und Weiterbildungssystems auch durch regionale Zusammenarbeit zu fördern. Netzwerke bieten den Rahmen, in dem sich die Anbieter- und Nachfragerseite über die systematische Entwicklung des regionalen Bildungs- und Weiterbildungsprofils kontinuierlich verständigen. Über ihre Vernetzung werden Bildung und Weiterbildung treibende Faktoren in der regionalen Entwicklung. Sie helfen damit den Menschen, sich in ihrer Region zu Hause zu fühlen, bringen sie persönlich voran und aktivieren ihre beruflichen und gesellschaftlichen Perspektiven“ (Kruse 2003, 12).

Die Bedeutung der Lernenden Regionen in NRW wird auch dadurch deutlich, dass das MWA die NRW-Projekte durch Öffentlichkeitsarbeit und öffentlichkeits-wirksame Veranstaltungen zum Ergebnistransfer unterstützt und das Landesinstitut für Qualifizierung NRW mit der fachlichen Begleitung der NRW-Projekte beauftragt hat.

Charakteristika des Programms

Gefördert wird jeweils eine einjährige Planungsphase, in denen sich die Netzwerke konstituieren und ihre Arbeitsvorhaben (z.B. Einzelprojekte, -ansätze) konkretisieren und planen. Wenn das Konzept überzeugt, beginnt die bis zu vier Jahren dauernde Durchführungsphase, in der die Regionen eine stetig anwachsende finanzielle Eigenbeteiligung aufbringen müssen.

Thematische Schwerpunkte

Die Projekte „Lernende Regionen“ zeichnen sich durch eine Vielfalt von thematischen Schwerpunkten aus, die in der Regel in Handlungsfeldern mit ihren Teilnetzen in Form von innovativen Projekten bearbeitet werden. Besonders häufig vorkommende thematische Schwerpunkte sind: Vielfältige Schwerpunkte

- Übergang Schule – Beruf,
- Förderung der Beschäftigungsfähigkeit,
- Stärkung unternehmensnaher Qualifizierung,
- Integration und Weiterbildung,
- Kompetenzentwicklung für bürgerschaftliches Engagement,
- Aufbau von Bildungsservern,
- Medienbildung und E-Kompetenz.

Neben den thematischen Schwerpunkten werden in den Netzwerken zudem Querschnittsthemen bearbeitet, wie Qualitätsmanagement, Teilnehmerschutz, Gender Mainstreaming, Bildungsberatung, Bildungsbenchmarking und Marketing.

Netze im Netz - ein Kernmerkmal der Lernenden Regionen

Aufgrund der hohen Anzahl der beteiligten Organisationen (bis hin zu 250 Netzwerkbeteiligten) sind in der Mehrzahl der Netzwerkprojekte „Lernende Regionen“ komplexe Strukturen entstanden. Sie zeichnen sich insbesondere durch eine Vielfalt von Teilnetzwerken aus. Netze im Netz

Die Struktur bzw. Arbeitsorganisation sei hier anhand eines sehr großen Netzwerks skizziert:

- Ein/e Projektkoordinator/in bzw. mehrere sind mit dem Netzwerkmanagement für das Gesamtnetzwerk betraut.
- Das höchste Entscheidungsgremium ist häufig eine Steuergruppe.
- Die Steuergruppe wird häufig durch einen Netzwerkbeirat (Zusammensetzung: strategische Partner/innen, u. a. Kammern, Gewerkschaften, Arbeitsverwaltung, Bezirksregierung, politische Parteien) beraten.
- Die thematischen Handlungsfelder bilden häufig ein Leitnetzwerk oder bestehen aus mehreren Leitnetzwerken, denen manchmal auch noch sogenannte Subnetzwerke angeschlossen sind.

Die verschiedenen Teilnetze sichern die Arbeitsfähigkeit des gesamten Netzwerkprojektes. Im Vergleich zu kleinen Netzwerken und Kooperationsverbünden (zwischen 5 und 10 beteiligten Organisationen) und solchen von mittlerer Größe (zwischen 11 und 30 beteiligten Organisationen) ist der Koordinations- und Abspracheaufwand in diesen großen Netzwerken erheblich höher und stellt hohe Anforderungen an das Gesamtnetzwerkmanagement, aber auch einzelne Netzwerkmitglieder. Dazu ein illustrierendes Zitat unter dem Motto 'in den Maschen der Netze':

„Ich bin ein Mitglied der Steuergruppe, die trifft sich alle 14 Tage halbtägig. Dann bin ich Koordinatorin des Teilforums „Übergang Schule - Beruf“. Wir treffen uns einmal im Monat halbtägig. In diesem Teilforum bin ich für das In den Maschen der Netze

Projekt „Neue Formen der Elternarbeit" verantwortlich, meine Organisation ist nämlich Letztzuwendungsempfänger für dieses Projekt.
Die Projektkoordinationsgruppe trifft sich einmal im Monat. Nein, nein, das ist noch nicht alles. Unser Gesamtplenum tagt einmal im Vierteljahr. Ehrlich, ich frage mich, wie ich noch meine eigentliche Arbeit im Bildungswerk erledigen soll."

Service zum Programm

Das Programm wird im Auftrag des BMBF durch das Deutsche Zentrum für Luft- und Raumfahrt als Projektträger betreut.
Der Projektträger hat die Aufgaben der Projektförderung sowie des Transfers und der Öffentlichkeitsarbeit. Er unterstützt die Lernenden Regionen aktiv beim Aufbau der Netzwerke, u.a. in Form des Erfahrungsaustausches und mittels themenorientierter Workshops. Er organisiert den Informations- und Kommunikationsservice für die Lernenden Regionen, z. B. durch eine Mailingliste, einen E-Mail-Verteiler, eine Internetplattform (www.lernende-regionen.info) und einen regelmäßig erscheinenden Informationsdienst.

Lernende Regionen und das LfQ

Unter dem Motto „Die Netzwerke vernetzen" organisiert das Landesinstitut für Qualifizierung NRW (LfQ) die fachliche Begleitung der Lernenden Regionen NRW. Es sorgt für regelmäßigen Austausch der Projektkoordinatoren und der Teilnetzleitungen in den Themenfeldern „Übergang Schule/Beruf" und „Kooperation mit KMU". Als Transferstelle sorgt das LfQ dafür, dass die vielfältigen Ergebnisse aus den Lernenden Regionen in NRW bekannt und für die Regelpraxis nutzbar gemacht werden können. So werden in Kooperation mit den Lernenden Regionen Transferveranstaltungen durchgeführt, über die Projekte wird in der Zeitschrift „InfoDienst" berichtet, wo auch ausgewählte Projektergebnisse dokumentiert werden.

4 Der Vernetzungsgrad von Weiterbildungsanbietern – Ergebnisse einer Bestandsaufnahme in NRW

Das Programm „Lernende Regionen - Netzwerke fördern" hat nicht nur in NRW die Gründung von lokalen und regionalen Netzwerken mit Beteiligung von Weiterbildungsanbietern erheblich vorangetrieben. Aber in welchem Ausmaß sind Weiterbildungsanbieter in Netzwerke und Kooperationsverbünde außerhalb von Förderprogrammen eingebunden?

Befragungen von 800 Weiterbildungseinrichtungen

Im Herbst 2003 gab das LfQ eine Umfrage unter den öffentlich geförderten Einrichtungen der Weiterbildung in NRW in Auftrag. Diese, in zwei Umfragewellen als Vollerhebung durchgeführte Befragung von rund 800 Institutionen, hatte das Ziel, eine erste Bestandsaufnahme der Netzwerkstruktur der Weiterbildung in NRW zu erarbeiten.
Die aktiven Netzwerke der nordrhein-westfälischen Weiterbildungslandschaft sind nun anhand quantitativ-strukturierender Faktoren wie Größe, Einzugsbereiche, Alter, Organisationsform, Leitziele und operative Ziele, Finanzierungsform zu beschreiben.

Die Untersuchung – basierend auf den Angaben von 153 Netzwerken - kam zu folgenden Ergebnisthesen:

Die Ergebnisthesen

1. Nordrhein-Westfalen weist im Bereich der Weiterbildung eine hohe Dichte an Netzwerken und Kooperationsverbünden auf, die sich in den letzten 30 Jahren gebildet haben. Für die Jahre 2001/2002 kann von einem „Netzwerk-Gründungsboom" gesprochen werden, der sich u.a. auch durch die Einführung der „Lernenden Regionen" in NRW (Bundesprogramm des Ministeriums für Bildung und Forschung „Lernende Regionen – Förderung von Netzwerken) erklären lässt. Knapp die Hälfte der Netzwerke ist nicht älter als drei Jahre.

2. Weiterbildungsnetzwerke bildeten sich stärker in Oberzentren und universitär geprägten Standorten. Gerade ländliche Regionen weisen noch wenige Weiterbildungsnetzwerke auf.

3. Weiterbildungsnetzwerke agieren deutlich häufiger im näheren lokalen oder begrenzten regionalen Umfeld. Die Gründung und das Wirkungsfeld von Netzwerken werden durch die örtliche Identität und Problemsituation hervorgerufen und zugleich begrenzt. Diese Entwicklung relativiert sich erst seit der Einführung „top down"-gegründeter, von vorne herein eher regional orientierter Netzwerke der „Lernender Regionen" – wie deren Name schon zum Ausdruck bringt. Diese sollen verstärkt auf die Förderung und Profilierung der umliegenden Regionen einwirken und dazu beitragen, deren spezifische regionale Identität auszuprägen.

4. Jeweils rund 40% der Netzwerke sind als kleine Netzwerke mit bis zu 10 Mitgliedsorganisationen oder mittlere Netzwerke mit 11 bis 30 Organisationen einzustufen. Der Regierungsbezirk Köln weist mit durchschnittlich 55 Mitgliedern die mit Abstand größten Weiterbildungsnetzwerke auf. Der Regierungsbezirk Münster rangiert mit durchschnittlich 22 Mitgliedern auf Platz 2, vor den Regierungsbezirken Arnsberg (17), Detmold (16) sowie Düsseldorf (14). Die „Lernenden Regionen" gehören zu der Gruppe der großen und „amorphen" Netzwerke mit zum Teil deutlich über 30 Mitgliedsorganisationen.

5. Die meisten Mitgliedsorganisationen sind ganz allgemein dem Bereich klassischer Weiterbildungsanbieter zuzuordnen. Kirchliche Organisationen, private Bildungsanbieter und Unternehmen liegen in ihrer Beteiligung etwa auf demselben Niveau.

6. Rund 80% der Netzwerke arbeiten entweder auf der Grundlage einer schriftlichen Kooperationsvereinbarung oder „lose" zusammen. Sie entsprechen damit der idealtypischen Organisationsform des Netzwerk-Prinzips, das auf Vertrauen und solidarischen Beziehungen basiert. Diese

Netzwerke weisen deutlich geringere Mitgliederzahlen und eine geringere Heterogenität und Zielkomplexität auf als Netzwerke, die in einer Rechtsform firmieren. Generell lässt sich festhalten: je jünger Weiterbildungsnetzwerke sind, desto größer die Netzwerk-Heterogenität.

7. Am häufigsten wurden die Leitziele „Stärkung der Familienbildung, Familienpolitik und Jugendhilfe“ als gesetzlich verordnete Aufgabenstellung sowie die „Stärkung der Weiterbildung im lokalen und regionalen Umfeld“ genannt. „Stärkung und Förderung bestimmter (Weiter-)Bildungsbereiche“ und „Förderung bestimmter Adressatengruppen“ folgen vor den weiteren Leitzielen „Beiträge zur Bewältigung gesellschaftlicher Herausforderungen und Problemlagen“, „Unterstützung von Betrieben durch Projektentwicklung, Qualifizierung, Beratung“, „Stärkung lebensbegleitenden Lernens durch bildungsbereichübergreifende Zusammenarbeit“, „Übergang Schule – Beruf“ sowie „Förderung von Kultur, Kunst und Medienarbeit“.

8. Als häufigste operative Ziele wurden die „Abstimmung und Koordination von Angeboten/Maßnahmen“ und die „Stärkung der eigenen Arbeit“ genannt. Deutlich unterrepräsentiert sind die operativen Ziele „Einsatz neuer Lernformen wie e-Learning“ sowie die „Entwicklung und Durchführung passgenauer Qualifizierungsangebote für Betriebe“. Die Mehrzahl der Weiterbildungsnetzwerke hat sich der „Koordinierungs- und Kooperationsoptimierung“ verschrieben – vor der „Kommunikationsoptimierung“ der Netzwerkarbeit sowie der vor „Qualifizierung der Weiterbildungsangebote“.

9. Die Bedeutung des Arbeitsschwerpunktes „Kommunikationsoptimierung“ zeigt sich darin, dass zwei Drittel der Weiterbildungsnetzwerke in NRW Informationsmaterialien bereitstellen. Das Internet-Informationsangebot besitzt hierbei aufgrund seiner ständigen Verfügbarkeit sowie der relativ einfachen Aktualisierbarkeit eine höhere Priorität als die mit Druckkosten und größeren Vorlaufzeiten versehenen Printmedien. Allerdings besitzt nicht jedes Weiterbildungsnetzwerk eine eigene Internet-Homepage.

10. Heterogenität und Zielkomplexität der Netzwerke korrespondieren. Als Trendaussage gilt: je mehr operative Ziele von den Netzwerken angegeben werden, desto mehr unterschiedliche Akteurs- und Weiterbildungsanbieter sind an den Netzwerken beteiligt. Und je mehr Organisationen an einem Netzwerk beteiligt sind, desto größer die Zielkomplexität.

11. Knapp die Hälfte der Weiterbildungsnetzwerke in NRW finanziert sich durch einen Mix aus eigenen und öffentlichen Mitteln. Rund 40% der Netzwerke finanzieren sich nach eigenen Angaben „ausschließlich durch Eigenmittel“ und rund 10% geben an, sich „ausschließlich durch öffentliche Mittel“ zu finanzieren. Knapp zwei Drittel der Weiterbildungsnetzwerke, die Angaben zur Höhe ihrer öffentlichen Förderung machten, sind in starkem Maße (Anteil der öffentlichen Förderung: mehr als 66%) von öffentlichen Mitteln abhängig. Allerdings verfügen auch mehr als 40%

der Weiterbildungsnetzwerke, die Angaben zu den Eigenmitteln machten, über eine hohe Eigenmittelquote (Anteil an Eigenmitteln: mehr als 66%).

12. Netzwerke mit lokalem und regionalem Einzugsgebiet haben die höchste, die mit lokalem Einzugsgebiet die niedrigste Eigenmittelquote. Ältere (mutmaßlich etablierte) Weiterbildungsnetzwerke verfügen über zum Teil deutlich höhere Eigenmittel als jüngere. Weiterbildungsnetzwerke mit loser Organisationsform weisen die höchste Eigenmittelquote auf. Netzwerke mit hoher Heterogenität finanzieren sich deutlich weniger über Eigenmittel als diejenigen mit geringer Heterogenität.

13. Je größer, aber auch je jünger Weiterbildungsnetzwerke sind, desto größer sind die erforderlichen internen Koordinationsanstrengungen, da meistens mehr unterschiedliche Weiterbildungsanbietertypen zu integrieren sind und deutlich mehr operative Ziele verfolgt werden. Hierunter können die Effektivität und Reagibilität der Netzwerkarbeit leiden, wobei diese Negativeffekte möglicherweise durch ein effizientes Netzwerkmanagement abgeschwächt werden können.

5 Wie kann die Beteiligung von Weiterbildungsanbietern an Netzwerken erhöht werden?

Wie kann es gelingen, mehr Weiterbildungsanbieter (aber auch andere Organisationen) für die Mitarbeit in Netzwerken und Kooperationsverbünden gewinnen oder sie zu ermutigen, selber Netzwerke zu initiieren? Wie können die vielfältigen Entwicklungspotenziale der Netzwerkbildung in NRW langfristig und nachhaltig gefördert und abgesichert werden? Hier scheinen vier Strategien Erfolg versprechend zu sein.

Informationen über Netzwerke im Weiterbildungsbereich bereit stellen

Informationen über bestehende Netzwerke können für andere, die noch nicht in Netzwerken arbeiten, ein Impuls sein, selber Netzwerke zu initiieren oder sich an Netzwerkarbeit zu beteiligen.

Netzwerkatlas Weiterbildung NRW

Deshalb werden wesentliche Daten zu den in der Bestandsaufnahme ermittelten Weiterbildungsnetzwerken in NRW im „Netzwerkatlas Weiterbildung NRW" ab Herbst 2004 in einer internetgestützten Datenbank im Internetauftritt des Landesinstituts für Qualifizierung NRW veröffentlicht (www.lfq.nrw.de). Die Darstellung der einzelnen Netzwerke erfolgt mit Angabe von Name, Zielen, Akteursspektrum, Alter, Organisationsform und Name der koordinierenden Organisation.

Durch die Bestandsaufnahme bisher nicht erfasste Netzwerke und neue Netzwerke können über ein Anmeldeverfahren in die Datenbank aufgenommen werden.

Chancen und Vorteile von Netzwerken in die Breite kommunizieren

Um Weiterbildungsanbieter für Netzwerkarbeit zu gewinnen, müssen ihnen verstärkt und gezielt die Vorteile von Netzwerken verdeutlicht werden. Die Vorteile und Gewinne plakativ herauszustellen, ist aber nur das eine. Was theoretisch überzeugend klingt, ist oft nicht hinreichend, damit Akteure neue Wege gehen. Zudem hat sich herumgesprochen, dass der Preis - nämlich die erforderliche Teilaufgabe der eigenen Autonomie und der oftmals hohe Zeit- und auch Kostenaufwand einer Netzwerkgründung und -mitarbeit - nicht automatisch und meist nicht kurzfristig durch einen hinreichend großen Nutzen aus der Netzwerkarbeit belohnt wird.

Good-practice-Berichte

Motivation zur Netzwerkarbeit kann eher gestärkt werden, wenn Erfahrungen mit Netzwerkarbeit ganz praktisch und anschaulich geschildert und dabei sowohl die langfristig erzielten Erfolge und Gewinne als auch die Herausforderungen und Probleme und ihre Bearbeitung ehrlich dargestellt werden. Good-practice-Berichte über Netzwerkarbeit mit Beteiligung von Weiterbildungsanbietern in schriftlicher Form (z. B. in Zeitungen, Fachzeitschriften) oder als Vorträge in Veranstaltungen, die auch Probleme, Schwierigkeiten und Hindernisse schildern, sind aber leider noch Mangelware.
Deshalb erarbeitet das LfQ in Zusammenarbeit mit dem Steuerkreis Berichtswesen beim Ministerium für Wirtschaft und Arbeit NRW einen Reader mit Good-Practice-Berichten, der u.a. Modelle erfolgreicher Netzwerkarbeit präsentiert.

Lernende Regionen als Promotoren für Netzwerkbildung

Die „Lernenden Regionen“ sollten als „Leuchttürme in den Regionen“ ihre Kommunikationspotentiale nutzen und die Gründung weiterer, aber eher kleinerer themenspezifischer Weiterbildungsnetzwerke forcieren. Diese können meist flexibler und zielorientierter arbeiten, da der innere Koordinationsaufwand geringer ist und die Konzentration auf wenige Ziele die Erreichung derselben vereinfacht.

Netzwerkarbeit konkret unterstützen

Wenn Netzwerkarbeit gelingen soll...

Die vielfältigen Herausforderungen von Netzwerkarbeit machen deutlich, dass gelungene Netzwerkarbeit nicht ein Selbstläufer ist. So betont Sydow, dass den hohen Anforderungen an die Gestaltung von Netzwerken eine weitgehende Unkenntnis im Hinblick auf das „praktische Management der Netzwerkstrukturen und -prozesse“ gegenübersteht (vgl. Sydow 1999, S.304). Viele Weiterbildungsanbieter bedürfen also der Unterstützung in Form von Information, Beratung und Qualifizierung, wenn Kooperation gelingen soll. Weiterbildungsanbieter werden erfolgreiche Netzwerkarbeit betreiben, wenn ihnen klar ist, dass das Management von Netzwerken mit seinen spezifischen

Herausforderungen mit dem Management von Unternehmen nicht gleichzusetzen ist.
Unterstützungsleistungen sind auszubauen, denn Kooperationskompetenz wird zukünftig ein Erfolgsfaktor und eine Kernkompetenz für Weiterbildungsanbieter sein.
Das Landesinstitut für Qualifizierung bietet seit 2001 eine 13-tägige *berufsbegleitende Qualifizierung zum Management von Netzwerken* an. Sie vermittelt und stärkt das Wissen sowie die Kompetenzen, die zum erfolgreichen Management und zur Steuerung ergebnisorientierter Zusammenarbeit in Netzwerken befähigen. Hauptsächliche Adressatinnen und Adressaten sind Mitarbeitende in der Weiterbildung und aus den Lernenden Regionen NRW, die Netzwerke initiieren und managen wollen. Die Teilnehmenden erhalten ein Abschlusszertifikat, das sie als Netzwerkmanager/in auszeichnet. Die Qualifizierung wurde bereits vier mal durchgeführt und mit Hilfe externer Evaluation kontinuierlich verbessert.

Qualifizierung zum Netzwerkmanagement

Weiterhin bietet das LfQ Beratungs- und Fortbildungsangebote in Form von *„Flying Workshops" zum Netzwerkmanagement* an. Sie können von Netzwerken nachgefragt werden, um z. B. ihre Ziele zu klären, ihre Arbeitsteilung zu verbessern, ihr Netzwerkmanagement zu optimieren und Konflikte im Netzwerk zu bearbeiten.

Die Förderpolitik auf Netzwerke ausrichten

Die Förderpolitik der Europäischen Union sowie des Bundes und mancher Länder ist bereits seit Mitte der 90er Jahre auch auf die Initiierung und Unterstützung von Kooperationen und Netzwerken ausgerichtet.
Zu nennen sind hier insbesondere das mehrfach erwähnte Förderprogramm „Lernende Regionen - Förderung von Netzwerken" und das Forschungs- und Entwicklungsprogramm „Lernkultur Kompetenzentwicklung" (vgl. www.abwf.de), das in Teilprogrammen und Teilbereichen Kompetenzentwicklungsnetzwerke initiiert und erforscht und u. a. fragt, wie Netzwerke lernförderliche Regionalstrukturen unterstützen können und wie sie kompetent gemanaget werden können. Beide Programme werden aus Mitteln des Bundesministeriums für Bildung und Forschung und Mitteln des Europäischen Sozialfonds finanziert.

Mit Modellprojekten Netzwerkarbeit fördern

Erwähnt sei auch die EU-Gemeinschaftsinitiative „Equal", die u. a. mit der Initiierung und Begleitung von Netzwerken, genannt Entwicklungspartnerschaften, auf die berufliche Integration am Arbeitsmarkt benachteiligter Personengruppen sowie auf die Verbesserung lebensbegleitenden Lernens abzielt (vgl. www.equal-de.de). Und jüngst gibt es auch die *„R3L-Initiative"* der Europäischen Kommission (vgl. www.subventionsberater.de), die europäische Netze zur Stärkung der lokalen und regionalen Dimension des lebenslangen Lernens fördert.
Es würde hier zu weit führen, alle Förderprogramme aufzuzählen. Es ist zu hoffen, dass sich der Trend zur Förderung von Netzwerken in Förderprogrammen fortsetzt. So werden Weiterbildungsanbieter motiviert, Netzwerke aufzubauen und bekommen die Chance, Netzwerkarbeit als eine zukünftige Organisationsform der Arbeit zu erproben und zu etablieren.

Literatur

Adrian, L. (2003): Regionale Netzwerke als Handlungskonzept – Erfolg versprechender Weg einer innovationsorientierten Regionalentwicklung? Deutsches Institut für Urbanistik (Hg.), Berlin.

Arbeitsstab Forum Bildung (Hg.) (2001): Empfehlungen des Forum Bildung, Bonn

Faulstich, P. u.a. (2000): Bestandsaufnahme regionaler und überregionaler Kooperationsverbünde/Netzwerke im Bereich lebensbegleitenden Lernens in Deutschland, Hamburg

Faulstich, P. /Zeuner, C. (2001): Kompetenznetzwerke und Kooperationsverbünde in der Weiterbildung. In: Grundlagen der Weiterbildung, Nr. 3/2001, S. 100 - 103

Frank, W. u.a. (2003): Erfolgsgarant Netzwerke? Status Quo und Entwicklungstendenzen von Qualifizierungsnetzwerken im Land Brandenburg. Landesagentur für Struktur und Arbeit Brandenburg (Hg.), Potsdam

Kruse, J. (2003): Das Bundesprogramm „Lernende Regionen – Förderung von Netzwerken des Bundesministeriums für Bildung und Forschung. In : Landesinstitut für Qualifizierung NRW (Hg.): Lernende Regionen - Förderung von Netzwerken: eine Präsentation der Projekte in NRW, Soest 2003, S. 10 - 12

Landesinstitut für Qualifizierung NRW (Hrsg.) (2003): Lernende Regionen - Förderung von Netzwerken: eine Präsentation der Projekte in NRW, Soest

Sydow, J. (1999): Strategische Netzwerke - Evolution und Organisation. Wiesbaden Wegge, M. (1996): Qualifizierungsnetzwerke. Opladen

Regionale Netzwerke als Bestandteil wettbewerbsfähiger Regionen

Peter Vieregge

Zu Beginn der Globalisierungsdebatte gab es eine Diskussionsrichtung, die davon ausging, dass durch die Globalisierung der Standort eines Unternehmens austauschbar und damit unbedeutend wird. Heute hat sich die Diskussionsrichtung umgekehrt und es wird deutlich, dass es gerade das regionale Umfeld ist, das wichtige Erfolgsfaktoren für die Wettbewerbsfähigkeit eines Unternehmens beisteuert.

Das regionale Umfeld besteht nicht nur aus „Hardware" (Autobahnen etc.) sondern auch aus „Software", deren Bedeutung steigt. Zu diesen weichen Faktoren eines Unternehmensstandortes zählt z.B. die Fähigkeit der Unternehmen, Netzwerke zu bilden.

Wettbewerbsfähigkeit durch Nähe

Alles, was ein Unternehmen global einkaufen kann, ist auch für seine Konkurrenz zugänglich. Wettbewerbsvorteile für Unternehmen ergeben sich zusätzlich durch die Nähe und Fühlungsvorteile zu anderen Unternehmen am Standort. Hinzu kommt, dass nach einer jahrelang andauernden Konzentration auf Kernkompetenzen im Mittelstand sowie in konzernabhängigen Unternehmensteilen diese abhängig von einem funktionierenden Zuliefer- und Partnernetzwerk vor Ort sind. Nach der Optimierung betriebsinterner Wertschöpfungsketten liegen besondere Wettbewerbspotentiale in der Optimierung unternehmensübergreifender Geschäftsprozesse.

Die Wiederentdeckung des Standortfaktors „Nähe" durch die Unternehmen (vgl. dazu Professor M. Porter, Nationale Wettbewerbsvorteile) sowie neue Organisationsformen der Unternehmen (vgl. dazu Prof. Sydow, Management von Netzwerkorganisationen) spielen ebenfalls eine wichtige Rolle für die Regionalentwicklung und die Wirtschaftsförderungs-Einrichtungen.

Nicht jeder Standort ist in der Lage, seinen Unternehmen ein Umfeld zu bieten, das diese Optimierung innerhalb bestimmter Branchen und Wertschöpfungsketten zulässt. Es gibt Standorte, die in bestimmten Wertschöpfungsbereichen Alleinstellungsmerkmale besitzen und den Unternehmen für den Aufbau von Netzwerken einen nicht kopierbaren Vorteil bieten.

Das Prinzip ist bekannt. Es gibt Wirtschaftsstandorte, deren Namen fast zum Inbegriff für bestimmte Wirtschaftskompetenzen geworden sind. Medien aus Köln, Biotechnologie aus München, Uhren aus der Schweiz, „Marketingstadt Düsseldorf", Klingen aus Solingen, Schlösser und Beschläge aus Velbert, Software aus Silicon Valley, hier sind Produkte und Standort kaum zu trennen. Je spezialisierter ein Standort ist, desto stärker muss er darauf achten, nicht mir der Branche „unterzugehen".

Wirtschaftsforscher haben entdeckt, dass sich solche Kompetenz-Standorte (sogenannte Cluster) nicht nur durch geschichtliche Zufälle entwickeln, sondern gezielt aufgebaut und weiterentwickelt werden können. Kompetenz-standorte sind in der Lage, international führende Leitunternehmen und Unternehmensnetzwerke einer Branche hervorzubringen, sich ihre eigene, leistungsfähige Zulieferlandschaft zu schaffen, die fähigsten Gründer und die interessantesten Investoren anzuziehen. Dies ist die gerade in der Globalisierung unternehmerischer Aktivitäten und bei der Verschärfung des internationalen Standortwettbewerbes ein Wettbewerbsvorteil.

Netzwerke mit hoher Marktreichweite entscheidend für Standorte

Entscheidend für die Zukunft eines Standortes ist die Struktur seiner Wirtschaft und seine Fähigkeit, reife und junge Branchen miteinander zu verknüpfen. Neueste Forschungsergebnisse zeigen, dass Unternehmen mit nationalen und internationalen Märkten zwar nur 30% der Beschäftigten auf sich vereinigen, aber führend im Bereich Patente und Lohnwachstum sind. Diese Unternehmen bestimmen das Lohnniveau des lokalen Handels und Handwerks. Je höher die Löhne der internationalen Cluster vor Ort, desto höher die Löhne der lokalen Wirtschaft. Die beste Wirtschaftsförderung für lokale bzw. regionale Strukturen ist demnach die Förderung der Clusterformationen und Netzwerken mit hoher Markt-Reichweite.

Das sich daraus ergebende wirtschaftspolitische Konzept ist die „Clusterpolitik". Zur Verdeutlichung des Konzeptes dient die folgende Definition:

- Ein Cluster ist eine räumliche Konzentration von miteinander in Beziehung stehenden Unternehmen aus Produktion und Dienstleistung, öffentlichen Organisationen und wirtschaftsnahen Einrichtungen in einer Region.
- Die gegenseitigen Beziehungen tragen zu einer Erhöhung der Wettbewerbsfähigkeit der einzelnen Beteiligten und des gesamten Systems bei.
- Die Clustermitglieder können wechselnd mal Zulieferer oder Abnehmer, Wettbewerber oder Partner sein. Die Teilnehmer am Cluster sehen die Zusammenarbeit entlang der Wertschöpfungskette als Erfolgsfaktor ihrer Entwicklung an. Der Cluster hat positive Auswirkungen auf die Unternehmensstrategie.
- Für die Wettbewerbsfähigkeit eines Clusters ist das Vorhandensein eines Clustermanagements ein wesentlicher Entwicklungsfaktor. Aufgabe des Clustermanagements ist die Formulierung einer Zukunftsperspektive, Organisation von Serviceleistungen und die Standortvermarktung. Eine zentrale Serviceleistung in diesem Zusammenhang ist die Unterstützung von Unternehmen bei der Entwicklung von Unternehmensnetzwerken.

Das Vorhandensein eines Clusters muss nicht die Bildung von Netzwerken nach sich ziehen. Deshalb müssen verschiedene netzwerknahe Begriffe in diesem Zusammenhang unterschieden werden.

- Der Cluster selbst bildet die Summe der Unternehmen und Einrichtungen, die zu einem bestimmten Kompetenzfeld zählen oder sich dazugehörig fühlen. Der Cluster hat unklare Grenzen und keine Organisation. Die Beziehung zwischen den Mitgliedern ist eher zufällig und läuft ohne „Spielregeln" ab. Die meisten Mitglieder verhalten sich passiv.
- Die „Lenkungsgruppe" eines Clusters ist die Summe der Unternehmen und Einrichtungen, die zum Kompetenzfeld zählen und dem Cluster aktiv eine bestimmte Entwicklungsrichtung geben wollen. Die Lenkungsgruppe hat klare Grenzen und eine bestimmte Zahl von Mitgliedern, ist locker organisiert und hat wenig formalisierte Spielregeln. Die Intensität der geschäftlichen Verbindungen zwischen den Unternehmen ist nicht hoch.
- Unternehmensnetzwerke sind Bestandteil eines Clusters
- „Unternehmensnetzwerke" innerhalb eines Clusters sind die Summe der Unternehmen, die zum Kompetenzfeld zählen und innerhalb des Clusters bestimmte unternehmerische Ziele in Kooperation mit anderen Unternehmen erreichen wollen. Die Netzwerke haben klare Grenzen und eine bestimmte Zahl von Mitgliedern, sie sind nach eine Anfangsphase formal und dauerhaft organisiert und geben sich selbst Spielregeln. Die Intensität der geschäftlichen Verbindungen zwischen den Unternehmen ist hoch und die Mitglieder sind aktiv.

1 Identifizierung von potentiellen Kompetenznetzwerken in Regionen

Ziel jedes Standortes ist die Verbesserung seiner Wettbewerbsfähigkeit, um Arbeitsplätze zu sichern bzw. die Schaffung von Arbeitsplätzen zu unterstützen. Die Verbesserung der Wettbewerbsfähigkeit bezieht sich auf den immer härter werdenden internationalen Wettbewerb um Unternehmen, Investitionen, Bürger, Forschungseinrichtungen, Gründer, Touristen usw. zwischen den Standorten

Da die Ziele von Wirtschaftsstandorten ähnlich sind, unterscheiden sich erfolgreiche von weniger erfolgreichen Standorten vor allen Dingen durch ihre wirtschaftspolitischen Strategien. Wie in der Privatwirtschaft dienen Strategien der Schaffung einer einzigartigen und wertvollen Standort-Positionierung im Wettbewerb (Alleinstellungsmerkmale) und beruhen auf differenzierenden wirtschaftspolitischen Aktivitäten.

Unter Wettbewerbsgesichtspunkten geht es darum, zu analysieren:

- Mit welchen Wirtschaftsleistungen (Unternehmen und Netzwerken) und
- mit welchen Wirtschaftsförderungsleistungen sich der Standort gegenüber anderen kommunalen und regionalen Konkurrenten profilieren kann.

Da nur begrenzte Ressourcen zur Verfügung stehen, müssen sich Wirtschaftsförderungseinrichtungen auf bestimmte strategische Zielgruppen und Wirtschaftsförderungsangebote konzentrieren (strategische Zielgruppen). Die strategischen Zielgruppen ergeben sich aus den wirtschaftlichen Alleinstellungsmerkmalen und Kernkompetenzen des Standortes.

Wie erkennt man aber, wo die Unternehmenskonzentrationen liegen, wie die Zukunft der Branchen aussieht und welche Unternehmen darin arbeiten, um Unternehmensnetzwerke aufzubauen?
Eine Methode ist das RegioRating, das nach folgender Methodik angefertigt wird:

RegioRating: Methode der Clusterbewertung

- Die analysierten Daten beziehen sich auf Unternehmen oder genauer auf die Tätigkeitsfelder (Geschäftbereiche) von Unternehmen. So kann ein Unternehmen in zwei „Branchen" tätig sein (z.B. Maschinenbau und Kunststoffverarbeitung). Diese Unterteilung wird in der offiziellen Statistik nicht berücksichtigt, so dass bestimmte Kompetenzen eines Standortes erst durch diese Art der Unternehmensanalyse „sichtbar" gemacht werden können.
- Die Daten beziehen sich nur auf die handelsregisterlich eingetragenen Unternehmen, da zu den restlichen Unternehmen keine vergleichbaren Daten erhältlich sind. Somit liegt die Anzahl der Unternehmen am Standort um den Faktor 1,5-2,5 höher als in der Analyse angegeben. Die Handelsregisterunternehmen sind aber der Schwerpunkt der Wirtschaftskraft (80-90%) und somit auch eine gute Grundlage für eine Analyse.
- Die Sortierung der folgenden Tabelle ergibt sich aus der zweiten Spalte (Cluster-Index, grün). Der Cluster-Index gibt an, wie stark die Konzentration einer bestimmten Kompetenz innerhalb eines Wirtschaftszweiges (Spalte 1) im Vergleich zu Westdeutschland ist. Wenn der Wert größer als 1 ist, liegt eine überdurchschnittliche geographische Konzentration von Unternehmenskompetenzen vor (Spalte 2). Bei lang anhaltenden, sehr hohen Werten haben Standorte die Chance, Markenstandorte zu werden.
- Die siebte Spalte gibt das Feri-Branchen-Rating wieder, das alle 3 Monate aktualisiert wird. Das Rating gibt an, wie „wettbewerbsfähig" eine Branche im Vergleich zu den anderen Branchen ist. Die Wettbewerbsfähigkeit einer Branche setzt sich zusammen aus verschiedenen Faktoren.

Klasse	Prognose Bewertung
A	Außergewöhnlich erfolgreiche bis erfolgreiche Branche
B	Sehr stabile Branchenentwicklung bis stabile Branchenentwicklung
C	Befriedigende Branchenentwicklung
D	Gefährdete Branche bis deutlich gefährdete Branche
E	Erheblich gefährdete bis außergewöhnlich gefährdete Branche

Abbildung 1gibt eine Beispielanalyse wieder.
Auf der Basis dieses RegioRatings können die Stärken und Schwächen des Standortes und seine Zukunftsfähigkeit eingeschätzt werden. Die Wirtschaftsstruktur des Beispielstandortes ist gegenüber Westdeutschland wettbewerbsfähiger. Der Anteil der Branchen mit erfolgreichen bis befriedigen Aussichten am Standort beträgt 16% gegenüber 13% in Westdeutschland.

Insgesamt hat der Standort aber ein Lohnniveau, das unter dem von Westdeutschland liegt.

Durch ihre Wettbewerbspositionen sind folgende Kompetenzbereiche besonders in der Lage, einen Beitrag zum Arbeitsplatzaufbau und zur Beschäftigtensicherung zu leisten: Herstellung von Kfz und Kfz-Teilen, Sonstige Dienstleistungen, Geräte der Elektrizitätserzeugung, Energieversorgung, Maschinenbau, Sonstiger Fahrzeugbau, Herstellung von Büromaschinen / DV, Papiergewerbe, Recycling, und das Versicherungsgewerbe.

Bei der „Eingrenzung" von Clustern, in denen Netzwerke aufgebaut werden können, spielt weniger die Branchenzugehörigkeit eines Unternehmens die entscheidende Rolle. Zentrale Gesichtspunkte sind

- die Verknüpfung bestimmter Branchen über Wertschöpfungsketten sowie
- die Funktion von Unternehmen. So kann ein Unternehmen aus der Branche „Chemie" zu einem Gesundheitscluster gehören (Funktion: Herstellung pharmazeutischer Produkte) oder zu einem Automobilcluster (Funktion: Herstellung von Automobillacken).

Der Beispielstandort weist Cluster in zwei bis drei Feldern auf, in denen die Entwicklung von Kompetenznetzwerken eine gute Basis finden würde:

- Cluster Automotive: Dazu würden folgende Branchen zählen: Herstellung von Metallerzeugnissen, Metallerzeugung und -bearbeitung, Herstellung von Kfz und Kfz-Teilen, Sonstiger Fahrzeugbau, Geräte der Elektrizitätserzeugung, Herstellung von Gummi und Kunststoffen, Maschinenbau, Recycling, und Landverkehr. Die Sonstigen Dienstleistungen deuten darauf hin, dass es eine größere Anzahl von Industrie-Service Unternehmen gibt. Insgesamt dürfte eine strategische Chance der Region darin bestehen, die Gründung und Ansiedlung von industrienahen Dienstleistern zu fördern. Das Vorhandensein solcher Dienstleister wäre eine Unterstützung für die Entwicklung der Wettbewerbsfähigkeit der hervorragenden Industriebasis.
- Weitere Cluster dürften sich in den Feldern „Holz" und „Gesundheitswirtschaft / Freizeitwirtschaft" finden.

RegioRating: Ein Beispiel

Ranking der Kompetenzbranchen nach Cluster-Index	Cluster Index	Bruttolohn je Beschäftigten 2002	Durchschnitt Anzahl der Beschäftigten	Teilraum: Anteil der Branche an allen Betrieben	Anzahl Betriebe / Geschäfts-bereiche im Teilraum	Branchen Zukunfts-Rating bis 2007
	Standort xy	Deutschland	Deutschland	Standort xy	Standort xy	Deutschland
EXTERRITORIALE ORGANISATIONEN,	11,14			0,03%	1	
METALLERZEUGUNG UND -BEARB.	2,40	37.000	232	0,90%	36	[illegible]
KOKEREI, MINERALÖLVERARB., ...	2,21	53.000	300	0,05%	2	[illegible]
HERST. VON KFZ UND KFZ-TEILEN	2,15	43.000	630	0,43%	17	55
FISCHEREI UND FISCHZUCHT	2,14	20.000	7	0,03%	1	39
SONSTIGE DIENSTLEISTUNGEN	2,05	28.000	2	4,87%	194	51
GERÄTE DER ELEKTRIZITÄTSERZ.	2,04	38.000	168	1,10%	44	48
FORSTWIRTSCHAFT	1,76	24.000	10	0,08%	3	[illegible]
GESUNDH.-, VETERINÄR-, SOZIALW	1,74	18.000	5	1,51%	60	[illegible]
GLASGEWERBE, KERAMIK, ...	1,57	32.000	61	1,13%	45	39
LANDWIRTSCHAFT, GEWERBL. JAGD	1,54	17.000	2	1,05%	42	[illegible]
HOLZGEWERBE (OHNE MOBEL)	1,53	28.000	57	1,03%	41	[illegible]
ENERGIEVERSORGUNG	1,50	41.000	35	0,38%	15	52
GEW. VON STEINEN UND ERDEN	1,45	33.000	21	0,33%	13	39
HERST. VON METALLERZEUGNISSEN	1,37	32.000	77	3,09%	123	[illegible]
HERST. VON GUMMI- UND KUNSTST.	1,27	31.000	111	0,95%	38	[illegible]
MASCHINENBAU	1,25	38.000	135	2,43%	97	47
SONSTIGER FAHRZEUGBAU	1,24	41.000	338	0,20%	8	48
HERST. VON BURÖMASCHINEN / DV	1,23	40.000	148	0,28%	11	47
LANDVERKEHR	1,20	23.000	12	2,23%	89	38
EINZELHANDEL (OHNE KFZ-HANDEL)	1,18	15.000	9	15,54%	619	[illegible]
PAPIERGEWERBE	1,17	34.000	140	0,25%	10	48
KFZ-HANDEL	1,15	23.000	14	4,12%	164	[illegible]
ABWASSER- UND ABFALLBESEITIG.	1,14	28.000	14	0,38%	15	39
RECYCLING	1,10	27.000	42	0,18%	7	49
LEDERGEWERBE	1,10	27.000	95	0,13%	5	33
BAUGEWERBE	1,07	28.000	44	10,67%	425	36
VERSICHERUNGSGEWERBE	1,05	42.000	131	0,10%	4	53
GASTGEWERBE	1,04	9.000	6	2,08%	83	38
HERST. VON MÖBELN, SCHMUCK, ..	1,02	29.000	97	0,83%	33	[illegible]
VERMIETUNG BEWEGLICHER SACHEN	0,96	30.000	5	1,15%	46	47
ERNÄHRUNGSGEWERBE	0,96	26.000	90	1,20%	48	48
CHEMISCHE INDUSTRIE	0,90	43.000	254	0,45%	18	50
HILFS- UND NEBENT. FUR D. VERK	0,88	27.000	23	1,83%	73	[illegible]
GRUNDSTÜCKS- UND WOHNUNGSW.	0,86	33.000	2	5,77%	230	30
ERZIEHUNG UND UNTERRICHT	0,86	38.000	5	0,33%	13	[illegible]
MEDIZIN- U. MESSTECHNIK, ...	0,84	37.000	102	0,98%	39	[illegible]
ERBRINGUNG VON DIENSTLEISTUNGEN F. UNTERN.	0,84	27.000	7	15,71%	626	[illegible]
INTERESSENVERTRETUNGEN, ...	0,82			0,08%	3	
LUFTFAHRT	0,81	47.000	151	0,03%	1	39
HANDELSVERM. UND GROSSHANDEL	0,80	29.000	11	10,82%	431	[illegible]
TEXTILGEWERBE	0,77	27.000	95	0,28%	11	31
ÖFFENTLICHE VERWALTUNG, ...	0,77			0,08%	3	
NACHRICHTENUBERMITTLUNG	0,71	27.000	140	0,10%	4	[illegible]
VERLAGS- UND DRUCKGEWERBE, ...	0,67	37.000	89	1,18%	47	[illegible]
KULTUR, SPORT UND UNTERHALTUNG	0,66	38.000	3	0,93%	37	[illegible]
BEKLEIDUNGSGEWERBE	0,57	26.000	94	0,13%	5	31
RUNDFUNK-, FERNSEH- UND NACHR.	0,57	45.000	218	0,15%	6	47
FORSCHUNG UND ENTWICKLUNG	0,54	37.000	20	0,18%	7	47
KREDITGEWERBE	0,52	38.000	242	0,15%	6	47
KREDIT- UND VERSICHERUNGSGEW. TÄTIGK.	0,47	23.000	3	0,78%	31	52
WASSERVERSORGUNG	0,46	32.000	10	0,03%	1	[illegible]
DATENVERARB. UND DATENBANKEN	0,45	48.000	12	1,26%	50	[illegible]
KOHLENBERGBAU, TORFGEWINNUNG	0,00	35.000	655	0,00%	0	34
GEWINNUNG VON ERDOL UND ERDGAS	0,00	53.000	111	0,00%	0	50
BERGBAU (URAN- UND THORIUMERZE)	0,00		0	0,00%	0	
ERZBERGBAU	0,00		0	0,00%	0	
TABAKVERARBEITUNG	0,00	48.000	371	0,00%	0	36
SCHIFFAHRT	0,00	31.000	11	0,00%	0	[illegible]
PRIVATE HAUSHALTE	0,00			0,00%	0	
n.a. (nicht angegeben)	0,86	0		0,08%	3	
Summen				**100,00%**	**3.984**	
Summe Betriebe ohne Geschäftsbereiche				**3.117**		
Mittelstandsindikator Westdeutschland / Teilraum			**85%**	**83%**		
Durchschnittslohn Westdeutschland / Teilraum			**27.334 €**	**26.669 €**		
Erfolgreiche bis befriedigende Branchen Westdeutschland und Teilraum			**13%**	**16%**		
Anzahl fehlender Betriebe in erfolgreichen bis befriedigenden Branchen				**45**		

Abb. 1: RegioRating

Wertschöpfungsketten: Der Zusammenhang zwischen Branchen

Um genauer sehen zu können, wo die Schwerpunkte eines Clusters liegen und wo die Standortstrategie ansetzen muss, um die Wertschöpfungsketten weiterzuentwickeln (Gründung und Ansiedlung neuer Unternehmen), muss ein Wertschöpfungsmodell erarbeitet werden.

Das folgende Modell zeigt die Wertschöpfungsketten eines Kompetenzstandortes im Bereich der Gesundheitswirtschaft. Rund 88 Leitunternehmen aus der Branche arbeiten in der Stadt. Sie repräsentieren 80.000 Mitarbeiter weltweit und besitzen eine überdurchschnittliche Unternehmensgröße von rund 900 Mitarbeitern je Unternehmen, das Umsatzvolumen von rund

11.000.000.000 € wird unter anderem von internationalen Marktführern am Standort sowie von innovativen Forschungs- und Prüfinstituten erwirtschaftet. Innerhalb dieser Unternehmenslandschaft baut der Standort Unternehmensnetzwerke auf.

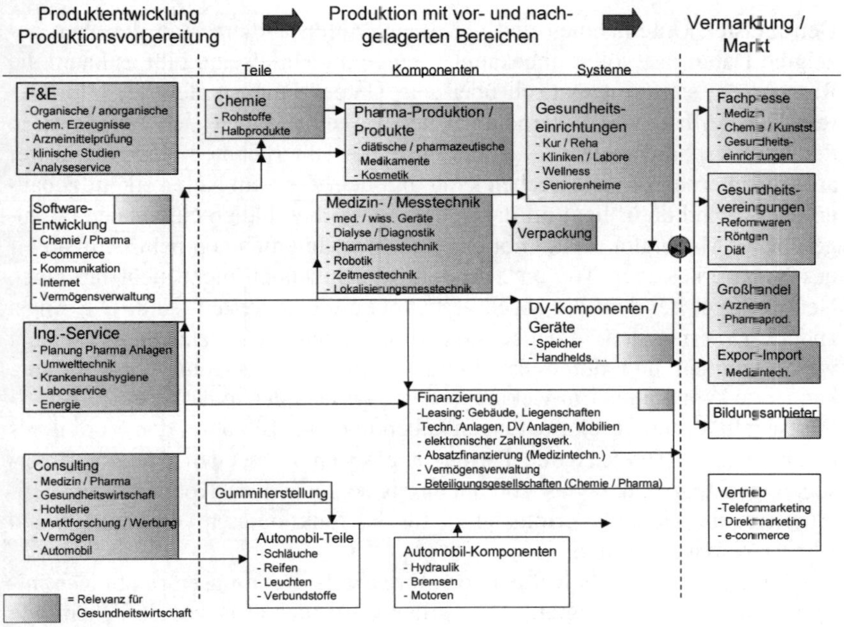

Wertschöpfungsmodell: Beispiel eines Gesundheitsstandortes

Abb. 2: Wertschöpfungsmodell: Beispiel eines Gesundheitsstandortes

Es ergeben sich Potentiale für den Aufbau von Kompetenznetzwerken innerhalb einzelner Segmente aber vor allem entlang der Wertschöpfungskette mit der Möglichkeit ungewöhnlicher Kombinationen. So kann die Kompetenz im Bereich der Finanzierung genutzt werden, um Leasingmodelle für medizintechnische Geräte zu entwickeln, die den Kunden aus der Branche der Krankenhäuser Kostenvorteile bringt. Natürlich ist es in diesem Falle möglich, ein Netzwerk mit Finanzierungsspezialisten, Geräteherstellern und Krankenhäusern am Ort aufzubauen, um die neue Dienstleistung zu testen, bevor sie an den Markt geht. Der Netzwerkaufbau wird erleichtert, weil die Entwicklung der Kommunikationskanäle zu geringen Zeit-Kosten „vor der Haustür" möglich ist. Dieser Wettbewerbsvorteil liegt damit rein in der Umgebung und kann nicht ohne weiteres von anderen Unternehmen und Standorten kopiert werden.

2 Beispiele regionaler Kompetenznetzwerke und Aufgaben der Startphase

Beispiele für die inhaltlichen Ergebnisse der Startphase

Wirtschaftsförderungen: Wichtige Prozess-Promotoren

Den meisten Unternehmen und vor allem Mittelständlern sind die oben gezeigten Daten fast völlig unbekannt. Gerade im Mittelstand gibt es kaum die Ressourcen, sich systematisch über sein Unternehmensumfeld zu informieren. Der Aufbau von Unternehmensnetzwerken gestaltet sich besonders in der Anfangsphase schwierig, da ein einzelnes Unternehmen nur sehr schwer andere Unternehmen ansprechen kann, mit dem Ziel, ein Netzwerk aufzubauen. Der Grund dafür liegt oft darin, dass in solchen Fällen ein als neutral angesehener Moderator fehlt. Gibt ein einzelnes Unternehmen beim Aufbau eines Netzwerkes „den Ton an", handelt es sich schnell nicht mehr um einen Netzwerktyp, bei dem die Machtverhältnisse gleich verteilt sind. Die Angst anderer Unternehmen, in der Kosten-Nutzen-Bilanz des Netzwerkes schlecht wegzukommen und durch das Leitunternehmen „ausgenutzt" zu werden, kann eine kooperative Entwicklung verlangsamen oder sogar verhindern.
Wirtschaftsförderungseinrichtungen haben in dieser Situation den Vorteil, als neutrale und vertrauensvolle Partner angesehen zu werden. Neuere Untersuchungen zeigen, dass das Vorhandensein so genannter „Kooperations-Institutionen" ein wichtiger Erfolgsfaktor für das funktionieren von Clustern und Cluster-Netzwerken sind.
Die folgenden Beispiele wurden von Wirtschaftsförderungseinrichtungen initiiert und vom Autor begleitet. Sie sollen schlaglichtartig verdeutlichen, wie der Einstiegsprozess bei der Bildung von Netzwerken innerhalb von Clustern ablaufen kann.

„Bielefelder IT-Kompetenznetzwerk" (BIKONET), Bielefeld

Im Rahmen der Bielefelder Initiative PRO Mittelstand, wird von der Wirtschaftsförderungseinrichtung WEGE GmbH der Clusteransatz in den Kompetenzfeldern vor allem über Unternehmensnetzwerke realisiert.
Bielefeld ist ein starker IT- und Softwarestandort, er belegt Rang 3 im NRW-Standortvergleich. Rund 400 (Handelsregister) Unternehmen sind im weiteren Sinne dieser Standortkompetenz zuzuordnen. Sie werden ergänzt um weitere 400-800 kleine Unternehmungen, die freiberufliche Unternehmensformen haben.
In einem ersten Treffen von Unternehmen der Branche wurde die Idee entwickelt, gemeinsam einen „Zukunftsworkshop" durchzuführen, bei dem sich die Unternehmen über ihre gegenseitigen Visionen und Zukunftsstrategien informieren. Daraus sollen sich gemeinsame Vorhaben und Geschäfte entwickeln. Im ersten Workshop am 30.9.2002 wurden folgende Schwerpunkte herausgearbeitet:

- Ziel des Netzwerkes: Ziel ist es, ein Kompetenznetzwerk von IT-/ Softwarefirmen aufzubauen, das es den Mitgliedern erleichtert
- innerhalb des Netzwerkes sowie mit externen Kunden Kontakte und Geschäftsbeziehungen aufzubauen.
- Die Schwerpunktstrategie besteht darin,
    - zunächst durch die Arbeit / das Kennenlernen innerhalb des Netzwerkes Transparenz in die unterschiedlichen Leistungsprofile zu bringen. Auf dieser Basis sollen folgende Vertriebs- und Geschäftstypen verstärkt werden:
        - Netzwerk-Binnengeschäft,
        - Netzwerk-Außengeschäft (im Sinne von Generalunternehmer-Projekten sowie dem Aufbau einer „Marke“),
        - innerhalb der Marktgebiete OWL und nationale / internationale Märkte (OWL als Markttestgebiet).
- Folgende Themenblöcke standen im Mittelpunkt der ersten Betrachtungen:
    - Strategische Partnerschaften und Kooperationen
    - Positionierung der Anbieter und der Produktleistungen
    - Vertriebsinstrumente
    - Personalrekrutierung und -entwicklung / Unternehmenskultur
    - Finanzen / Finanzierung

Von der Idee zur ausformulierten Mission

Nur 5 Monate später hatte sich nach verschiedenen Sitzungen eine Arbeitsteilung innerhalb der Unternehmen ergeben, um an verschiedenen Netzwerkthemen zu arbeiten. Es bildeten sich die Arbeitsgruppen:

- „Ziele/Selbstverständnis/Profil“,
- „Marke/Namensgebung“,
- „Maschinenbau (als Markt)“.

Mitte 2003 bildete sich aus der Gruppe ein Verein, der schon kurze Zeit später im Internet einen eigenen Auftritt entwickelte (www.bikonet.de).
Das heißt, dass kaum ein Jahr nach der Auftaktveranstaltung 2002 heute ein Netzwerk existiert, das folgende zentrale Mission und Vision verfolgt:

- „Moderne Informationstechnologien (IT) sind durch eine starke Dynamik geprägt. Bei einer Vielzahl von Produkten, Standards und Trends wird es zunehmend schwieriger, den Überblick zu behalten. Gut, wenn man dann ein Netzwerk aus kompetenten IT-Partnern kennt, auf die man sich verlassen kann, die die Anforderungen der eigenen Branche verstehen und die Herausforderungen am regionalen Standort und internationalen Markt aus erster Hand beherrschen.“

Consulting Netzwerk, Wiesbaden

Der Standort Wiesbaden und die Rhein-Main Region sind ein führendes Zentrum der europäischen Consultingindustrie. Das Projekt Kompetenz-NetzConsulting WiesbadenRheinMain (www.consultingregion.net) hat das

Ziel, die Wettbewerbsfähigkeit der Consultingregion zu verbessern und zu dem führenden Zentrum in Europa auszubauen. Die Wirtschaftsförderung der Stadt Wiesbaden unterstützt diesen regionalen Prozess. Konkret bedeutet dies, dass die Wirtschaftsförderung als operativer Dienstleister / Moderator zur Unterstützung des Netzwerkmanagements zur Verfügung steht.

Die Zahlen, die Wiesbaden in diesem Bereich aufweist, belegen den Anspruch, ein führendes Consultingzentrum zu sein:

- Von den 8.945 Arbeitsplätzen, die seit 1980 in Wiesbaden geschaffen wurden, sind 48%! (4.288) in der Beratung aufgebaut worden.
- International bekannte Unternehmen, wie ADL und CSC Ploenzke AG, Marktführer, wie concept AG und Plenum AG, sind am Standort vertreten.
- Die rund 400 Beratungen aus Wiesbaden beschäftigen 20.000 Mitarbeiter und erwirtschaften einen Umsatz von 3,03 Mrd. Euro (6 Mrd. DM).
- Der Anteil der Branche an den Gesamtbeschäftigten in Wiesbaden liegt bei 4,5%, in Hessen liegt er bei 3,5%, in Westdeutschland bei 2,5%.
- Die Wachstumsdynamik der Branche ist in Wiesbaden besser als in Hessen und Westdeutschland. So wuchs der Umfang der Beschäftigung in Wiesbaden in der Branche seit 1991 um 278%, in Deutschland um 250% und in Hessen um 243%.
- Wichtige Nachfragemärkte der Beratung, wie die Kredit- und Versicherungsbranche, das Verarbeitende Gewerbe sowie die Nachrichtenübermittlung liegen direkt „vor der Haustür". Diese Branchen machen 65% der Nachfrage aus.
- Das Wirtschaftsklima und die Lebensqualität der Stadt mit Anbindung an einen internationalen Flughafen sind in Deutschland einzigartig.

Am 26. Juni 2003 trafen sich Unternehmensvertreter zu einem ersten Workshop, der die Möglichkeiten für den Aufbau eines Unternehmensnetzwerkes identifizieren sollte.

In vier Sitzungen zum Unternehmensnetzwerk

Grundsätzlich haben sich die Unternehmen auf zunächst folgende Ausrichtung der Zusammenarbeit geeinigt:

- Eine Initiative / ein Netzwerk („Consulting-Marke") aufbauen, die durch Qualitäts- und Vertrauens-Elemente eine positive Marketingwirkung erzeugt.
- Darauf aufbauend soll die Marke als „Plattform" dienen, um konkrete Geschäftsvorhaben zu verwirklichen.

In der ersten Sitzung wurden 6 Handlungsfelder für das Netzwerk herausgearbeitet:

- Notwendige vorbereitende Analysen
- Transparenz der Kompetenzen herstellen
- Persönliche Kontakte schaffen
- Entwicklung von Projektgeschäft
- Vertrieb / Marketing
- "Interne" Projekte entwickeln

Diese Unternehmen benötigten lediglich 4 Sitzungen, um am 23.10.2003 die durch Arbeitsgruppen formulierten Visionen und Ziele zu beschließen. Ein Grund hierfür ist sicherlich, dass die Zielgruppe „Consulter" aus beruflichen

Gründen die Methodiken und unternehmensübergreifenden Denkansätze beherrscht. Normalerweise ist ein solcher Prozess in 5 Monaten kaum möglich. Die Vision des Netzwerkes lautet: „Vielfalt und Kompetenz – über die Grenzen hinaus".

Als Mission wurde folgendes Statement entwickelt: „Wertvoll für die Wettbewerbs- und Zukunftsfähigkeit unserer Kunden und unseres Wirtschaftsstandortes. Das KompetenzNetz wird den komplexer werdenden Anforderungen an Beratungsleistungen gerecht:

- Vielfältige Beratungs- und Lösungskompetenz
- Prozessorientierte Wertschöpfung und Nachhaltigkeit
- Innovationsfähigkeit und Praxisorientierung
- Individualität und Größe"

Neben der Formulierung des gedanklichen Überbaus war es innerhalb des Prozesses ebenfalls wichtig, konkrete und leicht umsetzbare Projekte zu finden. So war z.B. das Thema „Ausbildung im Verbund" ein Ansatz, der versprach, schnell konkreten Nutzen zu stiften.

Aufgaben und Schwierigkeiten der Startphase

Die Gründung, Entwicklung und das Management von Kompetenz-Netzwerken stellt hohe Anforderungen an die Netzwerkmanager der Wirtschaftsförderungseinrichtungen.

Ob es möglich ist, ein Netzwerk innerhalb des kurzen Zeitraumes von 9-12 Monaten zu schaffen, hängt entscheidend vom „Alter" der Kernbranche des Netzwerkes sowie vom Kommunikationsklima am Standort ab.

„Alte" Branchen sind meist im Lebenszyklus so weit fortgeschritten, dass sie auf „schrumpfenden" Märkten bzw. Märkten mit abnehmenden Renditen arbeiten müssen. Diese Branchen sind durch einen seit langem andauernden harten Konkurrenzkampf gekennzeichnet, der sich bei vielen Unternehmen so auswirkt, dass in Kooperationen eher Gefahren gesehen werden.

Das Kommunikationsklima an einem Standort wirkt sich auf alte, wie neue Branchen aus. Ein Standort mit reifen Branchen und schlechtem Kommunikationsklima hat kaum Möglichkeiten, kurzfristige Erfolge bei der Bildung von Netzwerken zu erzielen. Hier müssen die Unternehmen zunächst wieder lernen, über die Grenzen des eigenen Unternehmens hinaus zu denken.

Die Leitfragen für den Start

Unabhängig von diesen Voraussetzungen gibt es aber einige Management-Faktoren und -Fragen, die generelle Bedeutung beim Aufbau von regionalen Netzwerken haben:

- Welche Typen von Unternehmen nehmen an Netzwerken teil?
    - o Im Vergleich sind die Unternehmen innovativer, jünger und haben mehr Mitarbeiter als der Branchendurchschnitt.
    - o Sie zeichnet eine höhere Anzahl von Mitarbeitern mit Universitätsabschluss aus, sie haben höhere F&E Ausgaben und einen höheren Umsatz als der Durchschnitt.
    - o Oft ist die Unternehmensphilosophie auf Offenheit und Lernen ausgerichtet.

- Welche Ausrichtung wird von den Unternehmen in der Netzwerkorganisation gefordert?
    - Innerhalb der Wertschöpfungskette: Kunden, Zulieferer, Wettbewerber (Reihenfolge nach Wichtigkeit).
    - Bei Wertschöpfungspartnern: Technologieeinrichtungen, Universitäten, Wirtschaftsförderungen, Berater, Finanzierungsinstitutionen.
- In welchen geografischen Räumen sind Unternehmensnetzwerke realisierbar?
    - Erreichbarkeit: 30 bis 45 Minuten maximale Fahrzeit, um kommunikationsintensive „Netzwerke mit Grenzen" (Gegensatz dazu: Netzwerk ohne Grenzen, z. B. Bundesverband) zu realisieren.
    - Kleinere Unternehmen sind stärker in intraregionale Netzwerke eingebunden als größere Unternehmen, die stärke in interregionale Netzwerke einsteigen.
    - Regionale Netzwerke sind stabiler, weil in ihnen „Vertrauensbruch" bzw. der Ausstieg aus dem Netzwerk durch das „Gesetz des Wiedersehens" eher verhindert wird.

Der Prüfstein: Bringen die Unternehmen Ressourcen ein?

- Welche Erfolgsfaktoren kennzeichnen das Management von Unternehmensnetzwerken?
    - Management der Erwartungsspanne: Die Erwartungsspanne der Unternehmen reicht von der kurzfristigen Lösung eines technischen Problems bis hin zur langfristigen Lösung strategischer Fragen. Der Erfolgsfaktor im Management liegt darin, für die jeweiligen Erwartungen kundenspezifische Angebote zu entwickeln. Die Konsummentalität der Netzwerkmitglieder muss dadurch überwunden werden, dass sie gefordert werden bzw. Aufgaben übernehmen.

Anforderungen an das Management von Unternehmensnetzwerken

    - Teilnehmerzahlen: Die Zahl der Betriebe, die aktiv im Netzwerk mitwirken, darf nicht zu groß sein (maximal 30 bis 50).
    - Themenspektrum: Netzwerke müssen langfristig, ergebnisoffen und themenflexibel angelegt sein. Sie sollten Raum für Lernprozesse bieten. Netzwerke zu Einzelthemen, wie Qualitätsmanagement, werden nicht dauerhaft sein.
    - Größenmix: In den Netzwerken sollten sich wenige Leitbetriebe befinden und eine größere Anzahl kleinerer Unternehmen. Leitbetriebe können mit folgenden Themen gewonnen werden: Verbesserung des Investitionsklimas, Entwicklung einer wahrnehmbaren Kompetenzregion, Verbesserung der Fähigkeit der Zulieferer, Verbesserung des Netzwerkes zwischen den Leitbetrieben, Aufbau eines Netzwerkes qualifizierter Betriebe für ein verlässliches Outsourcing, regionale Personalentwicklung.
    - Der Zeiteinsatz für Arbeits- und Lenkungsgruppen sollte überschaubar bleiben, alle 4 bis 6 Wochen zwei bis drei Stunden sind in der Startphase ausreichend.
    - Teilnehmergebühren: Das Zahlen einer Teilnehmergebühr, die im wesentlichen beeinflusst wird durch die Zahl der Mitarbeiter, ist ein wesentlicher Erfolgsfaktor. Das übliche Gebührenniveau für

KMU liegt bei 250,-- bis € 500,-- € pro Jahr. Für Großunternehmen kann dies bis auf 5.000,-- bis 10.000,-- € pro Jahr steigen.

- Einbeziehung der Politik: Der wesentliche Beitrag der Politik konzentriert sich auf die Formulierung wirtschaftspolitischer Ziele. Die Politik sollte wenig bis keinen Einfluss auf das Netzwerkmanagement haben. In der Politik sollte aber verstanden werden, dass der Faktor „Nähe" ein wesentlicher Erklärungsbeitrag für die technologische Leistungsfähigkeit einer Region ist und das der Politikansatz, an intraregionalen Innovationssystemen anzuknüpfen, gerechtfertigt und erfolgreich ist .
- Vermarktung des Netzwerkes: Die Netzwerkarbeit und das Netzwerkmanagement sollten nach einer Phase der nach innen gerichteten Arbeit unbedingt nach außen treten, um die Gesamtleistung des Netzwerkes wirkungsvoll zu vermarkten. Im besten Fall profiliert die Vermarktung der Unternehmen die Region und es entsteht eine „Leistungsmarke".
- Verhältnis von Unternehmensleitung und Mitarbeitern: Um die Idee des Unternehmensnetzwerkes zu realisieren, ist es wichtig, dass in den einzelnen Unternehmen die Mitarbeiter in den Netzwerkprozess mit einbezogen werden.
- Informelle Kontakte: Zur Festigung der Kontakte zwischen den Unternehmen des Netzwerkes ist es wichtig, neben den formellen Sitzungen auch informelle Treffen zu organisieren (Stammtisch, Feiern, ...).

Personalentwicklung im Mittelstand – Synergien im regionalen Verbund

Bernd Helbich

1 Personalentwicklungs-Verbünde sind im Kommen

Gute Konjunktur für Verbünde

Personalentwicklungs-Verbünde haben Konjunktur. Nimmt man als Barometer einschlägige Managementzeitschriften, so fällt schon bei schneller Durchsicht auf, dass viele Publikationen in letzter Zeit der Verbundidee ausreichend Platz reserviert haben. Erfreulicherweise ist das ein Thema, das nicht herbeigeredet wird. Die Berichterstattung ist Reflex darauf, dass der Mittelstand zunehmend die Qualifikationspotenziale seiner Mitarbeiter im Rahmen regionaler Verbünde weiter entwickeln will. Er erkennt die Chancen in der Vernetzung und macht sich selbst zum Treiber. Der Zündfunke kommt aus den Unternehmen und damit nicht mehr nur aus den üblichen Beratungsprofessionen: den Verbänden, den Bildungswerken sowie den Gilden der Trainer und Unternehmensberater.

Argumente für Personalentwicklung

Was spricht heute aus dem Blickwinkel eines Mittelständlers dafür, Personalentwicklung für seine Mitarbeiter zu forcieren und dieses Vorhaben in die Aktivitäten eines Verbundes einzubetten? Personalentwicklung ist unbestritten wichtig. Aber nach wie vor scheuen viele Mittelständler davor zurück, Ressourcen für die Organisation ihrer betrieblichen Personalentwicklung bereit zu stellen. Es fehlt damit der „Kümmerer“ im Unternehmen, der Zeit und Know-how hat, Personalentwicklung systematisch zu betreiben. Eigene Ressourcen hieße dann nämlich Einrichtung einer Vollzeit- oder zumindest Teilzeitstelle, bei der Personalentwicklung in die Personalverwaltung eingebunden wäre. Als Warnung und Begründung von Zurückhaltung dienen nach den Erfahrungen vergangener Jahre einige interessante Entwicklungen am Neuen Markt. In vielen anfänglich begeistert beklatschten Unternehmen wurden im Taumel der Aufbruchstimmung unter solch schönen Etiketten wie „human resource director“ Personalentwickler eingestellt und beim freien Fall mit dem ersten Abwurf von Ballast gleich wieder entlassen.

Mittelständler verhalten sich heute sehr vorsichtig, wenn der Vorschlag auf den Tisch kommt, Stellen für „weiche Funktionen“ einzurichten. Dies ändert nichts an den grundsätzlichen Erfordernissen. Unternehmen benötigen fundierte Konzepte zur Qualifizierung, Förderung und Führung von Mitarbeitern, die genau auf den betrieblichen Bedarf zugeschnitten sind. Sie brauchen dazu Profis, die diese Konzepte entwickeln und umsetzen. Dies ist nichts, was man der Eigenentwicklung überlassen oder darauf vertrauen darf, dass sich alle Defizite im Unternehmensinteresse schon durch Selbstorganisation regulieren, etwa indem Führungskräfte von sich aus tätig werden oder einzelne Mitarbeiter die Initiative ergreifen.

Hinzu kommt als weiteres Argument die Dynamik betrieblicher Veränderungsprozesse, z.B. die permanenten Umstrukturierungen, die flankierende Personalentwicklung benötigen, oder Projekte, welche auf Kundenorientierung oder Qualitätsbewusstsein setzen. Spätestens jetzt müssen sich Mittelständler den Anforderungen eines schnell lernenden Unternehmens mit lernenden Mitarbeitern stellen. Einerseits geht es darum, Prozesse zu begleiten und mit Qualifizierung abzustützen, andererseits darum, eine generelle Qualifizierungssystematik der Veränderungsdynamik an die Seite zu stellen.
Dazu gehören Erfassen von Bedarf, Angebote erstellen, Nachfassen, bei der Umsetzung helfen, Trainer und Berater auswählen und dem Unternehmen Alternativen anbieten, Weiterbildung begleiten und auswerten. Diese Aufgaben könnten auch externe für den Einzelfall engagierte Trainer oder Bildungswerke erledigen, es bliebe aber punktuell und in unterschiedlichen Händen und damit isoliert. In einem Verbund haben Unternehmen eine kontinuierliche Betreuung durch hauptamtliche Personalentwickler und zugleich Beratungskompetenz von außen. Hinzu kommt: Es ist vorteilhaft für die Unternehmen, sich nicht jedes Mal auf die Suche nach neuen Helfern zu machen, die den Beweis erst noch erbringen müssen, dass sie gute Arbeit abliefern und zum Unternehmen langfristig passen. Im MACH 2-Verbund vertrauen die Unternehmen darauf, dass die Verbundmanager die richtigen Trainer besorgen. Das setzt voraus, dass der Verbund auch auf ein Netzwerk von Trainern zurück greifen kann.
Noch ein letztes Argument: Verbünde sind vorteilhaft für die Durchführung von Personalentwicklung auch und gerade in konjunkturell schwierigen Zeiten. Unternehmen, die dann aufgrund schlechter wirtschaftlicher Lage auf Tauchstation gehen, können darauf bauen, dass sie in einem Verbund weiter betreut werden und notwendige Impulse für die richtige Qualifizierung ihrer Mitarbeiter für den erhofften kommenden Aufschwung erhalten.

Was kennzeichnet einen Personalentwicklungs-Verbund?

Definition Personalentwicklungsverbund

Ein Personalentwicklungsverbund (im folgenden PE-Verbund abgekürzt) ist ein Zusammenschluss eigenständiger, in der Regel mittelständischer Unternehmen (Helbich 2003, 2ff.). Es muss sich dabei nicht unbedingt um Unternehmen einer Branche handeln, im Gegenteil. Ein Branchen-Mix kann der Sache nur dienlich sein. Wichtiger als eine einheitliche Branche ist die gemeinsame Region, sind die kurzen Wege, damit Mitarbeiter der Verbundunternehmen sich schnell und unbürokratisch treffen können.
Die Unternehmen übertragen die Funktion der Personalentwicklung im Verbund einem für diesen Zweck fest eingestellten Personalentwickler. Über dessen anteilige Finanzierung erhalten die Unternehmen eine betriebsspezifische Personalentwicklung, ohne eigene Ressourcen für die Entwicklung von Konzepten bereit stellen zu müssen. Neben Kosteneinsparungen lassen sich durch koordinierte Verbundaktivitäten wie z.B. „Erfahrungsaustausch“ oder „gemeinsame Weiterbildung“ Synergieeffekte erzielen, aus denen die Unternehmen erheblichen Nutzen ziehen.
Als Rechtsform bietet sich der Verein an, das ist kein „Muss“, aber sinnvoll. Der Verein ist das Fundament, um ein Gemeinschaftsgefühl zu erzeugen,

sehr wichtig für die Stabilität und das Gelingen der Aktivitäten. Vorstand und Mitgliederversammlung nehmen Einfluss in grundsätzlicher Richtung, stellen Weichen, reflektieren, prüfen, ob man auf dem richtigen inhaltlichen Kurs ist. Sie stellen den Haushaltsplan ebenso auf wie Spielregeln und überwachen als Ehrenamtliche das Kostenmanagement, ohne in Bürokratismus zu verfallen.

2 Der Verbund „MACH 2 Personalentwicklung"

Erster Personalentwicklungsverbund in Deutschland

Der Personalentwicklungs-Verbund MACH 2 startete 1993 als erster seiner Art in der Bundesrepublik Deutschland. Er operiert seit dieser Zeit erfolgreich in Zusammenarbeit mit seiner „älteren Schwester" MACH 1 Weiterbildung im Kreis Herford. MACH 1 ist das Bildungswerk der Wirtschaft im Kreis Herford, eine Initiative des Arbeitgeberverbandes in der Rechtsform eines gemeinnützigen eingetragenen Vereins. MACH 1 bietet mit seinem offenen Programm jedes Halbjahr zahlreiche Weiterbildungsseminare zu allen gängigen Themen der beruflichen Bildung an und führt auf Wunsch von Unternehmen maßgeschneiderte Firmenseminare durch.

Enge Anbindung an Unternehmen

Die Besonderheit von MACH 1 ist seit der Gründung 1988 die enge Anbindung an die Betriebe. Mittlerweile über 100 Unternehmen bilden den Kreis der Vereinsmitglieder. Aus diesem Kreis kam Anfang der neunziger Jahre die Idee, die reine angebotsorientierte Weiterbildung zu ergänzen. Die Notwendigkeit war klar erkannt, hier eine systematische Ermittlung des Qualifizierungsbedarfs in den Unternehmen vorzuschalten. Ferner sollte die Weiterbildung professionell begleitet und ausgewertet werden. Ziel war es, mit einer so gestalteten systematischen und von Zufälligkeiten befreiten Weiterbildung den Einstieg in die betriebliche Personalentwicklung zu bestreiten. Die Qualifikationspotenziale der Mitarbeiter sollten erschlossen und entwickelt werden – zum Vorteile der Unternehmen wie auch der Mitarbeiter selber.
Für dieses Vorhaben, das erheblich mehr Ressourcen als für eine normale Weiterbildungsplanung voraussetzt, wollten interessierte Unternehmen einen Profi einstellen und sich dessen Arbeitskapazität und Gehalt teilen. Zehn Unternehmen haben sich 1993 dieses Ziel auf ihre Fahnen geheftet und zu MACH 2 zusammengeschlossen, mittlerweile sind es über zwanzig. Folgende Branchen sind vertreten: Maschinenbau, Holzverarbeitende Industrie, Textilveredelung, Metallverarbeitung, Elektronik, Kunststoffverarbeitung, Farben und Lacke, Soziale Dienste, Werbung. Das kleinste Unternehmen beschäftigt ca. 15 Mitarbeiter, das größte 900. Insgesamt arbeiten im Verbund über 6.500 Menschen. Die Verbundunternehmen finanzieren als Mitgliedsbeitrag über eine von der Firmengröße abhängige Umlage ihre mittlerweile zwei Personalentwickler, die als Verbundmanager für die Unternehmen tätig sind.

Vorgehensweise und inhaltliche Schwerpunkte

MACH 2 hat sich der Erkenntnis nicht verschlossen, dass Personalentwicklung im Mittelstand sinnvoll mit einer "Top-Down-Strategie" in den einzelnen Unternehmen zu beginnen hat. Am Anfang sind demzufolge Gespräche zwischen Personalentwickler und Geschäftsführern, Personalleitern, Betriebsleitern und Betriebsräten zu führen, um die grundsätzlichen Ziele in den einzelnen Unternehmen und die Vorgehensweise zu klären.

Personalentwicklung muss in die Unternehmensstrategie eingebettet werden

Wichtig ist die Einbettung in die Unternehmensstrategie. Dies betrifft inhabergeführte Unternehmen ebenso wie konzernabhängige. Abzuklären ist dabei,

- ob und wie Personalentwicklung mit übergeordneten Aktionen, z.B. mit Strukturanpassungen konform geht,
- wie sich Personalentwicklung in Abhängigkeit von der wirtschaftlichen Lage (schlecht: Personalabbau – gut: Personalbeschaffung) positioniert
- oder ob Personalentwicklung generell als Vehikel für die Beschleunigung von Prozessen im Unternehmensinteresse genutzt werden kann.

Personalentwicklung im Verbund benötigt in den Unternehmen für die Organisation der Feinarbeit Ansprechpartner, so genannte „Koordinatoren". Der Personalentwickler erarbeitet mit den Koordinatoren für deren Unternehmen innerbetriebliche Weiterbildungskonzepte und Konzepte einer modernen Personalentwicklung. Abhängig vom Bedarf, werden weitere Führungskräfte und Mitarbeiter einbezogen. Die Beratung ist damit primär unternehmensbezogen, wenn auch der Synergiegedanke niemals aus dem Blick gerät, z.B. bei einer möglichen gemeinsamen Qualifizierung von Mitarbeitern mehrerer Unternehmen.

Schwerpunkt „Qualifizierung"

Jeder Qualifizierungsbedarf leitet sich aus den Anforderungen aktueller und zukünftiger Tätigkeiten ab. Es bewährt sich, ihn im Rahmen eines zweistufigen Verfahrens zu ermitteln: 1. durch Gespräche mit Führungskräften, 2. durch moderierte Gesprächsrunden mit Führungskräften <u>und</u> deren Mitarbeitern. Ziel ist es nämlich, Mitarbeiter frühzeitig einzubeziehen, an der Planung ihrer eigenen Weiterbildung zu beteiligen und ihre Anregungen zu möglichen Seminarinhalten aufzunehmen. Hilfreich bei diesem Verfahren für die Dokumentation ist ein Weiterbildungsplan, in welchem die absolvierte und geplante Weiterbildung der Mitarbeiter festgehalten werden kann. Die Qualifizierung entsprechend dem ermittelten Bedarf folgt im Anschluss an die Bedarfsermittlung, und zwar durch Teilnahme einzelner Mitarbeiter an den Seminaren im „Offenen Programm" von MACH 1 oder als Firmenseminar ausschließlich für Mitarbeiter eines Verbundunternehmens.

Schwerpunkt „Personalentwicklung"

Personalentwicklung ist mehr als Weiterbildung

Maßnahmen der betrieblichen Weiterbildung machen einen großen Kern der Personalentwicklung aus. Aber Personalentwicklung ist mehr, öffnet den Bereich „Förderung Potenzial- und Teamentwicklung". Allerdings sind die einzelnen Themen in diesem Bereich solche, die reifen müssen. Sie setzen eine bestimmte Kultur der Entwicklung von Mensch und Organisation voraus, die z.B. durch intensive Weiterbildung geschaffen werden kann. Es ist ein Erfahrungswert, dass in Verbundunternehmen, zumal in solchen, die bisher keine oder nur wenig Personalentwicklung betrieben haben, auf dem Felde der Weiterbildung gute Einstiegsmöglichkeiten liegen. Gleich mit umfassenden anspruchsvollen Konzepten zu beginnen, wäre zwar prinzipiell möglich, würde aber viele überfordern.

Wenn der Zug ins Rollen gekommen ist, lassen sich sinnvolle Personalentwicklungs-Themen ankoppeln: Potenzialanalysen, Zielvereinbarungen, Beurteilungssysteme, Förderprogramme, Coaching, Nachfolgeplanung etc. Alle Aktivitäten müssen in einem gesteuerten Zusammenspiel zwischen Geschäftsführern bzw. Personalleitern, Führungskräften und Mitarbeitern auf der einen Seite und ihrem Personalentwickler auf der anderen Seite erfolgen. Es wird vom Personalentwickler erwartet, dass er dabei als Treiber und Regisseur fungiert.

Schwerpunkt „Innerbetriebliche Workshops"

Ein weiterer Schwerpunkt im Verbund MACH 2 liegt auf der Begleitung betrieblicher Workshops oder Gruppensitzungen unter den Leitlinien von „Troubleshooting", „Gruppenarbeit", „Qualitätsmanagement", „Kontinuierlicher Verbesserungsprozess" o.ä. Solche Ansätze interner Problembearbeitung, die auf die „Basis" setzen, haben Zukunft. Sie kommen den Wünschen der Unternehmen nach schnellen dezentralisierten Lösungen, nach Innovation, Mitarbeit, unternehmerischem Denken etc. entgegen.

Innerbetriebliche Workshops bieten die Gelegenheit, das in einem Unternehmen vorhandene Wissen Einzelner transparent und anderen Mitarbeitern zugänglich zu machen. Viele Erfahrungen und Kenntnisse sind nicht dokumentiert, sondern in den Köpfen einzelner Mitarbeiter gespeichert. Der Austausch von Wissen erfolgt eher zufällig. Mit Workshops lässt sich ein Hebel ansetzen, um Wissen zu transportieren. In solchen Sitzungen werden Moderations-, Problemlösungs-, Kommunikations- und Teamfähigkeit gefordert und gefördert. Aufgabe des Personalentwicklers ist es, die Mitarbeiter, Gruppensprecher und Moderatoren dabei zu unterstützen.

Schwerpunkt „Überbetriebliche Workshops"

„Win-Win" durch Erfahrungsaustausch

Neben innerbetrieblichen Workshops, zählen überbetriebliche – auch als Arbeitskreise oder Zirkel etikettiert - zum Instrument der Personalentwicklung im Verbund. Dies ist ein weiteres Beispiel dafür, wie sich in einem Verbund Synergieeffekte erzielen lassen. Das Rad muss nicht jedes Mal neu erfunden werden. Ein Zielvereinbarungssystem, in einem Verbund-Unternehmen entwickelt, kann durch Berichterstattung und Klärung von Übertragungsmöglichkeiten in einem überbetrieblichen Workshop anderen interessierten Unternehmen zugänglich gemacht werden. In einem Verbund kann auf der Basis von Vertrauen über Erfahrungsaustausch eine Win-Win-Situation produziert werden, und zwar nach dem Motto: „Hilf du mir bei diesem Problem, helfe ich dir bei einem anderen". Aufgabe des Personalentwicklers ist es, diesen Austausch zu moderieren.

3 Nutzen für Verbund-Unternehmen

Die Mitgliedschaft in einem PE-Verbund ermöglicht den beteiligten Unternehmen eine professionelle Personalentwicklung mit einem vertretbaren Aufwand an Finanzen, eigener Arbeitskapazität und eigenem Know-how. Dieser Aufwand ist erheblich geringer, als wenn Personalentwicklung in Eigenregie realisiert würde.
Unternehmen haben folgenden Nutzen (Helbich 2003, 9f.):

- Durch die anteilige Finanzierung eines Personalentwicklers vermeiden sie hohe Fixkosten für Personal. Die Möglichkeit, einen Verbund auch wieder verlassen zu können, lässt das Risiko, auf Personalkosten sitzen zu bleiben, gegen Null tendieren.
- Die Arbeitskapazität eigener Mitarbeiter für Personalentwicklung (Koordinatoren) ist überschaubar, lässt sich auf notwendige inhaltliche und vor allem organisatorische Aktionen beschränken. Die Hauptlast liegt auf den Schultern hauptamtlicher Personalentwickler, die auch dafür bezahlt werden.
- Die hauptamtlichen Personalentwickler des Verbundes sorgen für Kontinuität in der Beratung. Im Rahmen einer langjährigen Zusammenarbeit lernen sie die einzelnen Unternehmen kennen. Da mehrere Unternehmen betreut werden, kann Betriebsblindheit nicht aufkommen.
- Unternehmen müssen umfassendes Know-how zur Personalentwicklung nicht vorhalten oder jedes Mal neu beschaffen, es wird durch die Personalentwickler als Broker und Makler eingespeist. Im Verbund wird in kurzer Zeit ein Erfahrungspool aufgebaut, resultierend aus einzelbetrieblichen Aktivitäten. Da jedoch Öffentlichkeit innerhalb des Verbundes hergestellt ist, ist der Wissensvorrat für alle erschließbar: entweder durch persönliche Begegnungen, welche die Personalentwickler organisieren oder auf elektronischem Wege. Bei der Weitergabe von Konzepten haben aufnehmende Unternehmen Gewissheit, Konzepte kostenlos geliefert zu bekommen, die sich bei anderen Verbundunternehmen in der Praxis bewährt haben.
- Durch den Austausch von Wissen, durch Begegnungen von Mitarbeitern unterschiedlicher Unternehmen in Seminaren oder Workshops entsteht eine positive Dynamik, die in den Unternehmen schnell mehr Eigeninitiative, mehr Ideen („was andere können, können wir auch") hervorruft und für einen gesunden Wettbewerb sorgt.

- In den überbetrieblichen Workshops gelingt es in aller Regel immer, Führungskräfte aus den beteiligten Unternehmen als Referenten zu gewinnen. Ihnen wird ein Forum geboten für die Präsentation eigener Konzepte, die nicht selten auch gegen innerbetriebliche Widerstände umzusetzen sind. Die Personalentwickler verfügen damit nicht nur über gute Referenten, sondern auch über kriegserprobte Verbündete.
- Beim Einkauf von Seminaren kann der Verbund eine erhebliche Marktmacht in die Waagschale werfen und bei freiberuflichen Partnern - Trainer, Berater - günstigere Konditionen aushandeln als ein einzelnes Unternehmen.
- Hat ein Verbund seine Antennen geöffnet, wird er auch von außen angefunkt – wenn er einen gewissen Bekanntheitsgrad hat. Es kommen dann z.B. Signale im Sinne von Angeboten zu Projektbeteiligungen, die vom Verbundmanagement gefiltert und aufbereitet werden können. Häufig sind es Angebote an den Nahtstellen zur Personalentwicklung: arbeitsmarktpolitische Maßnahmen, Personalberatung, Outsourcing, Förderprojekte der öffentlichen Hand, Ausbildungsinitiativen, Projekte in Zusammenarbeit mit der Arbeitsverwaltung etc. Für Unternehmen allein ist die Entscheidung zur Beteiligung schwierig, sie durchschauen oft nicht den besonderen Projektdschungel, scheuen den bürokratischen Aufwand der Beantragung und Abwicklung. Dem Verbundmanager kommt hier eine Sondierungs- und Selektionsfunktion zu.

4 Aufbau eines Verbundes

Zu unterscheiden ist, von wem die Initiative zum Aufbau eines PE-Verbundes ausgeht bzw. ausgehen sollte: von Unternehmen oder den sie umschwärmenden Trainer- oder Beraterprofessionen. Zu unterscheiden ist weiterhin, ob in der Aufbauphase als Anschubfinanzierung auf öffentliche Förderung gesetzt wird oder nicht. Die Anfänge erweisen sich damit als multioptional. Im für uns maßgeblichen Idealfall ergreifen die Unternehmen die Initiative und stellen von vornherein durch Eigenbeiträge die Finanzierung komplett sicher. Auf diesen Idealfall beziehen sich die weiteren Ausführungen (Helbich 2003, 14ff.)

Partnersuche

Wie könnte der Stapellauf bewerkstelligt werden? Entscheider in Unternehmen sollten eine Doppelstrategie fahren: Zum einen sollten sie nach solchen Unternehmen Ausschau halten, die ähnlich denken wie sie, die das eigene Unternehmen zum Beispiel als Geschäftspartner – Kunde oder Lieferant – kennen und schätzen gelernt hat oder die sich durch fortschrittliche Netzwerkaktionen profiliert haben. Zum anderen sollten Unternehmen, wenn sie die Initiative ergreifen, ihre Kontakte zu Institutionen und Bildungswerken der Wirtschaft nutzen, um dort Möglichkeiten externer Hilfe auszuloten: ideelle oder materielle Unterstützung oder auch die Bereitstellung von Arbeitskapazitäten, um die bürokratischen Anfangshürden einer Verbundgründung zu meistern. Bei beiden Vorgehensweisen, die sich nicht ausschließen müssen, sollte die Suche aber auf die Region beschränkt werden, damit alle Vorzüge räumlicher Nähe greifen können.

Klärung der Rechtsform

Sind verbundwillige Unternehmen gefunden, stehen weitere wichtige Punkte zur Klärung an.

Zu wählen ist die Rechtsform des Verbundes. Dabei sollten unbedingt Rechts- und Steuerexperten hinzugezogen werden. Ein PE-Verbund kann

- als relativ lose Kooperationsgemeinschaft,
- als durch Kapitalbeteiligung verflochtene Kooperation in der Rechtsform einer GmbH, KG, oHG, AG
- oder als Verein bzw. eingetragener Verein in privatrechtlicher Trägerschaft agieren. Welche Kooperationsform in Frage kommt, sollte im Einzelfall geprüft und durch Experten begutachtet werden.

MACH 2 Personalentwicklung existiert in der Rechtsform eines eingetragenen Vereins. Bei dieser Rechtsform sind

- die Ziele des Verbundes,
- die Bedingungen der Mitgliedschaft einschließlich Ein- und Austritt,
- die Wahrnehmung von Vorstands- und Rechungsprüferfunktionen einschließlich Wahlmodus und Wahlzeit und
- die Möglichkeiten der Vereinsauflösung
- in der Vereinssatzung geregelt.

Finanzierungs-modelle

Zu regeln ist weiterhin die Finanzierung. In einem PE-Verbund muss ein Budget bereit gestellt werden, welches als größten Posten die Personalkosten der Personalentwickler enthält, daneben weitere Posten für Sekretariatskosten, Büromiete und Dienstfahrten berücksichtigen muss. Es können - bei einer unterstellten Rechtsform des Vereins - zwei Finanzierungsmodelle in Betracht gezogen werden:

1. Kosten zu gleichen Teilen,
2. Fester Grundbeitrag für alle und ein variabler Anteil entsprechend der Mitarbeiterzahl.

Das erste Finanzierungsmodell ist einfach handhabbar, überschaubar und bietet sich an, wenn die beteiligten Unternehmen ähnliche Mitarbeiterzahlen haben. Das zweite Finanzierungsmodell basiert darauf, dass ein großer Anteil des Budgets durch einen einheitlichen Grundbeitrag abgedeckt wird. Der andere Teil wird als variabler Anteil entsprechend der Zahl der Mitarbeiter aufgeschlüsselt. Dieses Modell berücksichtigt sehr stark die unterschiedliche Wirtschaftskraft sowie eine durch die differierende Mitarbeiterzahl unterschiedlich angenommene Menge an Personalentwicklungsbedarf der Unternehmen. Welche Variante auch gewählt wird: Sichergestellt durch längere Kündigungsfristen oder die Bildung von Rücklagen sollte sein, dass nicht der kurzfristige Ausfall eines Verbundunternehmens den gesamten Verbund in eine finanzielle Schieflage bringen kann.

Spielregeln

Festzulegen sind Spielregeln für die Zusammenarbeit. Dabei sollte zunächst geprüft werden, was überhaupt geregelt werden muss und was davon in schriftlicher Form festgehalten werden sollte. Den Regelungsbedarf sollte man anfänglich nicht zu hoch ansetzen. Wenn in der späteren Praxisphase etwas auftaucht, was regelungsbedürftig ist, kann es hinzugenommen werden. Mündliche Absprachen reichen oft aus, um Spielregeln zu vereinbaren.

Der ideale Personalentwickler

Last but not least muss ein Personalentwickler, dem die Funktion eines Verbundmanagers übertragen wird, eingestellt werden. Er sollte ein Allrounder sein, die Klaviatur moderner Personalentwicklung beherrschen und auf die spezifischen Bedingungen in mittelständischen Unternehmen zuschneiden können. Mit einem hohen Maß an Kommunikationsfähigkeit und ausreichend Sensibilität muss er als „Kümmerer" die Fäden ziehen, die letztlich die Substanz eines Verbundes garantieren. Ob ein Verbund funktioniert, hängt vom Geschick des Personalentwicklers und seiner Arbeit ab. Bei der Einstellung sollte daher Wert auf eine erfahrene Person gelegt werden, die den Stallgeruch des Mittelstandes mitbringt und Stehvermögen beweist, wenn der Wind im Mittelstand wieder einmal rau bläst.

5 Steuerungsmodalitäten

Der Begriff „Steuerungsmodalitäten" beschreibt ausgewählte Anlässe, Voraussetzungen, Formen und Hilfsmittel des Verbundmanagements Unterschieden wird erstens nach der Steuerung im Kontext einzelbetrieblicher Beratung und zweitens nach der Steuerung im Kontext überbetrieblicher Personalentwicklung.

Steuerung im Kontext einzelbetrieblicher Beratung

Im Vordergrund steht zunächst auch in einem Verbund die einzelbetriebliche Beratung. Hier ist es Aufgabe des Personalentwicklers, die inhaltliche Arbeit mit dem einzelnen Betrieb abzustimmen und zur Umsetzung zu bringen. Dies umfasst alles, was mit Personalentwicklung und Weiterbildung zu tun hat: von der Entwicklung von Konzepten zur Förderung des Führungsnachwuchses bis zur Planung eines spezifischen Trainings für den Vertrieb zur besseren Akquisition von Neukunden.
Der Personalentwickler benötigt Signale und Aufträge von der Geschäftsführung oder Personalleitung oder von Führungskräften. Wenn er keine Signale bekommt, darf er nicht enttäuscht sein. Im Tagesgeschäft der Unternehmen fällt das Thema „Personalentwicklung" schon mal auf der Prioritätenskala nach hinten, dann muss er „ziehen" und in moderater aber beharrlicher Form in Gesprächen mit Führungskräften Bedarfe eruieren. Dieses Nachhaken, Fragen, Anbieten ist ein sensibles Steuern – auch und vor allem in Zeiten, in denen Unternehmen sich mit solchen Herausforderungen wie Kurzarbeit, Personalabbau, Übernahmen, Umstrukturierungen und Reklamationen in Millionenhöhe herumschlagen müssen.
Der Personalentwickler braucht also gute und beständige Kontakte nach „oben" in die erste und zweite Ebene des Managements. Kommunikation in elektronischer Form ist das eine, etwa das Versenden von Gesprächsnotizen oder Konzeptideen. Wichtiger ist aber auch heute noch das persönliche Gespräch. Im Mittelstand sind die Wege kurz, die Korridore in den Unternehmen überschaubar. Es kommt darauf an, zum richtigen Zeitpunkt vor Ort zu sein.

Auswahl der Koordinatoren

In einem Firmenverbund verbringt ein Personalentwickler große Anteile von Arbeitszeit in „seinen" Firmen. Das Tagesgeschäft der Personalentwicklung vollzieht sich dabei neben der Zusammenarbeit mit Führungskräften in enger Zusammenarbeit mit den bereits erwähnten Koordinatoren. Dieser Begriff wurde gewählt, um die Hauptansprechpartner der Personalentwickler in den Unternehmen zu identifizieren und zu benennen (Helbich 2001, 126). Es sind Mitarbeiter, welche die Personalentwicklung und Weiterbildung koordinieren, z.B. Termine für Gespräche zur Ermittlung des Bedarfs abklären, entscheidungsreife Vorschläge für Seminare den Geschäftsführern zur Abstimmung vorlegen oder Konzepte selber umsetzen. Gibt es in Unternehmen Personalleiter oder Personalreferenten, was nicht überall der Fall ist, üben diese Personen in der Regel die Koordinatorenfunktion aus. In vielen unserer Unternehmen fungieren als Koordinatoren jedoch Assistenten oder Sekretärinnen des Geschäftsführers, Ausbildungsleiter, Abteilungsleiter oder Qualitätsmanagement-Beauftragte.

Gute Beziehungspflege

Es ist eine Binsenwahrheit, dass bei jeglicher enger Zusammenarbeit mit Kollegen, egal an welchem Arbeitsplatz, die „Chemie" stimmen muss. Nur so kommen gute Ergebnisse zustande. Im Verbund ist zwischen Personalentwickler und Koordinator die Zusammenarbeit am engsten. Manchmal ballen sich die abzuarbeitenden Projekte, in diesem Fall ist die Zusammenarbeit kontinuierlich. In manchen Unternehmen ist sie in bestimmten Phasen sehr eng, in anderen mehr sporadisch, z.B. weil die Unternehmen sich dann Aufgaben widmen, die alle Kapazitäten beanspruchen. Der Personalentwickler muss gleichwohl so engen Kontakt halten, dass bei günstigeren Bedingungen die Arbeit ohne Reibungsverluste fortgesetzt werden kann. Gute Beziehungspflege ist Sache beider Parteien, beide sind aufeinander angewiesen. Der Personalentwickler erhält seinen Auftrag durch die Zielsetzung des Verbundes, der Koordinator hat von seinem Geschäftsführer die Koordinationsaufgaben übertragen bekommen.

Der Verbundmanager als Sparringspartner

Für den betrieblichen Koordinator ist der Verbundmanager Sparringspartner bei Themen, die im Unternehmen in Verantwortung des Koordinators umgesetzt werden müssen. Die Situation kann eintreten, dass Koordinatoren von ihren Geschäftsführern aufgefordert werden, Konzepte zu erarbeiten und entscheidungsreif zu präsentieren, die mit Personalentwicklung nur am Rande zu tun haben. Für die Bearbeitung dieser Aufgaben kann sich der Netzwerkmanager dem Koordinator als Sparringspartner anbieten. Das ist eine Zusammenarbeit, von der beide profitieren. Der Koordinator erhält Unterstützung und Hilfe, der Netzwerkmanager einen Vertrauensbonus.

Koordinatoren-tandems

Wichtig für den Netzwerkmanager ist die Anzahl seiner Koordinatoren und Sparringspartner in den Unternehmen. Um es in der Spielersprache auszudrücken: Nur auf eine Karte zu setzen, ist zu wenig. Allein die normale betriebliche Fluktuation ist eine Erscheinung, die schon so manchen Koordinator hinweggespült hat. Manchmal erhält man als Netzwerkmanager davon sehr kurzfristig Kenntnis. Es ist damit gewissermaßen überlebensnotwendig, Ersatz in der Hinterhand zu haben. Im Verbund MACH 2 existieren in mehreren Unternehmen Koordinatoren-Tandems. Diese arbeiten eng zusammen bzw. teilen sich innerbetrieblich die Aufgaben, z.B. ist einer zuständig für die Produktion, der andere für die Verwaltung. Als Personalentwickler kommt es darauf an, Kandidaten für solche Tandems zu identifizieren und den Geschäftsführern die „zweiten Leute" vorzuschlagen. Tandems im Verbund MACH 2 sind: Personalleiter / Personalreferent, Leiter Technik / Leiter Einkauf, Assistent des Geschäftsführers / Sekretärin des Geschäftsführers, Personalleiter / Ausbildungsleiter, Betriebsleiter / Qualitätsmanagementbeauftragter.

Noch einmal zurück zur obersten Ebene der Geschäftsführung. Der Personalentwickler sollte in regelmäßigen Gesprächen mit der Geschäftsführung oder Personalleitung Feedback über das, was sich im Unternehmen hinsichtlich Personalentwicklung bewegt oder nicht bewegt, einholen und geben (Helbich 2001, 127ff.). Ein Risiko entsteht, wenn die Kontakte zu sehr auf den unteren Ebenen greifen. Übrigens: Die Beziehungspflege zu Geschäftsführern dient der ständigen „schwebenden" Akquisition neuer Unternehmen. Es lohnt allemal, Geschäftsführer nach ihren Verbindungen zu potenziellen neuen Mitgliedsunternehmen zu befragen. Und diese Verbindungen gibt es reichlich über das private Umfeld, Geschäftskontakte oder die Arbeit in Arbeitskreisen, Verbänden und Beiräten. Der Geschäftsführer eines MACH 2-Unternehmens hat auf einer USA-Reise durch ein längeres Gespräch mit einem anderen Geschäftsführer dem Verbund MACH 2 ein neues Mitglied beschert.

Steuerung im Kontext überbetrieblicher Personalentwicklung

Es macht den Reiz eines guten Verbundmanagements aus, wenn die einzelbetriebliche Beratung nahtlos in die überbetriebliche übergeht. Die Losung heißt dann Netzwerke stricken, Informationen aus einem Unternehmen in ein anderes transportieren, Akteure aus verschiedenen Unternehmen zusammen bringen, generell: den Austausch von Wissen zwischen Unternehmen zu forcieren (Helbich 2002, 311ff.). Dabei ist es primär ein Wissen um Konzepte bzw. Methoden betrieblicher Personalentwicklung einschließlich Verfahren der Umsetzung. Also: Wie konzipiere ich ein Förderprogramm für Nachwuchskräfte? Wie führe ich Zielvereinbarungen ein? Wie gestalte ich ein Beurteilungssystem? Wie baue ich eine Qualifikationsbedarfsermittlung auf? Diese Themen illustrieren die Bandbreite eines modernen Personalmanagements, wie es heute erfreulicherweise im Mittelstand um sich greift. Daneben gibt es noch viele weitere fachliche Themenkomplexe, die für einen Erfahrungsaustausch in einem Verbund interessant sind.

Impulse für Erfahrungsaustausch

Dass Impulse aus den Unternehmen kommen – Vorschläge zu Themen und Wunschpartnern - ist der Idealfall. Dass damit verbunden eine Bereitschaft bzw. Initiative zur Organisation des Wissensaustausches signalisiert wird, ist nicht ausgeschlossen, aber eher die Ausnahme. Nun muss der Personalentwickler zum Netzwerkmanager mutieren. Seine Aufgabe ist es, Ideen aufzugreifen und Öffentlichkeit im Netzwerk herzustellen. Grundlage der Arbeit in jedem Verbund ist gute Beziehungspflege: An die entscheidenden Personen als Wissensträger und potenzielle Wissensgeber herantreten, fragen, zuhören, sich von Geschäftsführern grünes Licht für die Weitergabe von Wissen geben lassen, sich weitere Ansprechpartner aus den Unternehmen nennen lassen, diese persönlich ansprechen, sie einladen, nach Themen fragen etc.

Der große Vorteil in der Realisierung liegt darin, dass Lösungen für Wissensnehmer kostengünstig und einfach zu beziehen sind. Der Wissensnehmer hat Sicherheit, nicht alle Fehler machen zu müssen wie der Wissensgeber. Die Gewissheit, auf ein bewährtes und erprobtes Konzept eines anderen Unternehmens zurückgreifen zu können – und nicht irgendeines, sondern eines Partners im Verbund – wirkt als Beschleuniger und Katalysator für Prozesse. Wissensgeber können darauf setzen, zu einem späteren Zeitpunkt anderes Wissen zurück zu bekommen. Die Vorteile liegen in den unmittelbaren Möglichkeiten, durch eigene Anschauung auch Detailfragen zu klären. In der Regel ergibt sich ein hoher Ertrag für Wissensnehmer mit wenig Zeitaufwand.

Die folgenden Voraussetzungen müssen beim Verbundmanagement erfüllt sein:

- Fähigkeit einzuschätzen, wo welches Wissen gebraucht werden kann, gekoppelt mit der Fähigkeit, Konzepte in die „Welt anderer Unternehmen" übersetzen zu können,
- Sensibilität für Signale aus den Unternehmen, insbesondere für das Erkennen von „Druck",
- Talent zum Aufspüren brandaktueller Themen, gekoppelt mit der Fähigkeit, als Kundschafter Wissensgeber aufzuspüren, die bereit sind zu referieren,
- Gespür dafür, wie, wann und wo Legitimation zur Abgabe von Wissen besorgt werden muss.

Für eine perfekte Steuerung im Kontext überbetrieblicher Personalentwicklung müssen unterschiedliche Voraussetzungen geschaffen werden. Wichtig sind dabei die Aktivitäten im Bereich der Mikropolitik. Nicht an großen strukturellen Hebeln gilt es anzusetzen, sondern an den vielen kleinen Rädchen im Bereich der mikropolitischen Interessen und der sozialen Beziehungen, an Bedürfnissen der Menschen nach Anerkennung, Gehörtwerden und Zugehörigkeit im Kreise Gleichgesinnter.

Zu der Frage, ob der Wissensaustausch durch Ängste vor Wettbewerbern behindert wird, ist noch folgendes anzumerken: Unsere Erfahrung ist, dass diese Frage schon viel früher entschieden wird – sie ist eine sehr akademische. In der Begegnung von betrieblichen Praktikern wird ihr, frappierend genug, wenig Platz eingeräumt. Wer Ängste hat, schottet sich vorher ab. Mit der Mitgliedschaft in einem Verbund hat man sich als Unternehmen bereits geöffnet.

Literatur

Helbich, B. (2001): Beziehungspflege im Netzwerk - Erfolgsfaktor in einem Personalentwicklungsverbund, in: J. Howaldt; R. Kopp; P. Flocken (Hg.): Kooperationsverbünde und regionale Modernisierung. Theorie und Praxis der Netzwerkarbeit, Wiesbaden, 121-131

Helbich, B. (2002): Wissensaustausch unter Netzwerkpartnern, in: J. Hentrich; D. Hoß (Hg.): Arbeiten und Lernen in Netzwerken, Eschborn, 309-326

Helbich, B. (2003): Personalentwicklungsverbund, in: K. A. Geißler; A. Orthey (Hg.): Handbuch Personalentwicklung, 87. Erg.-Lfg. 2A.1, November 2003, Köln

Aspekte des Netzwerkmanagements von EQUAL-Entwicklungspartnerschaften

Sabine Hellmann-Flocken, Georg Unger

1 EQUAL - Das Programm

Die aus dem Europäischen Sozialfonds (ESF) kofinanzierte Gemeinschaftsinitiative EQUAL zielt darauf ab, neue Wege zur Bekämpfung von Diskriminierung und Ungleichheiten von Arbeitenden und Arbeitsuchenden auf dem Arbeitsmarkt zu erproben.

Im Vordergrund steht die Förderung von Humanressourcen, insbesondere die berufliche Integration am Arbeitsmarkt benachteiligter Personengruppen sowie die Verbesserung des lebensbegleitenden Lernens und die Schaffung neuer Arbeitsplätze. EQUAL ist eingebettet in die Europäische Beschäftigungsstrategie und baut auf den Erfahrungen der vorausgegangenen Gemeinschaftsinitiativen ADAPT und BESCHÄFTIGUNG auf.

Im Rahmen der Gemeinschaftsinitiative EQUAL werden innovative Modelle gefördert, die geeignet sind, Ungleichheiten und Diskriminierungen auf dem Arbeitsmarkt zu beseitigen. Ziel ist, erfolgreiche Modelle in das bestehende Förderinstrumentarium im Bereich Bildung und Beschäftigung zu implementieren. Inhaltlich kann es sich dabei um Prozessinnovationen (z.B. neue Methoden/Konzepte), um zielorientierte Innovationen (z.B. neue arbeitsmarktpolitische Zielsetzungen) oder um kontextorientierte Innovationen (z.B. Optimierung institutioneller Strukturen) handeln. Insofern wird EQUAL auch als ein "arbeitsmarktpolitisches Laboratorium" betrachtet.

Die Projekte können dabei aus den verschiedensten Themenbereichen kommen, müssen sich jedoch an den vier Säulen der beschäftigungspolitischen Leitlinien orientieren. Die Umsetzung der Projekte im Rahmen von EQUAL erfolgt durch Netzwerke, sogenannten Entwicklungspartnerschaften und vollzieht sich in vier Aktionen bzw. zeitlichen Phasen.

In der Bundesrepublik Deutschland sind Entwicklungspartnerschaften in allen von EQUAL vorgesehenen neun Themenbereichen vertreten. Diese Themenbereiche beziehen sich auf die vier Pfeiler der Europäischen Beschäftigungsstrategie

- Beschäftigungsfähigkeit
- Unternehmergeist
- Anpassungsfähigkeit
- Chancengleichheit sowie auf
- Asylbewerber.

Zur Implementierung erfolgreicher Konzepte in Politik und Praxis ist es erforderlich, die aus den Projekten gewonnen Erfahrungen und Ergebnisse zu verallgemeinern und denen zugänglich zu machen, die eine Umsetzung ermöglichen können, insbesondere also Politiker, Sozialpartner, Bildungseinrichtungen sowie andere maßgebliche Arbeitsmarktakteure. Beispielhafte Ansätze sollen sowohl auf nationaler als auch auf europäischer Ebene zu Lösungen zur Bekämpfung von Ungleichheiten und Diskriminierung beitragen. Diesem „Mainstreaming-Prozess" kommt daher besondere Bedeutung zu. Mainstreaming findet auf zwei Ebenen statt:

Horizontales Mainstreaming beschreibt den Austausch von Erfahrungen und die Verbreitung von Ergebnissen auf operationeller Ebene. In diesem Fall können z.B. Entwicklungspartnerschaften aus dem gleichen Themengebiet, aber auch andere Organisationen mit ähnlichen Arbeitsschwerpunkt, zusammenarbeiten. Unter vertikalem Mainstreaming versteht man hingegen den Transfer von Erfahrungen und Ergebnissen auf die politische, rechtliche und institutionelle Ebene, wie z.B. Ministerien, Sozialpartner.

Ein weiteres wesentliches Element der Gemeinschaftsinitiative EQUAL ist die transnationale Zusammenarbeit mit anderen europäischen Partnern, die ähnliche Konzepte entwickeln und umsetzen. Sie ermöglicht, gegenseitig von den Erfahrungen des anderen zu lernen. Letztendlich trägt sie damit auch dazu bei, länderübergreifende arbeitsmarktspezifische Probleme zu lösen. Deshalb muss jede Entwicklungspartnerschaft mit mindestens einem Partner aus einem anderen Mitgliedsland zusammenarbeiten.

Für weitere Infos siehe: www.equal-de.de

Für die Umsetzung von EQUAL stehen in der Bundesrepublik Deutschland für die Programmlaufzeit 2000 - 2006 insgesamt 514,4 Mio. EUR aus Mitteln des ESF zur Verfügung. Diese werden durch nationale Kofinanzierungsmittel nahezu verdoppelt auf 982,1 Mio. EUR. 40% (205,8 Mio. EUR) der ESF-Mittel werden in der ersten Förderphase (2002 - 2005) aufgewandt.

Von den 514,4 Mio. EUR fließen 40,6% in Ziel 1-Gebiete (neue Bundesländer), 59,4% in Nicht-Ziel 1-Gebiete (alte Bundesländer). Die Europäische Union wendet insgesamt 2,973 Mrd. EUR aus Mitteln des ESF für die Gemeinschaftsinitiative EQUAL auf.

2 Entwicklungspartnerschaften

Im Vordergrund von EQUAL stehen sog. Entwicklungspartnerschaften (EP). EP sind Netzwerke, in denen relevante Arbeitsmarktakteure kooperieren, um gemeinsam integrative Konzepte gegen Diskriminierung und Ungleichheiten in Beruf und Ausbildung zu entwickeln. Unterschieden werden EP in

- geographische Partnerschaften, in denen sich die Akteure aus einem engeren geographischen Raum (z.B. einer Stadt, einem ländlichen Gebiet) zusammenfinden und

- sektorale Partnerschaften, in denen die Akteure einen thematischen Schwerpunkt setzen (z.B. in Bezug auf eine bestimmte Branche, ein bestimmtes arbeitsmarktliches Problem).

Partnerschaften und Netzwerke sind bei EQUAL besonders wichtig Während in früheren Gemeinschaftsinitiativen das Projekt gefördert wurde, wird bei EQUAL ein ganzheitlicher Ansatz verfolgt. Erfahrungen und Fachwissen aller maßgebenden Arbeitsmarktakteure sollen gebündelt werden, um ein gemeinsames Ziel zu verfolgen. Dadurch können Synergieeffekte genutzt werden. Grundlage einer EP sind daher eine gemeinsame Strategie und ein detailliertes Arbeitsprogramm. Die gleichberechtigte Einbeziehung und aktive Beteiligung aller Partner inklusive des zu fördernden Personenkreises soll gleichzeitig zu einer Stärkung der Handlungskompetenz beitragen (Empowerment).
Insgesamt nehmen über alle Bundesländer verteilt 109 Entwicklungspartnerschaften an der Umsetzung in der ersten Förderphase von EQUAL teil.

3 Netzwerk per Definition

Die Gemeinschaftsinitiative EQUAL ist, wie in der oben stehenden Selbstbeschreibung zu erkennen, ein Förderprogramm, welches Kooperation und Vernetzung nicht nur begrüßt, sondern strukturell verlangt.
Zum Einen werden in EQUAL keine Einzelprojekte oder Solisten gefördert, sondern vielmehr Projektnetzwerke, die sich mit ihrer Interessenbekundung und später qua Antragstellung als zu einem gemeinschaftlichen Werk verabredeter Verbund darstellen: die *Entwicklungspartnerschaften*.
Zum Anderen zielen die Aktivitäten der Entwicklungspartnerschaften - ganz gleich in welchem Themenbereich sie angesiedelt sind - immer auf das Einbeziehen *aller* relevanten Akteure einer arbeitsmarktpolitischen Problemstellung und damit auf Zusammenarbeit auch mit Einrichtungen, die nicht im strengen antragsorganisatorischen Sinne bereits Netzwerkpartner sind.
Wer in EQUAL mitwirkt, hat es daher immer mit Netzwerkarbeit zu tun. Dies gilt es, sowohl bei Gründung einer Entwicklungspartnerschaft als auch über die Strecke der gemeinsamen Arbeit im Bewusstsein wach zu halten.

4 Welche Partner? Welche Netze?

Operative Partner

Im inneren Kern einer Entwicklungspartnerschaft (EP) finden sich die *Operativen Partner* zusammen; sie sind Träger und Durchführende eines oder mehrerer Teilprojekte und stehen als ‚Mitzeichnende' des Förderantrages in der Verantwortung für Leistung und Finanzierung der geplanten Aktivitäten. Die Operativen Partner können im Rahmen einer Entwicklungspartnerschaft durchaus divergierende Ziele verfolgen (Umsetzung eigener Ideen, Verstärkung bzw. Fortsetzung von Präsenz der eigenen Einrichtung in Markt und ‚Landschaft', teilweise Refinanzierung von geplanten Maßnahmen und eigenem Personal, Aufbau neuer Geschäftskontakte u.a.). Sie weisen zum Teil sehr verschiedene institutionelle Hintergründe auf (z.B. wirtschaftliche Unternehmungen, eingetragene Vereine, Stiftungen, öffentliche Einrichtungen), sind oft aber auch außerhalb der Entwicklungspartnerschaft Wettbewerber im selben Tätigkeitsfeld und befinden sich daher im Spannungsfeld zwischen Konkurrenz und Kooperation. Wenn sich zu einer Entwicklungspartnerschaft derart heterogene und homogene Partner zusammenfinden, so gehen sie eine Interessenallianz ein.

Beim Aufbau und der Durchführung einer Entwicklungspartnerschaft spielen Promotoren eine entscheidende Rolle, die nicht nur eine überzeugende Idee zur Netzwerkbildung einbringen, sondern auch über ausreichende Ressourcen (finanzielle Mittel, Zeit, Instrumente, Vertrauen und Anerkennung durch die Partner) verfügen, um im Rahmen von Diskussions- und Abstimmungsprozessen gemeinsame Leitbilder, Strategien und Vorgehensweisen zu entwickeln.

In der Verbundidee einer Entwicklungspartnerschaft sollten daher konkretes Eigeninteresse der Entwicklungspartner, die Handlungsprobleme möglicher Kooperationspartner und übergreifende Zielsetzungen vertreten sein. Diese Aspekte sollte ein gemeinschaftlich vereinbartes (und schriftlich fixiertes) Arbeitsprogramm berücksichtigen und sie sollten in der Wahl der Rechtsform und der Gestaltung der Kooperationsvereinbarung einer Entwicklungspartnerschaft ihren Niederschlag finden.

Die *Operativen Partner* unterliegen im Zuge ihrer Teilprojektträgerschaft gemeinsamen administrativen Anforderungen, wie Sachberichte, Teilnehmerdokumentation, zahlenmäßige Ausgabennachweise und Evaluationserhebungen. Diese Anforderungen sollten als eigene Verantwortung des einzelnen *Operativen Partners* begriffen werden (wie auch im Vertragswerk der Entwicklungspartnerschaft festzulegen), jedoch zugleich auch Gegenstand der Abstimmung und des Wissenstransfers innerhalb der EP sein. Die Nationale Koordination sollte die Bewältigung dieser Anforderungen in den gemeinschaftlichen Entwicklungsprozess einbeziehen, wobei sie - angepasst an den Aufbau des EP-Netzwerkes - sich tatkräftig von einzelnen *Operativen Partnern* unterstützen lassen kann. Auch hierbei gilt, dass Koordination und Leitung nicht gleich bedeutend ist mit einsamer und exklusiver Leistungserbringung, sondern das Delegieren von Aufgaben einschließt.

Strategische Partner

Um den unterschiedlichen, z.T. divergierenden Interessenlagen, Zielsetzungen, und Kontexten der Entwicklungspartner gerecht zu werden, müssen fle-

xible, aber gleichwohl verbindliche Regelsysteme geschaffen werden, die unterschiedliche Beteiligungsintensitäten und -tiefen zulassen.
Eine wichtige weitere Akteursgruppe im Rahmen von EQUAL-Entwicklungspartnerschaften sind die *Strategischen Partner*. Sie sind, ohne selbst Träger eines konkreten Teilprojektes zu sein, Teil der Entwicklungspartnerschaft. Die Auswahl und Gewinnung Strategischer Partner orientiert sich am Themenbereich und der konkreten Themenstellung der einzelnen Entwicklungspartnerschaft. Im Interesse von erfolgreich strukturverändernder Arbeit gilt es, die Erfahrungen und Anregungen aller relevanten Akteure einer Region oder Branche in den Entwicklungsprozess zu integrieren. Daher sollte die Mitwirkung der Strategischen Partner über die Funktion eines Beirats, dem in großen Abständen mit Hochglanzbroschüren und -folien „Erfolgsstories" präsentiert werden, weit hinaus gehen. Strategische Partner haben zwar kein direktes Fördermittelinteresse, jedoch als institutionell Zuständige (politisch, verbandlich etc.) durchaus starke Motivation zur Mitgestaltung bei der Entwicklung und Erprobung von Innovationen. Eine offene Darstellung auch von schwierigen oder weniger erfolgreichen Arbeitserfahrungen gegenüber den Strategischen Partnern kann der Problemlösung sehr dienlich sein.
Bei der Kommunikation und Zusammenarbeit mit den *Strategischen Partnern* empfiehlt es sich, zu bedenken, dass diese keinesfalls eine homogene Gruppe darstellen, sondern zunächst einmal nur ihre Funktion als *Strategische Partner* eben dieser Entwicklungspartnerschaft miteinander teilen und im Zweifel vor allem dem Auftrag und den Interessen ihrer eigenen Organisation verpflichtet sind. Dies stellt besondere Anforderungen an das Netzwerkmanagement seitens der EP. Im Sinne erfolgreicher Kontaktpflege und Kooperation kann es sinnvoll sein, die Ansprechpartnerfunktion nicht durchgehend für alle *Strategischen Partner* durch dieselbe zentrale Stelle (z.B. Nationale Koordination) zu übernehmen, sondern jedem *Strategischen Partner* als Kontakt- und Kooperationsbrücke zur EP einen *Operativen Partner* zuzuordnen, der auf Grund von Vorkontakten oder wegen thematischer Nähe zu seinem Teilprojekt dafür besonders geeignet ist. Dieses Vorgehen bietet die Chance zu intensiverer Zusammenarbeit, entlastet das zentrale Netzwerkmanagement der EP und bindet zugleich die Teilprojektträger enger an das Entwicklungsgeschehen und die gemeinsame Zielsetzung der Gesamt-EP.

Transnationale Partner

Wie andere europäische Programme auch fördert und fordert EQUAL die Zusammenarbeit mit *Transnationalen Partnern* aus anderen Mitgliedsstaaten. Dies bedeutet im Konkreten, dass eine Entwicklungspartnerschaft - also ein Netzwerk - mit mindestens einer anderen Entwicklungspartnerschaft (häufig aber mehr als nur einer) - also weiteren Netzwerken - kooperiert. Wie kann solche transnationale Kooperation funktionieren?
Nach Findungsphase und Entwicklung einer Kooperationsvereinbarung, in der die Ziele und Verantwortlichkeiten von gemeinsamem Erfahrungsaustausch, paralleler und/oder gemeinschaftlicher Konzeptentwicklung und -erprobung, Regelungen für Entscheidungsfindung, Methoden der Bewertung, finanzielle Beiträge zur Zusammenarbeit sowie Vereinbarungen zum Management des transnationalen Verbundes (Transnationales Sekretariat) festgehalten werden, geht es vom Konzept in die Praxis der transnationalen Zusammenarbeit. Hier ist der (nationalen) Funktion/dem (nationalen) Teilprojekt „Transnationale Koordination" als verantwortlicher Steuerungsin-

stanz für die transnationalen Aktivitäten besondere Bedeutung beizumessen. Die Transnationale Koordination, die nicht notwendigerweise in derselben Hand liegen muss, welche die übrigen Leitungs- und Steuerungsaufgaben der EP ausführt (Nationale Koordination), fungiert als Mittler zwischen der eigenen EP und den europäischen Partnern, d.h. an der Nahtstelle zwischen verschiedenen Netzwerken. Soweit nicht ohnehin bereits in der Transnationalen Kooperationsvereinbarung en détail festgehalten, sollte im Verlaufe der Zusammenarbeit darauf geachtet werden, möglichst viele oder besser alle nationalen Akteure einer Entwicklungspartnerschaft in die transnationalen Tätigkeiten einzubeziehen und dies nicht nur in empfangender/konsumierender Rolle. Die Mitarbeit möglichst vieler Partner aus allen beteiligten internationalen EQUAL-Netzwerken macht zwar die Moderations- und Steuerungsaufgabe für die Transnationale Koordination komplexer, bietet aber - z.T. gestützt durch persönliche Kontakte - im Gegenzug dafür mehr Gelegenheiten, zu tiefergehenden Ergebnissen und ausgereifteren Produkten der Zusammenarbeit und erhöht damit den Mehrwert der transnationalen Kooperation.
Die Motivation der EP-Partner zur kontinuierlichen Mitwirkung am transnationalen Projektgeschehen stellt jedoch eine ernstzunehmende Herausforderung für die Transnationalen Koordinatoren dar. Nachvollziehbarerweise sind die *Operativen Partner* im Alltag mit den Anforderungen der Durchführung ihrer jeweiligen Teilprojekte stark gebunden und nach der Euphorie und Inspiration eines noch so gut vorbereiteten, anregenden und erfolgreichen Transnationalen Treffens vom Alltag der Projektarbeit vor Ort eingeholt; Europa scheint dann schnell sehr weit entfernt....
Erfahrenen Akteuren in internationaler Projektarbeit sind diese extremen Ausschläge in der Aktivitätskurve vertraut. Internetgestützte Kommunikationsplattformen, regelmäßige E-mail Berichte und andere Kontaktformen können diese Intensitätsunterschiede nur abfedern, aber nicht vollständig auffangen. Hier hilft es wenig, mit dem moralischen Zeigefinger zu drohen.
Eine professionelle „Kümmererfunktion" des Transnationalen Koordinators besteht auch darin, die aktuellen nationalen Arbeitsbelastungen seiner Partner zu kennen und - soweit möglich - zu berücksichtigen. Administrative Deadlines, öffentliche Projektpräsentationen und intensive Arbeitsphasen in der Durchführung von Projekten u.ä. sind Ereignisse, die sich durchaus sinnvoll von und nach Europa kommunizieren lassen, wenn es mal wieder etwas später zu werden droht mit dem versprochenen Beitrag zu einem transnationalen Arbeitspaket, wodurch die transnationalen Partner einander näher rücken können, weil sie mehr voneinander erfahren und sich - bei allen kulturellen und sprachlichen Unterschieden - als vergleichbaren Zwängen Unterliegende erkennen.

Thematische Netzwerke

Auch zur Identifizierung transferfähiger Innovationen setzt die EQUAL-Programmphilosophie auf das Prinzip der Vernetzung. Die EQUAL-Entwicklungspartnerschaften sind aufgefordert, an (1-2) *Thematischen Netzwerken* auf nationaler Ebene mitzuwirken. Diese Netzwerke, die zu 14 Themen gegründet wurden, dienen als Startpunkt des Horizontalen Mainstreaming dem Voneinander Lernen durch Erfahrungsaustausch über erfolgreiche und weniger erfolgreiche Entwicklungen sowohl innerhalb der EQUAL-Landschaft als auch dem Abgleich mit den Ergebnissen und Entwicklungsständen in anderen Initiativen und Programmen.

Die Mitarbeit in diesen Mainstreaming-Arbeitsgruppen geschieht häufig durch die Nationalen Koordinatoren, kann aber durchaus auch von anderen Promotoren aus dem Kreis der *Operativen Partner* wahrgenommen werden. In jedem Fall sollte sichergestellt sein, dass die Mitwirkung nicht nur als Einbahnstraße (von einer einzelnen EP in das Thematische Netzwerk) und zusätzliche Arbeitsbelastung sich gestaltet, sondern dass die Erfahrungen und Benchmarking-Informationen auch in die entsendende Entwicklungspartnerschaft zurückgespiegelt werden, mindestens in den Kern der Operativen Partner, aber - wo thematisch geboten - auch an die Strategischen Partner, um die Chancen auf gemeinschaftliche Entwicklung zu erhöhen.

5 Soviel Netzwerk braucht Management!

Kompetentes Netzwerkmanagement

Die oben beschriebene Menge und Verschiedenheit der Partner und die Komplexität der unterschiedlichen und sich teilweise überschneidenden Netzwerke verdeutlichen die Notwendigkeit von Netzwerkmanagement für EQUAL-Entwicklungspartnerschaften.

Kompetentes Netzwerkmanagement muss im Fall von EQUAL, und auch bei vergleichbaren Verbundstrukturen wie z.B. „Lernende Regionen", in der Lage sein, der Komplexität der Netzwerkarbeit gerecht zu werden und eine hohe Effizienz und Effektivität der gemeinsamen Arbeit sicherzustellen. Zentrale Funktionen dieses Netzwerkmanagements sind u.a.:

- die richtigen Akteure auszuwählen, zu gewinnen und in die Netzwerkaktivitäten einzubinden;
- konkrete Einzel(betriebliche)-Maßnahmen erfolgreich durchzuführen;
- themenbezogenen Wissenstransfer im Netzwerk herzustellen;
- den verschiedenen Erwartungen der Beteiligten Rechnung zu tragen;
- konkrete Ziele zu verfolgen, ohne die Autonomie der beteiligten Akteure zu sehr zu beschneiden;
- die Einzelaktivitäten im Sinne des Gesamtverbundes auszubalancieren;
- Bewahrer der Netzwerkidee zu sein und gleichzeitig offen zu bleiben für notwendige Veränderungen;
- Moderator und Promotor des Verbundes mit nur eingeschränkter hierarchischer Legitimation zu sein;
- Öffentlichkeitsarbeit innerhalb und außerhalb des Verbundes zu betreiben;
- Ressourcen zu erschließen und zu koordinieren;
- Ergebnisse zu sichern und zu bewerten;
- soziale, methodische, organisatorische und fachliche Kompetenz zu beweisen;
- und bei alledem den Spaß nicht zu verlieren!

Thematische Netzwerke

6 Nachhaltige Sicherung von Netzwerkstrukturen

Die Erfahrung aus der Evaluierung von Netzwerken zeigt, dass zur nachhaltigen Sicherung der Verbundstrukturen schon frühzeitig verbindliche Pro-

zesse der Netzwerkarbeit sowie darauf aufbauende Netzwerkstrukturen festgelegt werden müssen. Im Gegensatz zu traditionellen Organisationsformen ist die Relation zwischen den Akteuren in Netzwerken nicht festgelegt, sondern definiert sich eigenständig im Spannungsfeld von Markt und Hierarchie. Das heißt, dass der oftmals freiwillige Kollektivcharakter von Netzwerken eigene Formen der Organisations- bzw. Netzwerkkultur hervorbringt.
Die Bedeutung des frühzeitigen Aufbaus einer verbindlichen Netzwerkorganisation ist um so relevanter, wenn es sich nicht um gewachsene Partnerschaften handelt, sondern die Netzwerkgenerierung durch Dritte (Bsp. Projektträger) initiiert worden ist. In diesen Netzwerken sind Schlüsselpersonen sowie klare Prozesse und Strukturen erforderlich, damit zentrifugale Tendenzen sowie ein Auseinanderfallen verhindert werden können.

Klärungswürdige Fragen

Darüber hinaus erschweren i.d.R. die unterschiedlichen institutionellen Hintergründe sowie divergierende Interessen den Aufbau von verbindlichen Netzwerkstrukturen.
In diesem Kontext sollten neben der gemeinsamen Entwicklung eines Leitbildes schon frühzeitig folgende Fragen hinsichtlich einer nachhaltigen Sicherung des Netzwerkes geklärt werden:

- Haben die Netzwerkpartner überhaupt ein Interesse an einer nachhaltigen Netzwerkstruktur?
- Welche Ziele verfolgen die Institutionen mit ihrer Beteiligung am Netzwerk?
- Sind die beteiligten Personen auch gleichzeitig die Entscheidungsträger in den Institutionen?
- Welche Kompetenzen haben die Netzwerkpartner bzw. die Netzwerkkoordinatoren?
- Wie kann eine Ablauf- und Aufbauorganisation des Netzwerkes gestaltet werden? Welche Alternativmodelle gibt es?
- Erfüllen die Partner die innerbetrieblichen Voraussetzungen zur Integration in ein Netzwerk?
- Welche Produkte sollen über das Netzwerk vermarktet werden?
- Wer hat die Rechte an gemeinsam entwickelten Produkten?
- Welche Zielgruppen sollen angesprochen werden?
- Wie kann die Qualität der gemeinsam vermarkteten Produkte gewährleistet werden?
- Wie soll die zukünftige Netzwerkarbeit finanziert werden?
- Welche Störfaktoren sind erkennbar und wie können diese überwunden werden?

Da Netzwerke nicht hierarchisch orientiert sind und klassische „hierarchische“ Organisationsprinzipien nicht anwendbar sind, können die hier gestellten Fragen erste Erkenntnisse zur Gestaltung des zukünftigen Netzwerkmanagements sowie zur nachhaltigen Sicherung des Netzwerkes geben. Da kein Netzwerk dem anderen gleicht, es also keine einfachen Musterlösungen für die Steuerung von Netzwerken gibt, müssen alle Akteure und Akteursebenen in einem gemeinsamen Prozess die Gestaltung des Netzwerkes erarbeiten, so dass eine hohe Identifikation der Akteure mit dem Netzwerk erreicht werden kann.

7 Modelle des Netzwerkmanagements

Modelle des Netzwerkmanagements

Zur nachhaltigen Sicherung eines Netzwerkes sind schriftlich fixierte, vertragliche Regelungen unverzichtbar sowie unterschiedliche Modelle des Netzwerkmanagements denkbar. U.a. können hierbei folgende „Organisationsformen“ eine Rolle spielen:

- Steuerungsgruppen
- Foren oder Plenumskonferenzen
- Koordinierungs- oder Projektbüro
- Projekt- oder Arbeitsgruppen.

Die Netzwerkakteure müssen neben der Entwicklung eines Leitbildes zudem klar definierte Ziele und Unterziele vereinbaren. Hierbei gilt es, Steuerungsmechanismen zu entwickeln, die die Überprüfung der Vereinbarungen zulassen und die Erreichung der vereinbarten Ziele gewährleisten.
Die Autonomie der Netzwerkpartner erschwert i.d.R. das Controlling im Sinne von Steuerung und Kontrolle. In diesem Kontext ist die Einführung von Sanktionsmöglichkeiten sowie deren Durchsetzung zur Erreichung der Ziele des Netzwerkes von großer Wichtigkeit.
Neben der Festlegung definierter Prozesse und Strukturen in einem Netzwerk (Klarheit) sind letztendlich das Vertrauen zwischen und die Verlässlichkeit der Partner (Wahrheit) von entscheidender Bedeutung für den dauerhaften Netzwerkerfolg.

8 Nachhaltige Sicherung

Nachhaltige Sicherung

Zusammenfassend kann die nachhaltige Sicherung eines Netzwerkes durch die Umsetzung nachfolgender Punkte wenn nicht garantiert so doch deutlich vereinfacht werden:

- Entwicklung eines Leitbildes
- Klar definierte Ziele und Unterziele
- Definition der Aufbau- und Ablauforganisation
- Einführung eines Netzwerkmanagements und Definition klarer Zuständigkeitsbereiche
- Einführung von Sanktionsmöglichkeiten
- Schaffung von Transparenz
- Entwicklung von Problemlösungskompetenzen

Die Kooperations- und Netzwerkpraxis zeigt zudem, dass eine neutrale Moderation den Prozess der Netzwerkbildung sowie den Festigungsprozess von Netzwerken in sinnvoller Weise unterstützen kann.
Da es sich bei Netzwerken nicht um statische Organisationsformen, sondern zumeist um dynamische *Entwicklungs*partnerschaften handelt, müssen die Prozesse der Netzwerksteuerung sowie die Strukturen permanent den jeweiligen Rahmenbedingungen angepasst werden.

Letztendlich zeigt unsere Erfahrung aus der Betreuung von Netzwerken, dass neben dem Aufbau von Prozessen und Strukturen, die Generierung von „Win-win-Situationen“ zwischen den Akteuren eines Netzwerkes den *entscheidenden* Faktor zur Sicherung eines Netzwerkes darstellt.

Serviceteil

1 KNM Partnerprofil

Institution	**Arbeit und Leben Bielefeld e.V.**
Adresse	Ravensberger Park 4 33607 Bielefeld
Telefon	0521 / 513583
Fax	0521 / 68162
E-Mail	cs@aulbi.de, uk@aulbi.de
Webseite	www.aulbi.de
Ansprechpartner	Claus Sobott, Ulrike Künnemann
Vorstellung / Arbeitsschwerpunkte	• Netzgestützte Formen der politischen Bildung • Projekte zum Thema e-learning und blended learning • Beratung, Begleitung und Qualifizierung von KMU beim Aufbau einer betrieblichen Weiterbildungsstruktur im Verbund • Ost-West Netzwerk „Zivilcourage und Gewaltprävention" gegen rassistische Gewalt (Schule, Berufsbildungseinrichtungen, Bildungsträger) • Begleitung von europäischen Projekten im Bereich Qualifizierung / Arbeitsmarkt • Netzwerkarbeit Betriebe / Gewerkschaften
Netzwerkmanagement	• Kooperationsentwicklung (Planungsprozesse und Vereinbarungen) • Kooperationsbegleitung bzw. –management (Organisation, Steuerung, Koordination, Monitoring, Dokumentation, Verwaltung) • Arbeitskreise und Gesprächsforen • Medienservice und Öffentlichkeitsarbeit (netzgestützte Kommunikationsplattformen) • Evaluation und Dokumentation von Netzwerken

2 KNM Partnerprofil

Institution	**Becker Training & Beratung**
Adresse	Buchenweg 19, 48683 Ahaus
Telefon	02561 / 444118
Fax	02561 / 444157
E-Mail	thomas.becker@becker-digital.de
Webseite	www.becker-digital.de
Ansprechpartner	Dr. Thomas Becker
Vorstellung / Arbeitsschwerpunkte	Dr. Thomas Becker ist freiberuflich tätig als Trainer und Berater: Konzeption u. Durchführung von Trainingsmaßnahmen in den Bereichen Projekt- und Kooperationsmanagement; Unterstützung beim Aufbau von Projektmanagementprozessen u. Kooperationsstrukturen; Beratung bei komplexen Projektstrukturen; Kundenbeziehungen sowohl zu Großunternehmen, Verwaltungen u. kleinen u. mittelständischen Unternehmen.
Netzwerkmanagement	Durchführung von Qualifizierungen im Bereich des Kooperationsmanagements; Konzeption und Begleitung von Leitbildentwicklungen für Kooperationen; Unterstützung beim Aufbau von unternehmensübergreifenden Projektmanagementstrukturen.

3 KNM Partnerprofil

Fraunhofer Institut Materialfluss und Logistik

Institution	**Fraunhofer Institut Materialfluss und Logistik**
Adresse	Joesph-von-Fraunhoferstraße 2-4, 44227 Dortmund
Telefon	0231 / 9743-101
Fax	0231 / 9743-473
E-Mail	info@iml.fhg.de
Webseite	www.iml.fhg.de
Ansprechpartner	Dr.-Ing. Frank Ellerkmann
Vorstellung / Arbeitsschwerpunkte	Das Fraunhofer Institut für Materialfluss und Logistik ist tätig im Bereich der angewandten Forschung auf allen Feldern der inner- und außerbetrieblichen Logistik. Gegliedert in drei Bereiche (Materialflusssysteme, Unternehmenslogistik sowie Logistik, Verkehr und Umwelt), plant und berät es Unternehmen aus der i. d. R. klein- und mittelständischen Industrie, dem Handel sowie logistische Dienstleister. Die Betreuungsleistung und Beratungskompetenz reicht dabei von der ersten Konzeptentwicklung bis zur Realisierungsbegleitung.
Netzwerkmanagement	Das Fraunhofer IML unterstützt Kooperationsnetze der Logistik mit Planungsmethoden zum Management von Kooperationen (Potenzialanalysen, Partnersuche, Kooperationsgestaltung), Geschäftsprozessplanungen (Integration moderner Beschaffungskonzepte wie e-commerce und purchase direct), Projekten zur Integration des Supply Chain Managements als übergreifende Netzwerkstrategie (SC-Reorganisationsansätze, Auswahlunterstützung bei SCM-Systemen, Schulungen zu SCM-Themen)

4 KNM Partnerprofil

Lehrstuhl und Institut für Arbeitswissenschaft RWTH Aachen

Institution	**Lehrstuhl und Institut für Arbeitswissenschaft der RWTH Aachen**
Adresse	Bergdriesch 27, 52062 Aachen
Telefon	0241 / 8099440
Fax	0241 / 8092131
E-Mail	info@iaw.rwth-aachen.de
Webseite	www.iaw.rwth-aachen.de
Ansprechpartner	Dr. Stephan Killich
Vorstellung / Arbeitsschwerpunkte	Das IAW forscht und berät in den Bereichen Human Resource Management, benutzerzentrierte Gestaltung von I&K Systemen, Arbeitsorganisation, Fachdidaktik und Ergonomie am Unternehmen der Zukunft. Dabei werden die Arbeitsprozesse entlang der gesamten inner- und überbetrieblichen Wertschöpfungskette gestaltet und unterstützt. Dies beinhaltet die Gestaltung teamorientierter Arbeitsformen, entwicklungsfördernder Rahmenbedingungen, die Entwicklung selbsttragender Organisationsgestaltungsstrukturen sowie Qualifizierungs- und Personalentwicklungskonzepten.
Netzwerkmanagement	• Aufdecken von Kooperationspotenzialen • Planung und Gestaltung der Zusammenarbeit • Seminare und Workshops zu den Themen Interkulturelles Management; vernetztes Denken u.a. • Auswahl und Einführung geeigneter IT-Systeme

5 KNM Partnerprofil

Institution	**kamm Consult - Dammer & Partner**
Adresse	Im MediaPark 6 50670 Köln
Telefon	0221 / 5743324
Fax	0221 / 5743328
E-Mail	kammconsult@komed.de
Ansprechpartner	Dr. Ingo Dammer
Arbeitsschwerpunkte	• Personalentwicklung • Organisationsentwicklung • Marketingberatung • Coaching • Netzwerkmanagement
Netzwerkmanagement	• Gründungsberatung für Kooperationen • Einführung in das Netzwerkmanagement • Coaching für Netzwerkmanager • Moderation und Supervision von Netzwerkprozessen • Aufbau und Moderation von Personalentwicklungsnetzwerken • Initiierung und Moderation von Leitbildprozessen für Unternehmensnetzwerke • Marketingberatung für Netzwerke • Branchenschwerpunkte: Medien, IT, Baugewerbe, Metall und Elektro

6 KNM Partnerprofil

KOKON Consult

Institution	**KOKON Consult GbR**
Adresse	Hebbelstr. 12b, 50968 Köln
Telefon	0221 / 399570
Fax	0221 / 3995777
E-Mail	loose@kokonconsult.de unger@kokonconsult.de
Webseite	www.kokonconsult.de
Ansprechpartner	Dr. Achim Loose Georg Unger
Arbeitsschwerpunkte	Die KOKON Consult GbR hat sich auf die Organisationsberatung und Unternehmensentwicklung sowie die Initiierung und Reorganisation von Netzwerken in der mittelständischen Wirtschaft spezialisiert. Unser Leistungsangebot umfasst im erstgenannten Bereich vor allem die „klassische“ Management-Beratung (strategische Unternehmensberatung, Organisations- und Personalentwicklung Markt- und Geschäftsfeldpositionierung, Qualifizierungsbedarfsanalyse).
Netzwerkmanagement	In diesem Bereich bieten wir u.a. an: • Durchführung von Informationsveranstaltungen und Seminaren zum Thema Unternehmenskooperation; • (Externes) Management von Unternehmenskooperationen und Netzwerken auf Zeit; • Konfliktmanagement in Kooperationen (Konfliktmediation); • Konzeption und Durchführung von kooperations-spezifischen Workshopmodulen und Trainingsmaßnahmen

7 KNM Partnerprofil

LANDESINSTITUT FÜR QUALIFIZIERUNG NRW

Institution	**Landesinstitut für Qualifizierung NRW (LfQ NRW)**
Adresse	Kölner Str. 8 42651 Solingen
Telefon	02921/683-287 (Standort Soest)
Fax	02921 / 683392
E-Mail	usrula.wohlfart@mail.lfq.nrw.de sabine.hellmann-flocken@mail.lfq.nrw.de
Webseite	www.lfq.nrw.de
Ansprechpartnerin	Ursula Wohlfart Sabine Hellmann- Flocken
Vorstellung / Arbeitsschwerpunkte	Das LfQ NRW fördert die Aus- und Weiterbildung in Nordrhein-Westfalen im Rahmen der politischen Zielsetzungen des Ministeriums für Wirtschaft und Arbeit NRW (MWA). Neben der Vorbereitung und Erarbeitung von Planungsentwürfen für das MWA sorgt das LfQ im Dialog mit Praxis und Wissenschaft für die Umsetzung der Konzeptionen in den Regionen. Dies geschieht u.a. durch Unterstützung der Entwicklung, Begleitung und Evaluation von Projekten sowie durch Ergebnistransfer in die Aus- und Weiterbildungslandschaft.
Netzwerkmanagement	• Durchführung von berufsbegleitender Qualifizierung „Management von Netzwerken und Kooperationsverbünden“ • Unterstützung von Kooperation und Vernetzung in der Region, z.B. durch „Flying Workshops“ oder fachliche Förderung der NRW-Projekte „Lernende Regionen“

8 KNM Partnerprofil

MACH 2 PERSONALENTWICKLUNG

Institution	**MACH 2 Personalentwicklung**
Adresse	Mittelweg 28, 32051 Herford
Telefon	05221 / 933616
Fax	05221 / 933624
E-Mail	helbich@mach1-weiterbildung.de
Webseite	www.mach1-weiterbildung.de
Ansprechpartner	Dr. Bernd Helbich
Vorstellung / Arbeitsschwerpunkte	MACH 2 Personalentwicklung ist die „jüngere Schwester“ von MACH 1 Weiterbildung, dem Bildungswerk der Wirtschaft im Kreis Herford. MACH 2 ist ein moderner Personalentwicklungs-Verbund mit mehr als 20 Mitgliedsunternehmen in der Rechtsform eines eingetragenen Vereins. Die Unternehmen haben zwischen 15 und 900 Mitarbeiter und gehören unterschiedlichen Branchen an. Die Kernidee von MACH 2: Mittelständische Unternehmen, die über keine eigenen Personalentwickler verfügen, teilen sich im Verbund Kosten und Arbeitskapazitäten von zwei hauptamtlichen Personalentwicklern. Diese stehen den Unternehmen in allen Fragen der betrieblichen Weiterbildung und Personalentwicklung beratend zur Seite. Neben einzelbetrieblichen Aktivitäten kommen überbetriebliche Verbund-Aktionen nicht zu kurz. MACH 2 startete 1993 als erster Verbund dieser Art in Deutschland und ist als Vorbildmodell mit dem Initiativpreis „Aus- und Weiterbildung des DIHT und der Otto Wolff von Amerongen-Stiftung“ ausgezeichnet.
Netzwerkmanagement	Aufbau von Personalentwicklungsverbünden, Wissenstransfer im Verbund

9 KNM Partnerprofil

SCHUMANN-OE/QE

Institution	**SCHUMANN-OE/QE**
Adresse	Nesselbergstr. 11, 42349 Wuppertal
Telefon	0202 / 2423223
Fax	
E-Mail	info@u-schumann.de
Webseite	www.u-schumann.de
Ansprechpartner	Ulrich Schumann
Vorstellung / Arbeitsschwerpunkte	Selbstständiger Berater; In-company-EFQM-Assessor. Leitmotiv der Geschäftstätigkeit: „Beratung, Steuerung und Förderung von Entwicklungsprozessen in Teams und Organisationen“ Steuerung und Unterstützung von Organisations- und Qualitätsentwicklungsprozessen; Moderation von Leitbild- u. Strategieentwicklung, Entscheidungsfindung sowie Konfliktbewältigung; Team- und Gruppencoaching.
Netzwerkmanagement	a) Beratung und Moderation bei der Ermittlung von Kooperationspotenzialen, Leitidee-Entwicklung sowie bei Reflexion u. Controlling des persönlichen u. betrieblichen Kooperationsengagements; b) Vereinbarung von Qualitätsmerkmalen u. –standards für die Leistungserstellung der Kooperation(spartner); c) Beitrag: „Kooperationsexzellenz“, in: Strina/Herning, (Hg.), Klein aber oho! – Mikrounternehmer in der Praxis, Aachen 2003, 113-121.

10 KNM Partnerprofil

Institution	**Sekretariat für Zukunftsforschung gGmbH**
Adresse	Evinger Platz 11, 44339 Dortmund
Telefon	0231 / 8808780
Fax	0231 / 88087811
E-Mail	info@sfz.de
Webseite	www.sfz.de
Ansprechpartner	Michael Heinze
Vorstellung / Arbeitsschwerpunkte	Das SFZ ist eine gemeinnützige interdisziplinäre Forschungseinrichtung. Es arbeitet finanziell, organisatorisch und politisch unabhängig: Das SFZ verfolgt die Ziele, relevante Zukunftsentwicklungen zu identifizieren, verlässliches Wissen zur Orientierung bereitzustellen und Spielräume für eine aktive Zukunftsgestaltung zu schaffen durch Grundlagen- und anwendungsorientierte Forschung. Das SFZ berät Akteure aus Politik und der Wirtschaft. Auftraggeber sind neben Unternehmen auch Stiftungen sowie Landes- und Bundesministerien.
Netzwerkmanagement	wissenschaftliche Durchführung und Begleitung von Projekten; Entwicklung von Szenarien; Durchführung von Workshops und Zukunftswerkstätten; wissenschaftliche Evaluation von Institutionen und Projekten; Begleitung, Projektmanagement sowie Forschungsunterstützung von regionalen Prozessen

11 KNM Partnerprofil

Institution	**Sozialforschungsstelle Dortmund - Landesinstitut**
Adresse	Evinger Platz 17, 44339 Dortmund
Telefon	0231 / 85 96269 (Dr. Ralf Kopp)
Fax	0231 / 8596100
E-Mail	kopp@sfs-dortmund.de
Webseite	www.sfs-dortmund.de
Ansprechpartner	Dr. Ralf Kopp
Vorstellung / Arbeitsschwerpunkte	Das Landesinstitut Sozialforschungsstelle Dortmund (sfs) ist mit mehr als 100 Mitarbeitern und Mitarbeiterinnen eines der großen deutschen sozialwissenschaftlichen Forschungsinstitute. Das Markenzeichen der sfs ist die enge Verzahnung von Forschung und Beratung und die aktive Beteiligung an betrieblichen und regionalen Innovationsprozessen. Die Arbeit in und mit Netzwerken ist in den letzten Jahren zu einem zentralen Arbeitschwerpunkt des Instituts geworden. Netzwerkforschung und –beratung sind hierbei eng mit einander verzahnt.
Netzwerkmanagement	• Betreuung des Aufbaus von Netzwerken • Coaching von NetzwerkmanagerInnen • Leitbildentwicklung in Netzwerken • Strategieentwicklung • Wissensmanagement in Netzwerken (Beratung und Qualifizierung) • Netzwerkforschung

12 KNM Partnerprofil

Team- und Persönlichkeitsentwicklung

Institution	**treeconnection Team- und Persönlichkeitsentwicklung**
Adresse	Ahornplatz 5a, 61191 Rosbach
Telefon	06003 / 934351
Fax	06003 / 934352
E-Mail	info@treeconnection.de
Webseite	www.treeconnection.de
Ansprechpartner	Stephan Schulz-Algie, Geschäftsführer
Vorstellung / Arbeitsschwerpunkte	Konzeption u. Durchführung von Teambuildingsmaßnahmen mit Outdoor- und Indooraktivitäten; Organisation von Teamevents; Kommunikations- und Führungstrainings; Betriebliche Gesundheitsberatung.
Netzwerkmanagement	Förderung von Teambildungsprozessen durch ein großes Spektrum an Outdoor- und Indooraktivitäten; Kommunikations- und Führungsberatung; Teamorientierte Bearbeitung von Persönlichkeitsprofilen.

13 KNM Partnerprofil

Institution	**ViaCon Beratung im Wandel GmbH**
Adresse	Meisenstraße 65, 33607 Bielefeld
Telefon	0521 / 2997800
Fax	0521 / 2997810
E-Mail	klocke@viacon-beratung.de
Webseite	www.viacon-beratung.de
Ansprechpartner	Ralph Klocke
Vorstellung / Arbeitsschwerpunkte	Ralph Klocke ist Gesellschafter der ViaCon GmbH und seit 1996 verantwortlich für den Geschäftsbereich PZN Kooperationsberatung. Konzeption, Durchführung und Projektleitung von Kooperationen im Maschinenbau, im Facheinzelhandel und im Großhandel, im Bauhandwerk sowie bei IT- und anderen Dienstleistungsunternehmen.
Netzwerkmanagement	Aufbau von Unternehmenskooperationen; Unterstützung von der Konzeption über die Auswahl der Partner, die Entwicklung von Kooperationsregeln, die Definition von Abläufen, bis zum Markteintritt und Zielcontrolling; Optimierung bestehender Kooperationen und Projektmanagement; branchenorientierte Lösungsansätze und erprobte Tools für Kooperationsanforderungen.

14 KNM Partnerprofil

Institution	**Dr. Vieregge GmbH, Regionalmarketing und Unternehmensentwicklung**
Adresse	Arnsbergerstrasse 80, 58802 Balve
Telefon	0700 / 44443443
Fax	02375 / 939819
E-Mail	peter.vieregge@cluster-entwicklung.de
Webseite	www.cluster-entwicklung.de
Ansprechpartner	Dr. Peter Vieregge
Vorstellung / Arbeitsschwerpunkte	Dr. Peter Vieregge ist geschäftsführender Gesellschafter der Dr. Vieregge GmbH und Lehrbeauftragter der Universität Dortmund, Fachbereich Volkswirtschaftslehre, Raumwirtschafts-politik (Prof. Bade). Arbeitsschwerpunkte sind: Wettbewerbsanalysen für Wirtschaftsstandorte, Management- und Strategieberatung für Wirtschaftsförderungsein-richtungen, Management von wirtschaftspolitischen Initiativen sowie Aufbau und Management von regionalen Unternehmensnetzwerken.
Netzwerkmanagement	• Identifikation regionaler Geschäftspotentiale • Identifizierung regionaler Zuliefer- und Entwicklungspartner • Durchführung von Aufschließungsgesprächen • Durchführung von Auftaktveranstaltungen und Auftakt-Workshops • Projekt- und Unternehmensentwicklung

Autorenverzeichnis

Dr. Thomas Becker
Becker Training & Beratung
Buchenweg 19
48683 Ahaus
Tel.: 02561 / 444 118
thomas.becker@becker-digital.de

Dr. Rainer Bovelet
Synergie 2 - Kommunikationsforschung und -beratung
Lousbergstr. 1
52072 Aachen
Tel: 0241 / 91089 84/-85
synzwei@aol.com

Dr. Ingo Dammer
kamm Consult - Dammer & Partner
Im MediaPark 6
50670 Köln
Tel.: 0221 / 57 43 324
kammconsult@komed.de

Dr. Frank Ellerkmann
Fraunhofer Institut für Materialfluß und Logistik
Joseph-von-Fraunhofer-Str. 2-4
44227 Dortmund
Tel.: 0231 / 9743 101
Ellerkmann@iml.fhg.de

Dr. Peter Flocken
RKW Nordwest W. V.
Vogelsanger Weg 111
40470 Düsseldorf
Tel: 0211 / 68 001-19
Flocken@rkw-nordwest.de

Arno Georg
Landesinstitut Sozialforschungsstelle Dortmund
Evinger Platz 17, 44339 Dortmund
Tel.: 0231 / 8596 240
georg@sfs-dortmund.de

Dr. Bernd Helbich.
MACH 2 Personalentwicklung, Arbeitsgemeinschaft der Wirtschaft für Weiterbildung und Personalentwicklung e.V.
Postfach 1162
Mittelweg 28
32001 Herford
Tel.: 052 21 / 93 36 16
helbich@mach1-weiterbildung.de

Sabine Hellman-Flocken
Landesinstitut für Qualifizierung NRW
Kölner Straße 8
42651 Solingen
Tel.: 0212 / 22220-13
sabine.hellmann-flocken@mail.lfq.nrw.de

PD Dr. Jürgen Howaldt
Landesinstitut Sozialforschungsstelle Dortmund
Evinger Platz 17
44339 Dortmund
Tel.: 0231 / 85 96 261
Howaldt@sfs1.sfs-dortmund.de

Dr. Stephan Killich
Lehrstuhl und Institut für Arbeitswissenschaft der RWTH Aachen
Bergdriesch 27
52062 Aachen
Tel.: 0241 / 809 9491
S.Killich@iaw.rwth-aachen.de

Ralph Klocke
ViaCon GmbH
PZN Kooperationsberatung
Meisenstr. 65
33607 Bielefeld
Tel.: 0521 / 2997 - 800
Klocke@viacon-beratung.de

Dr. Ralf Kopp
Landesinstitut, Sozialforschungstelle Dortmund
Evinger Platz 17, 44339 Dortmund
Tel.: 0231 / 8596-269
kopp@sfs-dortmund.de

Dr. Achim Loose
KOKON Consult
Hebbelstr. 12b
50968 Köln
Tel.: 0221 / 39957 40
loose@kokonconsult.de

Ralph Schlüter
Handwerkskammer Düsseldorf
Georg-Schulhoff-Platz 1
40221 Düsseldorf
Tel.: 0211 / 87 95 359
schlueter@hwk-duesseldorf.de

Georg Stoffels
Handwerkskammer Aachen
Sandkaulbach 21
52062 Aachen
Tel.: 0241 / 47 11 45
georg.stoffels@hwk-aachen.de

Georg Unger
KOKON Consult
Hebbelstr. 12
50968 Köln
Tel.: 0221 / 399570
unger@kokonconsult.de

Dr. Peter Vieregge
Dr. Vieregge GmbH Regionalmarketing und Unternehmensentwicklung
Arnsberger Strasse 80
58802 Balve
Tel.: 07 00 / 44 44 34 43
peter.vieregge@cluster-entwicklung.de

Ursula Wohlfart
Landesinstitut für Qualifizierung NRW
Paradieser Weg 64
59494 Soest
Tel.: 0 29 21/6 83-3 00
ursula.wohlfart@mail.lfq.nrw.de

Index

Druck und Bindung: Strauss GmbH, Mörlenbach